国家出版基金项目
NATIONAL PUBLICATION FOUNDATION

山东省自然保护区建设与生物多样性评价研究丛书

山东省自然保护区生物多样性评价

田贵全　等 著

山东大学出版社

图书在版编目(CIP)数据

山东省自然保护区生物多样性评价/田贵全等著. —济南 ：山东大学出版社，2017.12

ISBN 978-7-5607-5907-4

Ⅰ. ①山… Ⅱ. ①田… Ⅲ. ①自然保护区—生物多样性—研究—山东 Ⅳ. ①S759.992.52②Q16

中国版本图书馆 CIP 数据核字(2017)第 310340 号

责任策划 姜 明
责任编辑 徐 翔
封面设计 牛 钧

出版发行:山东大学出版社
社 址 山东省济南市山大南路 20 号
邮 编 250100
电 话 市场部(0531)88363008
经 销:山东省新华书店
印 刷:东港股份有限公司
规 格:787 毫米×1092 毫米 1/16
16.5 印张 349 千字
版 次:2017 年 12 月第 1 版
印 次:2017 年 12 月第 1 次印刷
定 价:58.00 元

《山东省自然保护区生物多样性评价》编委会

前　言

自然保护区是生物多样性的核心区域，是国家生态安全空间格局的重要节点。生物多样性是人类赖以生存的条件，关系到当代及子孙后代的福祉。保护生物多样性就是保护人类的生命。目前，生物多样性保护已上升为国家战略，成为继气候变化研究之后的又一生态环境研究的前沿和热点。因此，开展自然保护区建设与生物多样性评价研究，对于维护生态环境安全、改善生态环境质量、推进生态文明建设具有重要意义。

经过60年的发展，我国现已成为世界上自然保护区面积较大的国家之一，基本形成了类型比较齐全、布局基本合理、功能相对完善的自然保护区体系，生物多样性得到保护和恢复。由于很长一段时间内我国奉行抢救性保护的方针，有些自然保护区批建时未对资源本底状况、动植物种群数量及分布范围进行全面调查，结果导致有些自然保护区资源本底不清，边界范围与功能分区不清，土地权属状况不清；有些自然保护区存在着批而不建、建而不管、管而不力的现象，结果导致有些自然保护区管护设施建设滞后，管护能力不足。近年来，随着经济建设的快速发展，保护与开发的矛盾日益突出，自然保护区范围缩小、生境破碎化、生物多样性流失等问题受到高度关注。全面、系统地调查和评估自然保护区建设与生物多样性状况是十分必要的。自20世纪90年代以来，国内外一些学者针对某一自然保护区或局部区域的生物多样性评价进行了研究探讨，但是由于数据获取难度较大，在省级尺度上全面开展自然保护区与生物多样性评价研究工作都鲜有报道。《山东省自然保护区建设与生物多样性评价研究丛书》恰好在省级尺度上进行了有益的探索与研究。

《山东省自然保护区建设与生物多样性评价研究丛书》包括《山东省自然保护区基础调查与评估》《山东省自然保护区生物多样性评价》和《山东省生物多样性县域评估》三本专题性著作。

《山东省自然保护区生物多样性评价》一书，依托“山东省自然保护区基础调查”“山东省自然保护区生物多样性评价研究”“山东省生态环境十年变化（2000～2010年）遥感调查与评估”“山东省生物多样性保护战略与行动计划（2011～2030年）”和“山东省生物多样性信息管理系统”等省部级专项研究成果，编制了主要自然保护区遥感影像，调查了自然保护区物种分布，定量评价了自然保护区生物多样性，以典型自然保护区为案例，评价了自然保护区生态状况。

在本书涉及的项目研究、编写和出版过程中，得到了山东省环境保护厅和山东省环境监测中心站有关领导和专家的大力支持和帮助，特别是得到了吴松民处长和王德明站长的支持和悉心指导；得到了山东大学出版社的鼎力支持，尤其是姜明编辑的辛勤付出和精心工作，得到了国家出版基金的资助。对于他们的关心、支持和帮助，在此一并表示衷心的感谢。

由于作者学识水平有限，书中疏漏或不当之处在所难免，恳请广大读者批评指正。

作　者

2017 年 7 月于济南

目 录

第一章　自然保护区概况

自然保护区是生物多样性天然集中分布区，也是生物多样性就地保护的主要场所。按照自然保护区主要保护对象的不同，山东省自然保护区可分为森林生态类、内陆湿地类、海洋海岸类、野生动物类、野生植物类、地质遗迹类和古生物遗迹类 7 种类型。不同类型的自然保护区，其生物多样性状况差异较大，但以森林生态类和内陆湿地类自然保护区生物多样性状况相对丰富。随着遥感技术的发展，应用卫星遥感影像能够直观地表征自然保护区基本情况。本章介绍了自然保护区的主要类型，编制了典型自然保护区卫星遥感影像。

第一节　自然保护区类型

自然保护区是为了保护具有代表性的自然生态系统、珍稀濒危野生动植物物种的天然集中分布区和具有特殊意义的自然遗迹而依法划出一定面积予以特殊保护和管理的区域。按照主要保护对象的不同，自然保护区可分为森林生态类、内陆湿地类、海洋海岸类、野生动物类、野生植物类、草原草甸类、荒漠类、地质遗迹类和古生物遗迹类 9 种类型。不同类型的自然保护区，其生物多样性丰富程度差异较大。

一、自然保护区主要类型分析

山东省自然保护区建设始于 20 世纪 80 年代。1980 年，山东省建立了第一个自然保护区——山东山旺古生物化石国家级自然保护区，面积 120.0 公顷。到 2016 年底，山东省已建立自然保护区 76 个，总面积为 100.9 万公顷。有其中陆域面积为 73.2 万公顷，占全省陆地总面积的 4.6%；海域面积为 27.8 万公顷。

山东省自然保护区类型包括森林生态类、内陆湿地类、海洋海岸类、野生动物类、野生植物类、地质遗迹类和古生物遗迹类 7 种，涵盖了除草原草甸类和荒漠类自然保护区以外的所有类型，但以森林生态类和内陆湿地类自然保护区为主。在全省 76 个自然保护区中，森林生态类自然保护区有 43 个，面积为 32.2 万公顷；内陆湿地类自然保护区 11 个，面积 38.2 万公顷；海洋海岸类自然保护区 7 个，面积 10.5 万公顷；野生动物类自然保护区 5 个，面积 18.6 万公顷；野生植物类自然保护区 3 个，面积 1.1 万公顷；地质遗迹类自然保护区 6 个，面积 2 491.5 公顷；古生物遗迹类自然保护区 1 个，面积 120.0 公顷。山东省各类自然保护区基本情况及其分布状况如表 1-1-1 和图 1-1-1 所示。

森林生态类自然保护区是山东省自然保护区主要类型，其数量和面积分别占全省自然保护区总数和总面积的56.6%和31.9%。在43个森林生态类自然保护区中,有国家级自然保护区1个,面积为15 416.5公顷;省级自然保护区22个,面积215 113.4公顷;市级自然保护区13个,面积为57 240.0公顷;县级自然保护区7个,面积为34 450.0公顷。

表1-1-1 山东省自然保护区类型一览表

序号	自然保护区名称	面积(公顷)	保护区类型	主要保护对象
1	山东山旺古生物化石国家级自然保护区	120.0	古生物遗迹	古生物化石
2	山东长岛国家级自然保护区	5 015.2	野生动物	猛禽和候鸟
3	山东荣成大天鹅国家级自然保护区	1 675.0	野生动物	大天鹅等珍稀濒危鸟类和湿地生态系统
4	山东黄河三角洲国家级自然保护区	153 000.0	河口湿地	黄河口湿地和珍稀濒危鸟类
5	马山国家级自然保护区	774.0	地质遗迹	火山岩柱状节理石林、硅化木群、沉积构造和接触变质带
6	山东昆嵛山国家级自然保护区	15 416.5	森林生态	赤松天然林
7	滨州贝壳堤岛与湿地国家级自然保护区	43 541.5	海洋海岸	贝壳堤岛、滨海湿地
8	青岛崂山省级自然保护区	44 855.0	森林生态	森林生态系统、野生动植物和珍稀濒危物种
9	山东南四湖省级自然保护区	127 547.0	内陆湿地	湿地生态系统、珍稀濒危鸟类
10	原山省级自然保护区	13 914.0	森林生态	侧柏、栎类、油松森林植被和动植物资源
11	鲁山省级自然保护区	13 070.0	森林生态	森林生态系统
12	蓬莱艾山省级自然保护区	9 824.6	森林生态	森林生态系统和鸟类
13	荣成成山头省级自然保护区	6 015.4	海洋海岸	海洋和海岸生态系统、海湾生态系统、海岛生态系统
14	海阳招虎山省级自然保护区	7 061.0	森林生态	赤松天然次生林、珍稀濒危动植物资源
15	龙口之莱山省级自然保护区	10 227.0	森林生态	天然赤松林和野生动植物资源
16	栖霞牙山省级自然保护区	17 900.0	森林生态	森林及野生动植物
17	烟台沿海防护林省级自然保护区	22 777.2	森林生态	防护林生态系统
18	马谷山地质遗迹省级自然保护区	20.0	地质遗迹	地质遗迹
19	青州仰天山省级自然保护区	3 000.0	森林生态	森林生态系统
20	徂徕山省级自然保护区	10 915.0	森林生态	华北地区特有的油松林和暖温带阔叶林

续表

序号	自然保护区名称	面积(公顷)	保护区类型	主要保护对象
21	泰山省级自然保护区	11 892.0	森林生态	森林生态系统
22	莱州大基山省级自然保护区	8 753.0	森林生态	赤松天然次生林及针阔混交林
23	临沂大青山省级自然保护区	4 000.0	森林生态	森林生态系统
24	招远罗山省级自然保护区	9 479.6	森林生态	赤松森林生态系统
25	济南张夏-崮山寒武系标准剖面地质遗迹省级自然保护区	262.0	地质遗迹	寒武纪地层结构
26	庙岛群岛海豹省级自然保护区	173 100.0	野生动物	斑海豹
27	牟平嵛山省级自然保护区	1 485.2	森林生态	森林及野生动植物
28	胶州艾山地质遗迹省级自然保护区	860.0	地质遗迹	地质遗迹
29	平阴大寨山省级自然保护区	1 200.0	森林生态	侧柏、落叶阔叶林
30	浮来山地质遗迹省级自然保护区	490.0	地质遗迹	震旦纪土门群地层、三叶虫化石带等地质遗迹
31	青岛大公岛岛屿生态系统省级自然保护区	1 603.0	海洋海岸	海洋与岛屿生态系统
32	峄城石榴园省级自然保护区	4 642.0	野生植物	石榴种质资源
33	海阳千里岩岛海洋生态系统省级自然保护区	1 823.0	海洋海岸	海洋生态系统
34	新泰太平山省级自然保护区	3 733.3	森林生态	森林生态系统
35	胶南灵山岛省级自然保护区	3 283.2	海洋海岸	海洋生态系统及海珍品
36	枣庄抱犊崮省级自然保护区	3 500.0	森林生态	森林生态系统及珍稀动植物
37	崆峒列岛省级自然保护区	7 690.0	海洋海岸	海洋生态系统及海珍品
38	烟台福山银湖湿地省级自然保护区	6 043.4	内陆湿地	湿地生态系统、森林生态系统、珍稀濒危鸟类
39	莱山围子山省级自然保护区	2 509.0	森林生态	赤松天然次生林、楸树、森林生态系统及物种多样性
40	龙口黄水河河口湿地省级自然保护区	1 027.9	内陆湿地	河口湿地生态系统和珍稀鸟类资源

续表

序号	自然保护区名称	面积(公顷)	保护区类型	主要保护对象
41	大泽山省级自然保护区	9 783.0	森林生态	森林生态系统及野生动植物资源
42	龙口大飘山省级自然保护区	2 326.0	森林生态	天然赤松林、野生动植物
43	莱阳老寨山省级自然保护区	2 908.5	森林生态	天然赤松林，森林生态系统及野生动植物资源
44	莱阳五龙河湿地省级自然保护区	1 824.5	内陆湿地	湿地生态系统
45	龙口依岛省级自然保护区	85.5	地质遗迹	火山砾石地质景观，海岛与潮间带生态系统群落
46	日照市前三岛市级自然保护区	41 200.0	海洋海岸	文昌鱼、海参、鲍鱼、海胆等海洋鱼类
47	莱城华山林场市级自然保护区	8 600.0	森林生态	森林生态系统
48	栖霞崮山市级自然保护区	1 800.0	森林生态	赤松天然次生林
49	十八盘市级自然保护区	3 000.0	森林生态	保护稀有树种和水源涵养
50	峄山市级自然保护区	5 000.0	森林生态	森林生态系统
51	东平湖湿地市级自然保护区	25 928.0	内陆湿地	湿地生态系统、野生动植物资源
52	东平腊山市级自然保护区	2 804.0	森林生态	濒危植物、鸟类、两栖爬行动物
53	柳埠市级自然保护区	3 420.0	森林生态	油松林及其生态系统
54	冠县西沙河林场市级自然保护区	11 200.0	森林生态	毛白杨林、加拿大杨林
55	高唐县清平林场市级自然保护区	4 200.0	森林生态	毛白杨林、杂交杨林、刺槐林
56	莘县马西林场市级自然保护区	3 800.0	森林生态	森林生态系统
57	青岛文昌鱼水生野生动物市级自然保护区	6 181.0	野生动物	文昌鱼及其生存环境
58	东阿县鱼山市级自然保护区	5 333.0	森林生态	森林植被及曹植墓历史遗迹
59	阳谷县景阳冈市级自然保护区	46.7	野生植物	森林生态与古树名木
60	山东莱州湾湿地市级自然保护区	13 975.0	内陆湿地	湿地生态系统

续表

序号	自然保护区名称	面积(公顷)	保护区类型	主要保护对象
61	烟台市大沽夹河湿地市级自然保护区	10 585.0	内陆湿地	湿地生态系统
62	莒南马鬐山市级自然保护区	4 210.0	森林生态	野生动植物
63	临沭苍马山市级自然保护区	3 000.0	森林生态	森林生态系统
64	长清大峰山市级自然保护区	873.0	森林生态	森林生态系统
65	泉林水体县级自然保护区	270.0	内陆湿地	泉林泉群
66	博兴县引黄济青渠首鸟类县级自然保护区	360.0	野生动物	鸟类
67	郯城县银杏县级自然保护区	6 183.0	野生植物	银杏
68	苍山县抱犊崮县级自然保护区	600.0	森林生态	生态植被、野生动物
69	苍山县大宗山县级自然保护区	1 000.0	森林生态	生态植被
70	苍山县文峰山县级自然保护区	600.0	森林生态	生态植被、野生动物与古建筑
71	沂水县沂河县级自然保护区	40 000.0	内陆湿地	饮用水源地
72	五彩山县级自然保护区	2 050.0	森林生态	生态植被和野生动物
73	会宝岭水库县级自然保护区	1 800.0	内陆湿地	水源地水质
74	蒙山森林生态县级自然保护区	16 500.0	森林生态	森林生态系统
75	北大山森林县级自然保护区	6 600.0	森林生态	生态植被、野生动物
76	鼻子山森林县级自然保护区	7 100.0	森林生态	生态植被、野生动物

内陆湿地类自然保护区是山东省自然保护区另一主要类型，其数量和面积分别占全省自然保护区总数和总面积的14.5%和37.8%。在11个内陆湿地类自然保护区中，有国家级自然保护区1个，面积为15 300.0万公顷；省级自然保护区4个，面积136 000.0万公顷，市级自然保护区3个，面积50 488.0公顷；县级自然保护区3个，面积42 070.0公顷。

海洋海岸类自然保护区的数量和面积分别占全省自然保护区总数和总面积的9.2%和10.4%。在7个海洋海岸类自然保护区中，国家级自然保护区1个，面积4.4万公顷；省级自然保护区5个，面积2.0万公顷；市级自然保护区1个，面积41 200.0公顷。

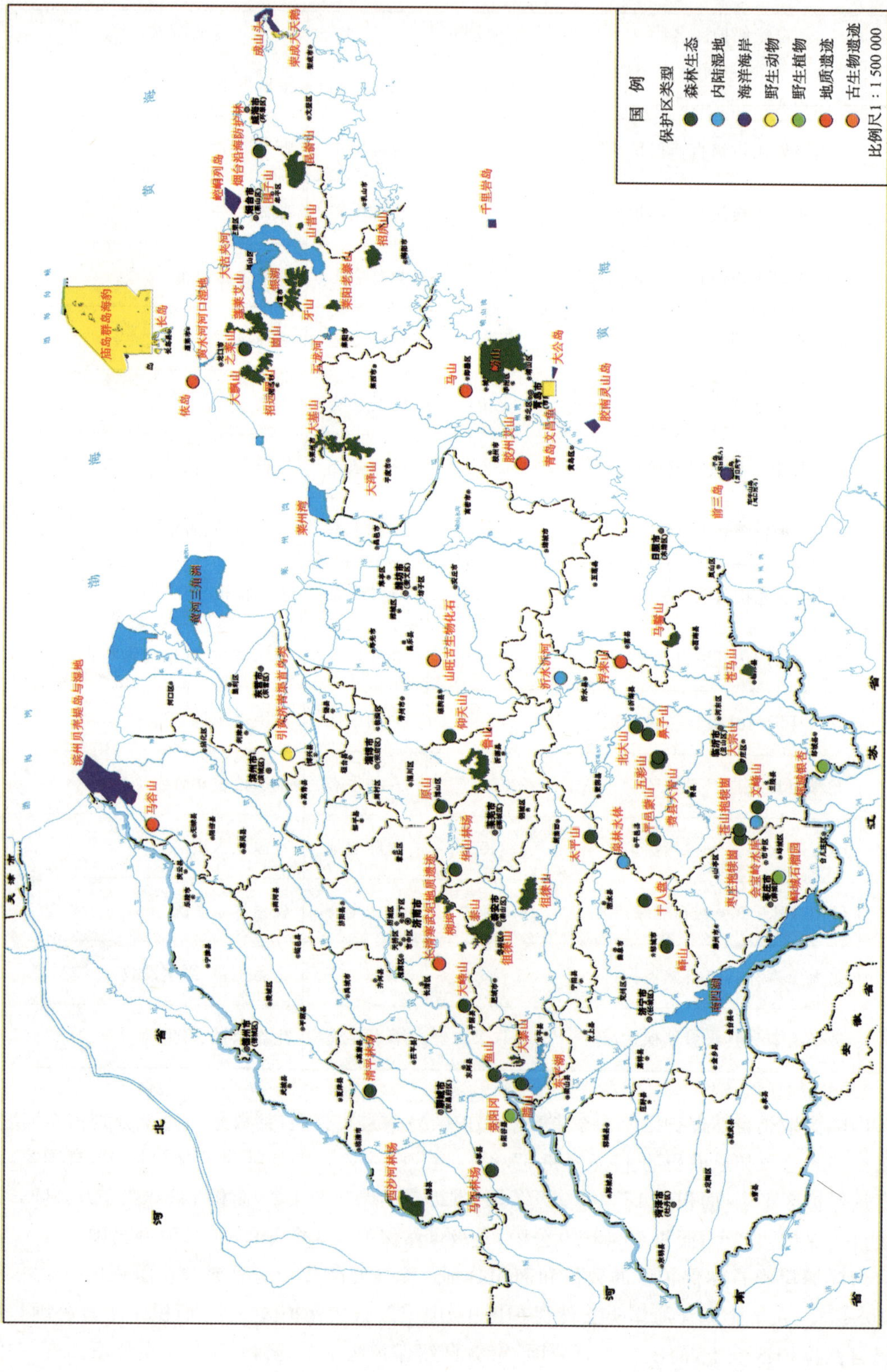

审图号：鲁SG（2018）068号

图1-1-1 山东省自然保护区类型分布图

野生动物类自然保护区的数量和面积分别占全省自然保护区总数和总面积的6.6%和18.4%。在5个野生动物类自然保护区中，有国家级自然保护区2个，面积为6 690.2公顷；省级自然保护区1个，面积17.3万公顷；市级自然保护区1个，面积6 181.0公顷；县级自然保护区1个，面积360.0公顷。

野生植物类自然保护区的数量和面积分别占全省自然保护区总数和总面积的3.9%和1.1%。在3个野生植物类自然保护区中，有省级自然保护区1个，面积为4 642.0公顷；市级自然保护区1个，面积46.7公顷；县级自然保护区1个，面积6 183.0公顷。

地质遗迹类自然保护区的数量和面积分别占全省自然保护区总数和总面积的7.9%和0.3%。在6个地质遗迹类自然保护区中，有国家级自然保护区1个，面积为774.0公顷；省级自然保护区5个，面积1 717.0公顷。

古生物遗迹类国家级自然保护区1个，面积120.0公顷，分别占全省自然保护区总数和总面积的1.3%和1.2%。

二、自然保护区生物多样性调查与评价对象的筛选

自然保护区生物多样性调查与评价应选择生物多样性相对丰富、生态功能相对重要的自然保护区，特别是国家级、省级和市级自然保护区。山东省自然保护区类型包括森林生态类、内陆湿地类、海洋海岸类、野生动物类、野生植物类、地质遗迹类和古生物遗迹类7种类型，我们从中选取自然保护区数量相对较多、生物多样性较为丰富的森林生态类和内陆湿地类自然保护区作为生物多样性调查与评价的对象。

按照科学性、代表性、可行性原则，综合考虑自然保护区基础资料的完整性和生态地位的重要性，我们确定28个森林生态类自然保护区和10个内陆湿地类自然保护区作为生物多样性调查与评价的对象（见表1-1-2和表1-1-3）。

表1-1-2　　森林生态类自然保护区调查与评价对象一览表

序号	自然保护区名称	主要保护对象	保护区级别
1	山东昆嵛山国家级自然保护区	赤松天然林	国家级
2	青岛崂山省级自然保护区	森林生态系统、野生动植物和珍稀濒危物种	省级
3	鲁山省级自然保护区	森林生态系统	省级
4	蓬莱艾山省级自然保护区	森林生态系统和鸟类	省级
5	海阳招虎山省级自然保护区	赤松天然次生林、珍稀濒危动植物资源	省级
6	栖霞牙山省级自然保护区	森林及野生动植物	省级
7	烟台沿海防护林省级自然保护区	防护林生态系统	省级
8	青州仰天山省级自然保护区	森林生态系统	省级
9	徂徕山省级自然保护区	华北地区特有的油松林和暖温带阔叶林	省级
10	泰山省级自然保护区	森林生态系统	省级
11	莱州大基山省级自然保护区	赤松天然次生林及针阔混交林	省级

续表

序号	自然保护区名称	主要保护对象	保护区级别
12	临沂大青山省级自然保护区	森林生态系统	省级
13	招远罗山省级自然保护区	赤松森林生态系统	省级
14	平阴大寨山省级自然保护区	侧柏、落叶阔叶林	省级
15	莱山围子山省级自然保护区	赤松天然次生林、楸树、森林生态系统及物种多样性	省级
16	大泽山省级自然保护区	森林生态系统及野生动植物资源	省级
17	莱阳老寨山省级自然保护区	天然赤松林，森林生态系统及野生动植物资源	省级
18	栖霞崮山市级自然保护区	赤松天然次生林	市级
19	峄山市级自然保护区	森林生态系统	市级
20	柳埠市级自然保护区	油松林及其生态系统	市级
21	冠县西沙河林场市级自然保护区	毛白杨林、加拿大杨林	市级
22	东阿县鱼山市级自然保护区	森林植被及曹植墓历史遗迹	市级
23	苍山县抱犊崮县级自然保护区	生态植被、野生动物	县级
24	苍山县大宗山县级自然保护区	生态植被	县级
25	苍山县文峰山县级自然保护区	生态植被、野生动物与古建筑	县级
26	五彩山县级自然保护区	生态植被和野生动物	县级
27	北大山森林县级自然保护区	生态植被、野生动物	县级
28	鼻子山森林县级自然保护区	生态植被、野生动物	县级

表 1-1-3 内陆湿地类自然保护区调查与评价对象一览表

序号	自然保护区名称	主要保护对象	保护区级别
1	山东黄河三角洲国家级自然保护区	黄河口湿地和珍稀濒危鸟类	国家级
2	山东南四湖省级自然保护区	湿地生态系统、珍稀濒危鸟类	省级
3	烟台福山银湖湿地省级自然保护区	湿地生态系统、森林生态系统、珍稀濒危鸟类	省级
4	龙口黄水河河口湿地省级自然保护区	河口湿地生态系统和珍稀鸟类资源	省级
5	莱阳五龙河湿地省级自然保护区	湿地生态系统	省级
6	东平湖湿地市级自然保护区	湿地生态系统、野生动植物资源	市级
7	山东莱州湾湿地市级自然保护区	湿地生态系统	市级
8	烟台市大沽夹河湿地市级自然保护区	湿地生态系统	市级
9	泉林水体县级自然保护区	泉林泉群	县级
10	会宝岭水库县级自然保护区	水源地水质	县级

第二节　自然保护区遥感影像

遥感是一种以物理手段、数学方法和地学分析为基础的综合应用技术，具有宏观、综合、动态和快速的特点。遥感技术是实现自然保护区生态环境动态监管的有效手段。应用卫星遥感影像，辅以河流、湖泊、山峰、乡镇等环境要素，能够快速直观地反映自然保护区的基本情况。

一、森林生态类主要自然保护区遥感影像

1. 山东昆嵛山国家级自然保护区

山东昆嵛山国家级自然保护区位于山东半岛东部牟平区和文登市境内，地理位置为东经121°37′0″～121°51′0″，北纬37°12′20″～37°18′50″。保护区面积为15 416.5公顷。其中，核心区面积为6 486.0公顷，缓冲区面积为4 481.0公顷，实验区面积为4 449.5公顷，主要保护对象为以赤松天然林为代表的森林生态系统及野生动植物。山东昆嵛山国家级自然保护区遥感影像如图1-2-1所示。

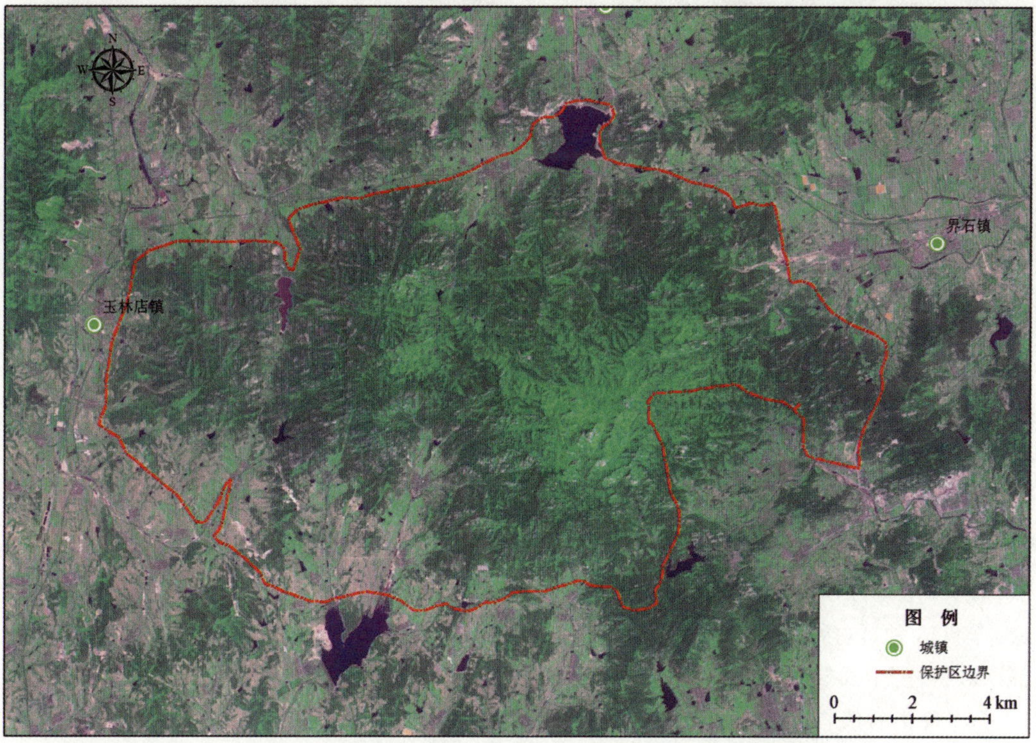

图1-2-1　山东昆嵛山国家级自然保护区遥感影像

昆嵛山由花岗岩构成，山脉呈东南—西北走向，海拔500米以上的山峰有25座，主峰泰礴顶海拔923米，相对高差近900米，构成了山东半岛之屋脊，成为南北水系的分水岭。汉河、沁水河流向北，母猪河、黄垒河流向南，分别注入黄海。特殊的自然地理环境

孕育了丰富的动植物资源。保护区森林覆盖率为 88.4%，分布有我国面积最大、保护最完整的地带性赤松天然林生态系统，记录有野生高等植物 962 种。其中，苔藓植物 162 种，维管植物 112 科 414 属 800 种；野生高等动物 83 科 191 属 333 种，是我国暖温带生物多样性最丰富的地区之一。

2. 青岛崂山省级自然保护区

青岛崂山省级自然保护区位于山东省青岛市区东北部，濒临黄海，地理坐标为东经 120°26′15″～120°42′45″，北纬 36°7′30″～36°15′15″。保护区面积为 44 855.0 公顷。其中，核心区面积为 7 467.0 公顷，缓冲区面积为 8 888.0 公顷，实验区面积为 28 500.0 公顷。主要保护对象为崂山森林生态系统、野生动植物及珍稀濒危物种。青岛崂山省级自然保护区遥感影像如图1-2-2所示。

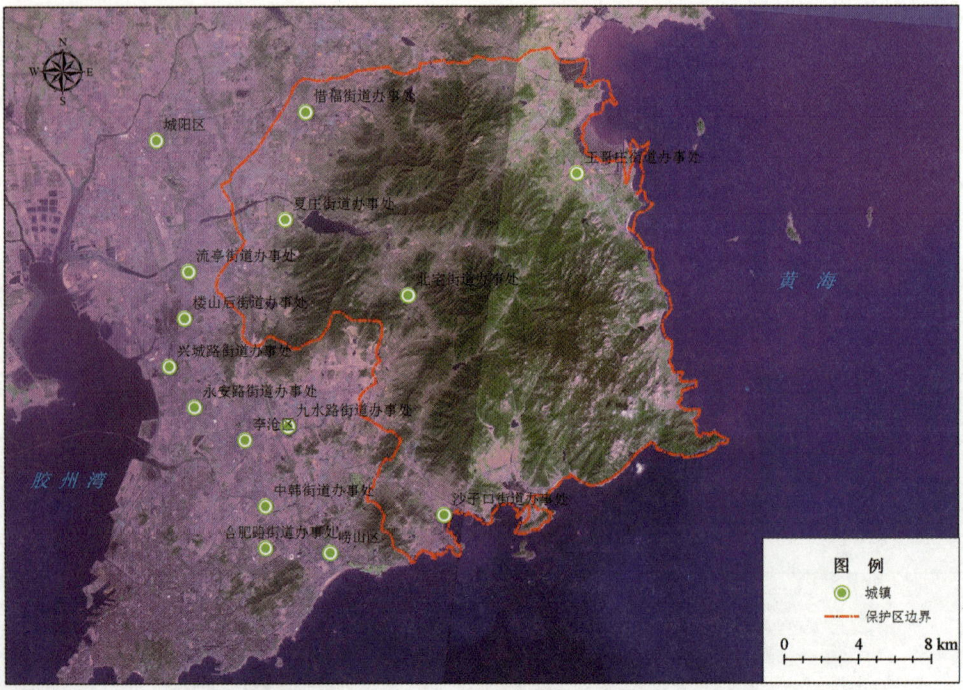

图 1-2-2 青岛崂山省级自然保护区遥感影像

崂山由花岗岩构成，花岗岩峰丛地貌发育，主峰崂顶海拔 1 133 米，为山东第三高峰。受海洋影响，保护区暖温带森林生态系统典型，生物区系过渡特征明显，生物多样性丰富，是我国同纬度地区植物种类最多、植物区系成分最复杂的地带，分布有野生维管植物 114 科 384 属 768 种，包括蕨类植物 17 科 24 属 43 种，裸子植物 2 科 2 属 2 种，被子植物 95 科 358 属 723 科，野生高等动物 99 科 211 属 398 种，国家重点保护野生动植物 63 种。

3. 鲁山省级自然保护区

鲁山省级自然保护区位于山东省博山区和沂源县境内，地理坐标为北纬 36°17′～36°24′，东经 117°56′～118°11′。保护区面积为 13 070.0 公顷。其中核心区面积为 4 300.0 公顷，缓冲区面积为 4 195.5 公顷，实验区面积为 4 574.5 公顷。主要保护对象为以油松、侧柏和栎类为主的森林生态系统。鲁山省级自然保护区遥感影像如图 1-2-3 所示。

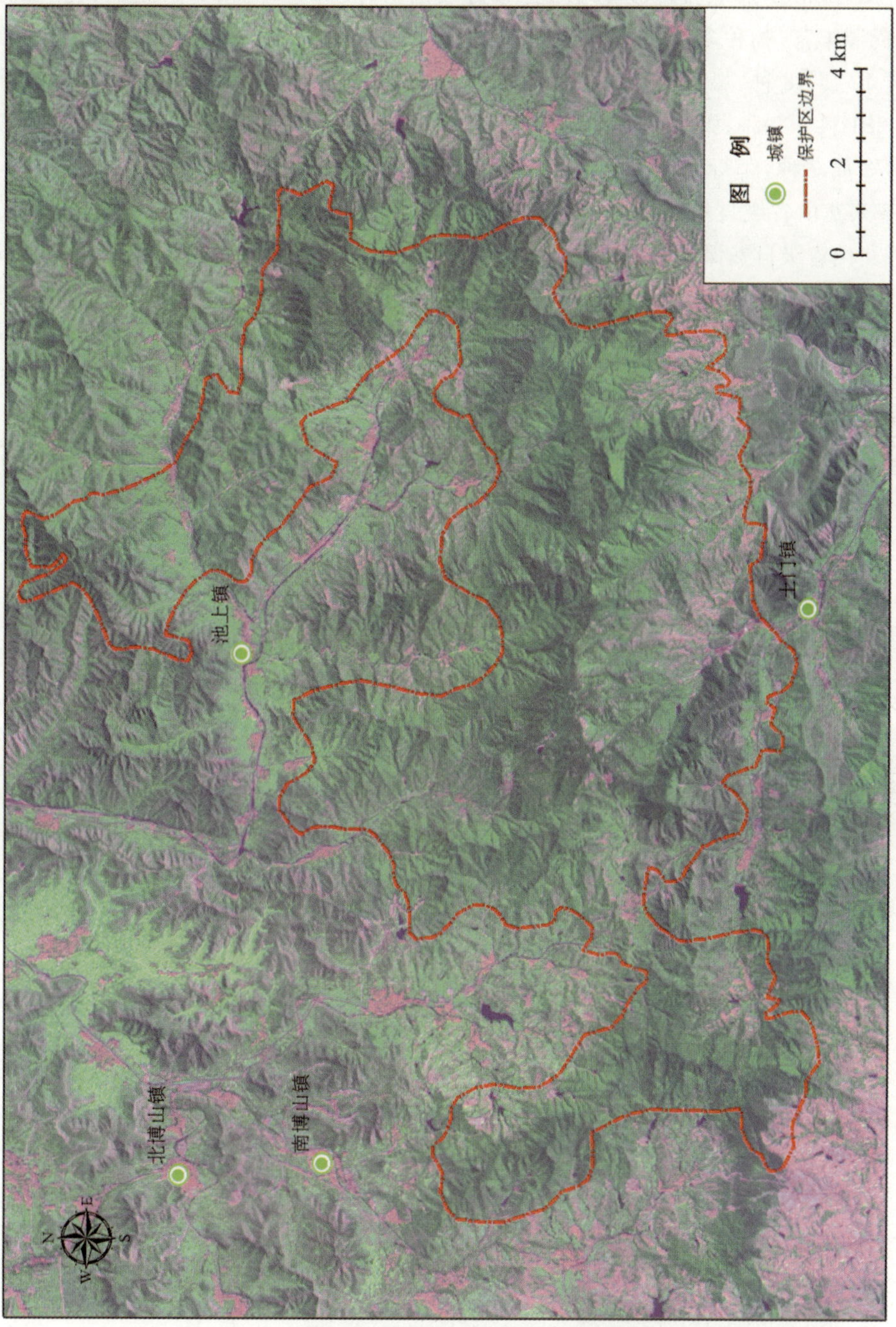

图1-2-3　鲁山省级自然保护区遥感影像

鲁山山脉由变质岩和石灰岩构成，海拔 500 米以上的山峰近 200 座，主峰海拔 1 108.3米，为山东省第四高峰，是淄河、汶河、沂河、弥河等河流的发源地之一。保护区地理位置特殊，地形复杂，生态系统多样，分布有以油松林、栎类、侧柏等为主的典型森林植被，生物资源丰富，物种多样性明显，记录有野生维管植物 111 科 382 属 679 种，包括蕨类植物 9 科 12 属 18 种，裸子植物 2 科 2 属 3 种，单子叶植物 17 科 87 属 151 种，双子叶植物 83 科 281 科 507 种；野生高等动物 66 科 148 属 263 种，包括鱼类 8 科 23 属 27 种，两栖类 3 科 3 属 3 种，爬行类 3 科 4 属 11 种，鸟类 52 科 118 属 222 种。

4. 蓬莱艾山省级自然保护区

蓬莱艾山省级自然保护区位于山东省蓬莱市境内，地理坐标为东经 120°42′～120°52′，北纬 37°25′～37°37′。保护区面积为 9 824.6 公顷。其中，核心区面积为 3 424.6 公顷，缓冲区面积为 2 628.2 公顷，实验区面积为 3 771.8 公顷。主要保护对象为以紫椴林为代表的森林生态系统及鸟类等野生动植物。蓬莱艾山省级自然保护区遥感影像如图 1-2-4 所示。

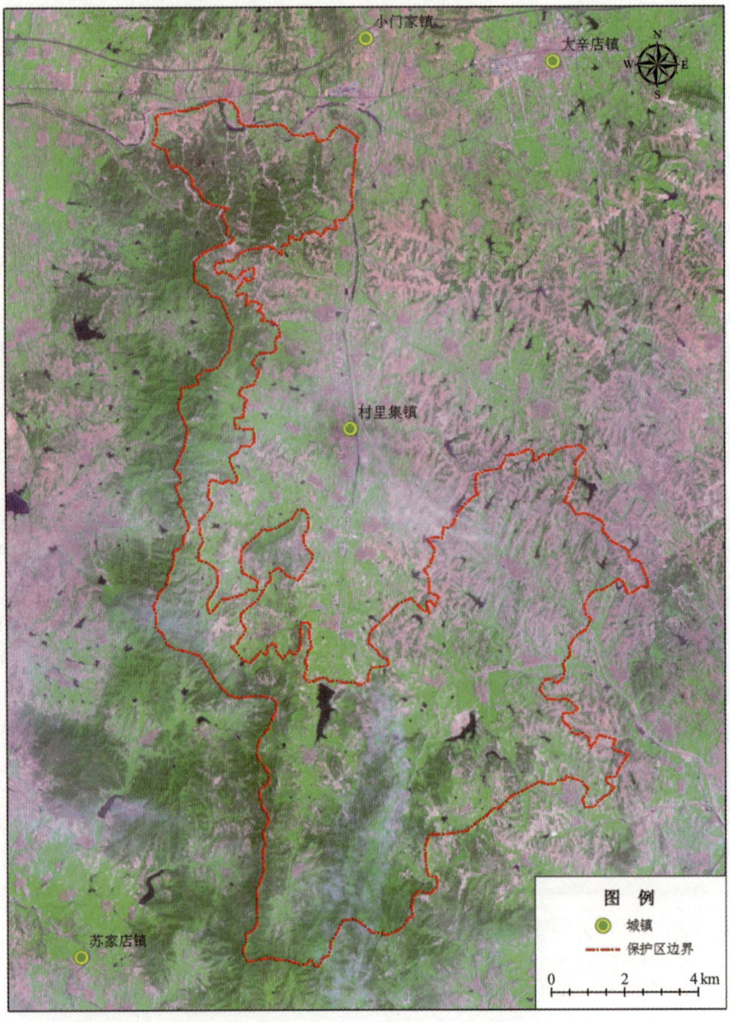

图 1-2-4　蓬莱艾山省级自然保护区遥感影像

保护区由艾山山脉和崮山山脉组成，艾山山脉呈东西走向，崮山山脉呈南北走向，主峰艾山海拔814米，素有胶东"第二屋脊"之誉，山体由花岗岩构成。保护区分布有山东省面积最大、唯一的紫椴天然次生林，以赤松天然次生林和栎类为主的天然落叶阔叶林，在山东半岛植物群落演替中具有不可替代的作用。保护区分布有野生维管植物103科356属648种，包括蕨类植物11科14属25种，裸子植物2科2属3种，单子叶植物16科78属148种，双子叶植物76科263属472种；野生高等动物79科184属317种，包括鱼类7科23属24种，两栖类4科5属7种，爬行类6科9属13种，哺乳类12科22属25种，鸟类50科125属248种。

5. 海阳招虎山省级自然保护区

海阳招虎山省级自然保护区位于山东省海阳市境内，距海阳市城区8千米。地理位置为东经121°7′0″～121°15′0″，北纬36°49′0″～36°53′0″。保护区面积为7 061.0公顷。其中，核心区面积为906.0公顷，缓冲区面积为1 138.0公顷，实验区面积为5 017.0公顷。主要保护对象为赤松天然次生林和珍稀濒危动植物资源。海阳招虎山省级自然保护区遥感影像如图1-2-5所示。

图1-2-5 海阳招虎山省级自然保护区遥感影像

招虎山由花岗岩构成，主峰海拔549.7米，山势陡峭，峰险谷深。招虎山保护区是我国赤松的原生地之一，生物多样性丰富，分布有野生维管植物109科387属661种，包括蕨类植物15科22属34种，裸子植物2科2属3种，被子植物92科363属624种；野生高等动物55科100属160种，包括鱼类2科6属6种，两栖类3科5属7种，爬行类4科

6 属8 种，哺乳类 6 科 10 属 11 种，鸟类 39 科 73 属 128 种。

6. 栖霞牙山省级自然保护区

栖霞牙山省级自然保护区位于山东省栖霞市境内，地理位置为东经 120°51′7″～121°7′31″，北纬 37°11′42″～37°18′53″。保护区面积为 17 900.0 公顷。其中，核心区面积为 6 247.1 公顷，缓冲区面积为 6 157.6 公顷，实验区面积为 5 495.3 公顷。主要保护对象为森林生态系统及野生动物资源。栖霞牙山省级自然保护区遥感影像如图 1-2-6 所示。

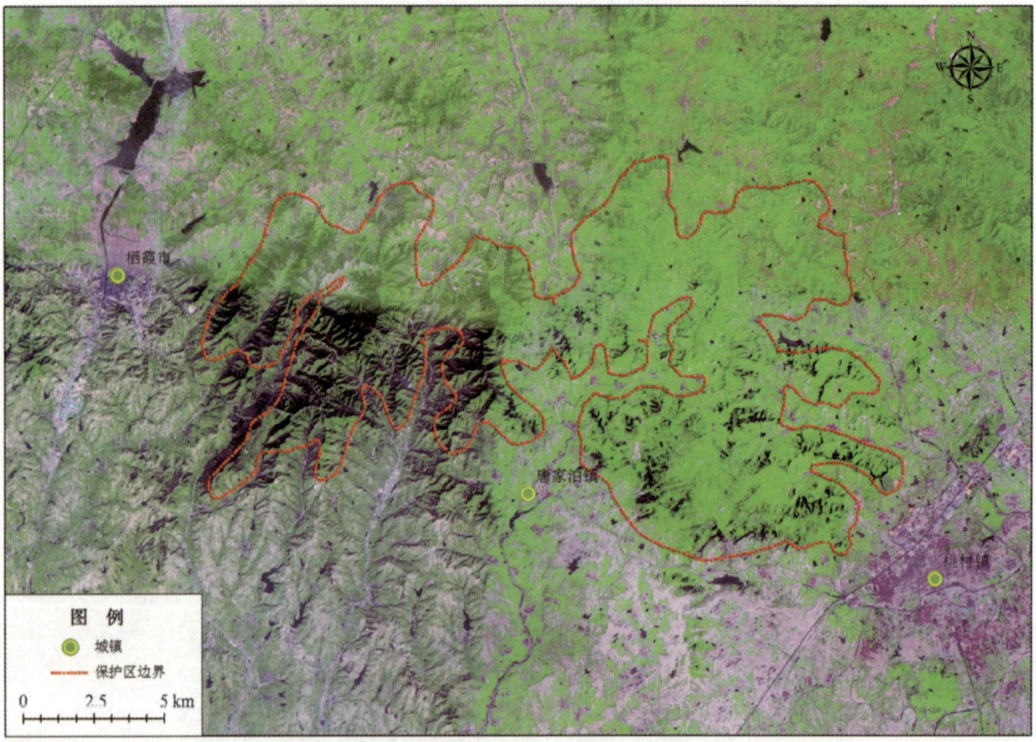

图 1-2-6 栖霞牙山省级自然保护区遥感影像

保护区由牙山山脉和唐山山脉相连组成。牙山山脉地处栖霞城区东南 22.5 千米处，海拔 805.8 米，大牙山、二牙山和三牙山三峰耸立。唐山山脉地处栖霞城区东南 7 千米处，主峰庙顶海拔 599.2 米。山体由燕山期花岗岩构成，群蜂林立，沟深谷狭，余脉连绵。大沽河和五龙河发源于此，分别从北、南方向注入黄海。保护区生态系统结构完整，分布有发育良好的赤松天然林，生物多样性丰富，分布有维管植物 107 科 404 属 755 种，包括蕨类植物 13 科 19 属 32 种，裸子植物 2 科 2 属 2 种，被子植物 92 科 383 属 721 种；野生高等动物 87 科 194 属 337 种，包括鱼类 13 科 31 属 34 种，两栖类 4 科 6 属8 种，爬行类 6 科 8 属 13 种，哺乳类 12 科 22 属 25 种，鸟类 52 科 126 属 257 种。

7. 徂徕山省级自然保护区

徂徕山省级自然保护区位于山东省泰安市岱岳区和新泰市境内，地理坐标为东经 117°16′～117°20′，北纬 36°2′～36°7′。保护区面积为 10 915.0 公顷。其中，核心区面积为3 777.0 公顷，缓冲区面积为 3 558.0 公顷，实验区面积为 3 580.0 公顷。主要保护对象为华北地区特有的油松林和暖温带阔叶林。徂徕山省级自然保护区遥感影像如图1-2-7所示。

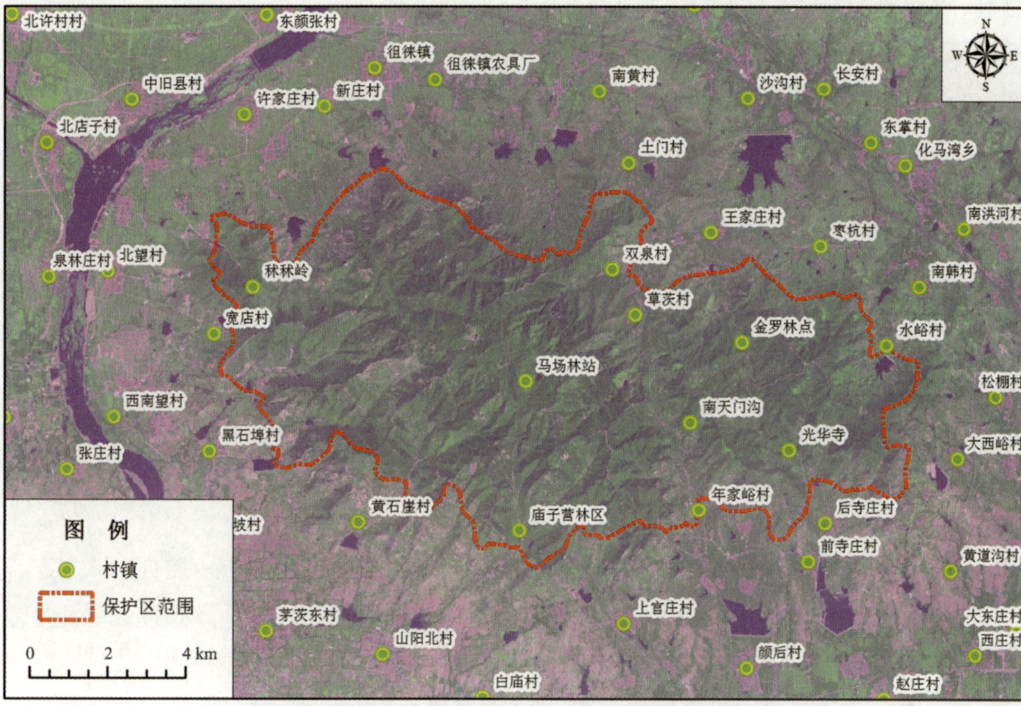

图 1-2-7 徂徕山省级自然保护区遥感影像

徂徕山主要由花岗岩构成，主峰太平顶海拔 1 028 米，是大汶河的发源地。保护区分布有大面积华北地区特有的油松林和暖温带落叶阔叶林的典型代表枥类。区内记录有野生维管植物 124 科 440 属 836 种，包括蕨类植物 14 科 21 属 36 种，裸子植物 2 科 2 属 3 种，被子植物 108 科 417 属 797 种；野生高等动物 74 科 150 属 221 种，包括鱼类 8 科 26 属32 种，两栖类 3 科 4 属 5 种，爬行类 3 科 5 属 11 种，哺乳类 12 科 20 属 24 种，鸟类 48 科 95 属 149 种。

8. 泰山省级自然保护区

泰山省级自然保护区位于山东省泰安市境内，地理位置为东经 116°58′～117°10′，北纬 36°12′～36°22′。保护区面积为 11 892.0 公顷。其中，核心区面积为 4 911.0 公顷，缓冲区面积为 2 563.0 公顷，实验区面积为 4 418.0 公顷。主要保护对象为森林生态系统。泰山省级自然保护区遥感影像如图 1-2-8 所示。

泰山为五岳之首，也是我国第一个世界自然与文化双遗产，主峰玉皇顶海拔 1 545 米，是山东省最高峰。山体地层古老，岩性成分复杂，地貌发育，与山前平原高差达 1 400 米，从山麓到山顶自然环境状况垂直变化明显。丰富多样的生境条件为动植物生长发育提供了良好条件。保护区是暖温带落叶阔叶林区域的典型代表之一，生物多样性丰富，是多种生物模式标本的原产地，分布有野生维管植物 120 科 470 属 922 种，包括蕨类植物 13 科 20 属 44 种，裸子植物 3 科 3 属 4 种，被子植物 104 科 447 属 874 种；野生高等动物 72 科 141 属 209 种，包括鱼类 7 科 22 属 23 种，两栖类 3 科 5 属 6 种，爬行类 5 科 6 属 12 种，哺乳类 11 科 17 属 21 种，鸟类 46 科 92 属 147 种。

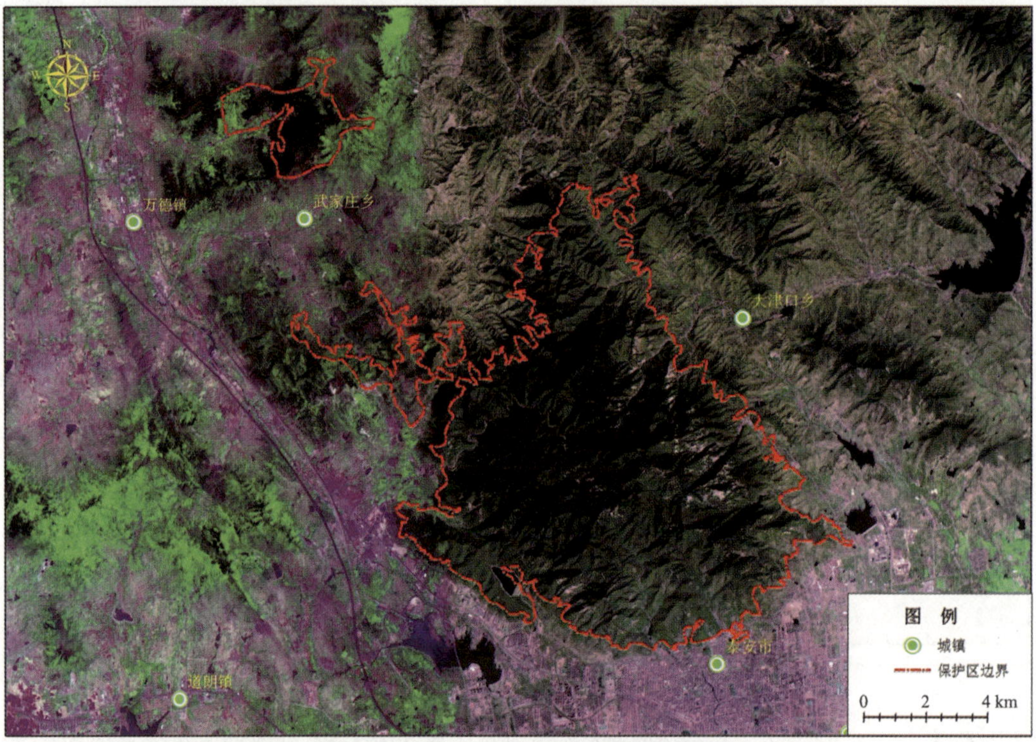

图 1-2-8 泰山省级自然保护区遥感影像

9. 莱州大基山省级自然保护区

莱州大基山省级自然保护区位于山东省莱州市境内，距莱州城区 7.5 千米，地理坐标为北纬 37°0′54″～37°10′24″，东经 119°57′32″～120°8′24″。保护区面积为 8 753.0 公顷。其中，核心区面积为 3 089.0 公顷，缓冲区面积为 2 912.8 公顷，实验区面积为 2 751.2 公顷。主要保护对象为赤松天然次生林及针阔混交林。莱州大基山省级自然保护区遥感影像如图1-2-9所示。

保护区包括大基山、歪脖顶、吴家大山、关门顶、鹰山、马山、胡家顶等 10 余座海拔 400 米以上的山峰，主峰马山海拔 690.5 米，相对高差 541 米。山体由花岗岩组成，山高坡陡，群崮林立，沟壑纵横，发育有白沙河、南阳河、小沽河与龙王河等河流。保护区地处山东半岛中国赤松原生地和天然分布中心，分布有大面积以赤松天然林为主的针叶林和针阔混交林，生物多样性丰富，记录有维管植物 111 科 403 属 704 种，包括蕨类植物 13 科 18 属 25 种，裸子植物 2 科 2 属 3 种，被子植物 96 科 383 属 676 种；野生高等动物 77 科 169 属 281 种，包括鱼类 6 科 16 属 17 种，两栖类 4 科 6 属 8 种，爬行类 3 科 5 属 11 种，哺乳类 9 科 16 属 16 种，鸟类 55 科 125 属 229 种。

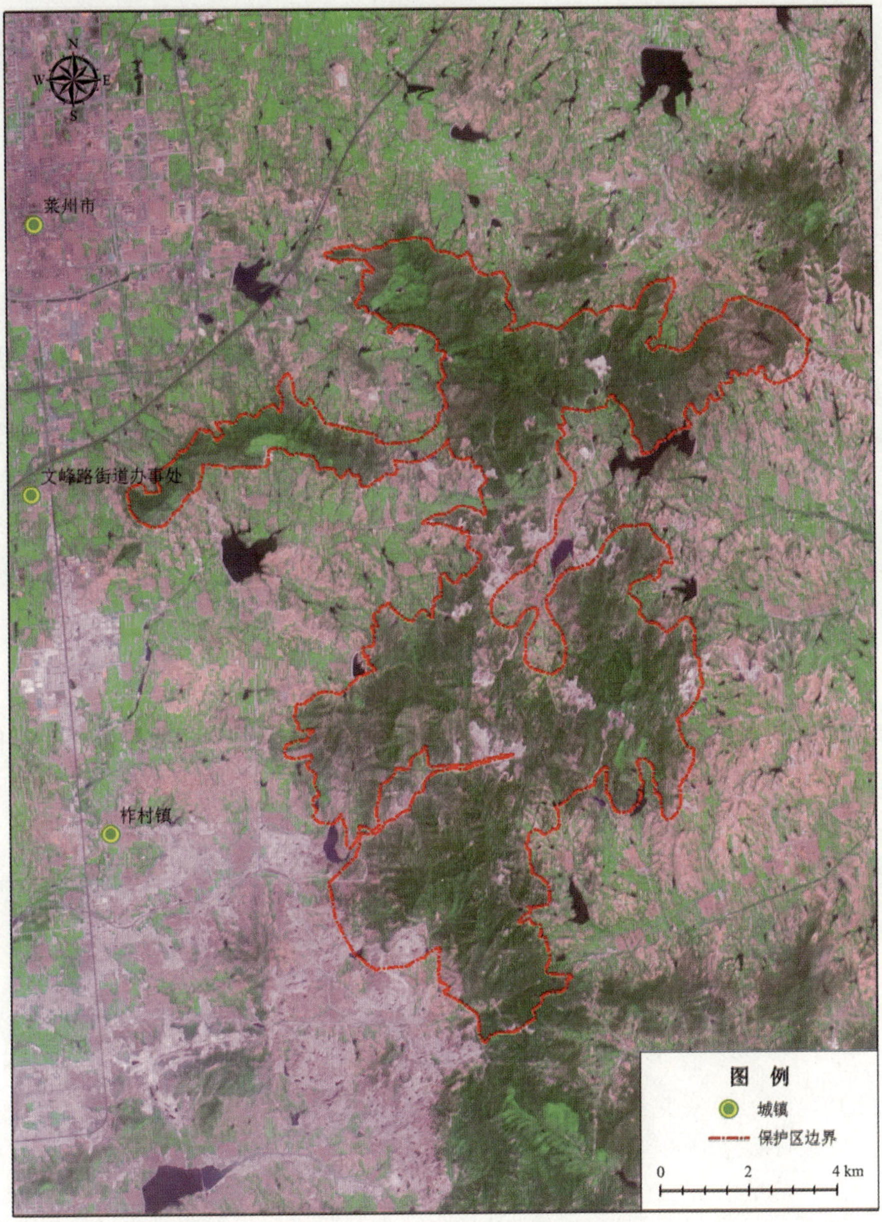

图 1-2-9 莱州大基山省级自然保护区遥感影像

10. 临沂大青山省级自然保护区

临沂大青山省级自然保护区位于山东省费县境内，地理坐标为东经 118°5′～119°12′，北纬 35°20′～35°27′。保护区面积为 4 000.0 公顷。其中，核心区面积为 950.0 公顷，缓冲区面积为 800.0 公顷，实验区面积为 2 250.0 公顷。主要保护对象为森林生态系统。临沂大青山省级自然保护区遥感影像如图 1-2-10 所示。

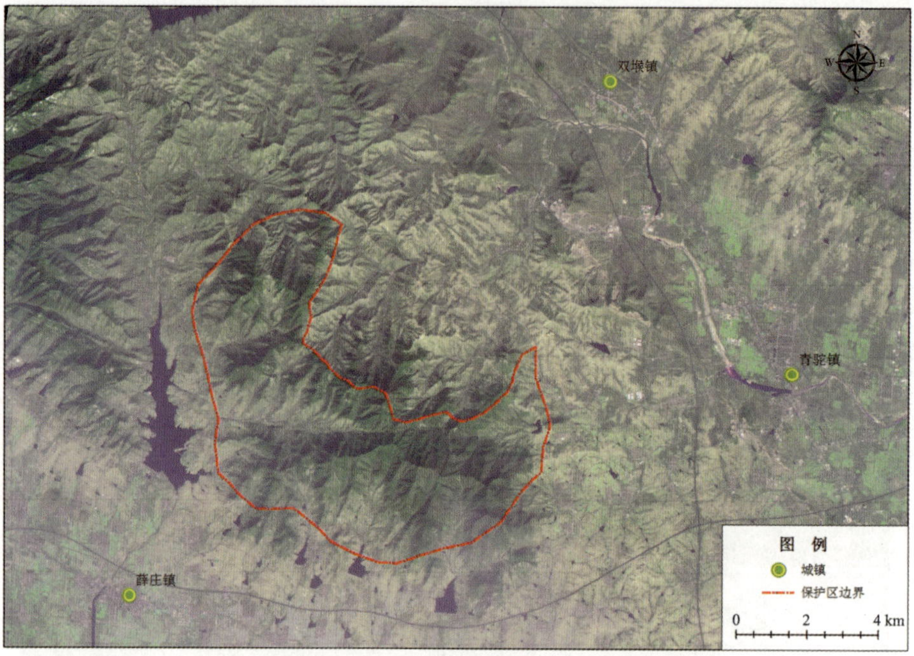

图 1-2-10 临沂大青山省级自然保护区遥感影像

大青山是蒙山山脉的东延部分，主峰海拔 686 米。保护区内山峰林立，沟壑发育，植被茂密，森林生态系统较典型，生物多样性较丰富，森林覆盖率为 86.5%，分布有野生维管植物 81 科 194 属 282 种，包括蕨类植物 6 科 8 属 9 种，裸子植物 2 科 2 属 3 种，被子植物 73 科 184 属 270 种；野生高等动物 36 科 58 属 67 种，包括鱼类 4 科 9 属 9 种，两栖类 3 科4 属 4 种，爬行类 5 科 7 属 7 种，哺乳类 6 科 7 属 7 种，鸟类 18 科 31 属 40 种。

11. 招远罗山省级自然保护区

招远罗山省级自然保护区地处山东省招远市境内，地理坐标为东经 120°22′～120°35′，北纬 37°23′～37°32′。保护区面积为 9 479.6 公顷。其中核心区面积 3 287.7 公顷，缓冲区面积 3 198.3 公顷，实验区面积 2 993.6 公顷。主要保护对象为赤松森林生态系统。招远罗山省级自然保护区遥感影像如图 1-2-11 所示。

保护区包括阜山、青山顶、歪嘴顶、玲珑山、罗山、石城山、玉皇顶、大猪顶、凤凰顶等海拔 600 米以上的山峰，山体由侵入岩构成，主峰罗山海拔 759 米，是招远最高峰。山东半岛最大内陆河流大沽河即发源于此，界河、淘金河、诸流河、曲马沟河、黄水河等河流流经保护区。区内分布有大面积以赤松天然林为主的针叶林和针阔混交林，生物多样性丰富，记录有野生维管植物 100 科 323 属 565 种，包括蕨类植物 13 科 20 属 32 种，裸子植物 2 科 2 属 3 种，单子叶植物 1 种，双子叶植物 84 科 300 属 529 种；野生高等动物 86 科 188 属311 种，包括鱼类 9 科 25 属 27 种，两栖类 4 科 6 属 8 种，爬行类 5 科 8 属 12 种，哺乳类 10 科 18 属 18 种，鸟类 58 科 131 属 246 种。

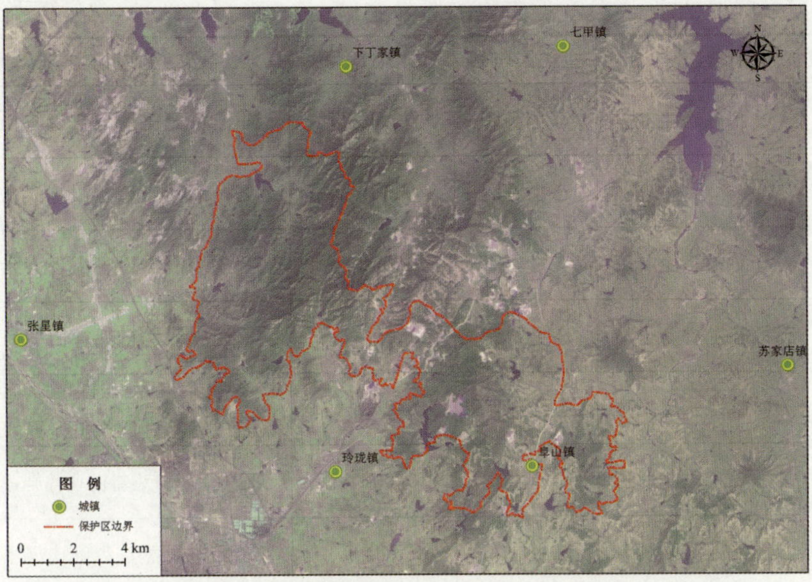

图 1-2-11　招远罗山省级自然保护区遥感影像

12. 平阴大寨山省级自然保护区

平阴大寨山省级自然保护区位于山东省平阴县境内，地理坐标为东经 116°16′42″～116°20′19″，北纬 36°1′37″～36°6′27″。保护区面积为 1 200.0 公顷。其中，核心区面积为 366.0 公顷，缓冲区面积为 368.4 公顷，实验区面积为 465.6 公顷。主要保护对象为侧柏和落叶阔叶林。平阴大寨山省级自然保护区遥感影像如图 1-2-12 所示。

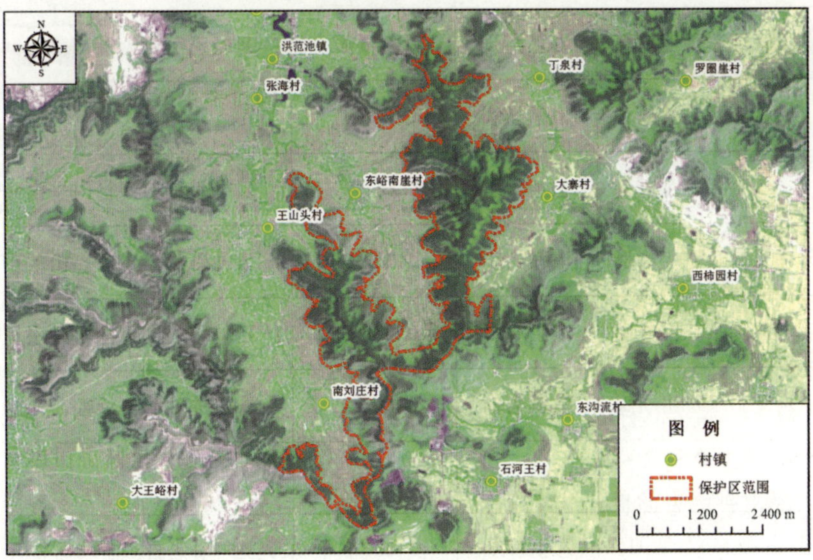

图 1-2-12　平阴大寨山省级自然保护区遥感影像

保护区由大寨山和云翠山组成，主峰大寨山海拔 494.8 米，山体由寒武纪灰岩构成，山顶平缓，山坡陡峭。山间谷地出露泉水，成为浪溪河的源头。保护区是我国暖温带物种资源最丰富的地区之一，分布有野生维管植物 83 科 238 属 383 种，包括蕨类植物 9 科 11 属 13 种，裸子植物 2 科 2 属 2 种，被子植物 72 科 225 属 368 种；野生高等动物 49 科 88 属 136 种，包括两栖类 3 科 4 属 5 种，爬行类 3 科 4 属 9 种，哺乳类 6 科 9 属 10 种，鸟类 37 科 71 属 112 种。

13. 莱山围子山省级自然保护区

莱山围子山省级自然保护区位于山东省烟台市莱山区境内，地理坐标为东经 121°25′27″～121°30′29″，北纬 37°17′46″～37°23′5″。保护区面积为 2 509.0 公顷。其中，核心区面积为 643.6 公顷，缓冲区面积为 756.0 公顷，实验区面积为 1 109.4 公顷。主要保护对象为森林生态系统。莱山围子山省级自然保护区遥感影像如图 1-2-13 所示。

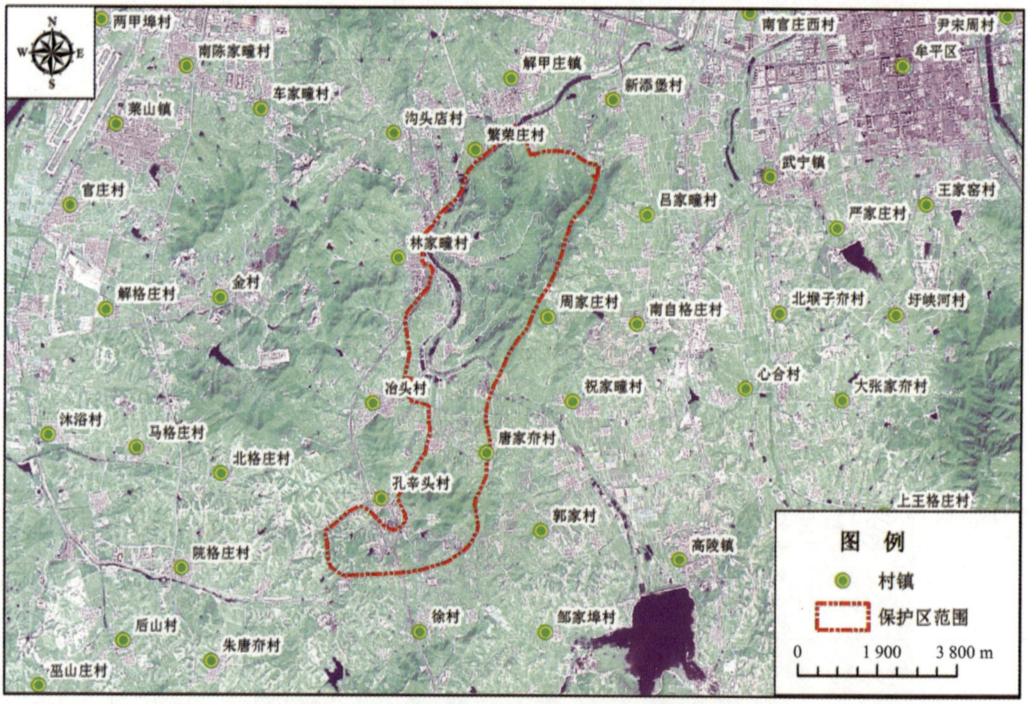

图 1-2-13 莱山围子山省级自然保护区遥感影像

围子山主峰海拔 250.3 米，由变质岩构成。保护区是山东半岛重要的赤松自然分布中心之一，是楸树的集中分布地。区内记录有野生维管植物 96 科 319 属 542 种，包括蕨类植物 13 科 18 属 24 种，裸子植物 2 科 2 属 2 种，被子植物 81 科 299 属 516 种；野生高等动物 68 科 147 属 220 种，包括鱼类 8 科 29 属 33 种，两栖类 4 科 5 属 7 种，爬行类 7 科 9 属 15 种，哺乳类 9 科 19 属 21 种，鸟类 40 科 85 属 144 种。

14. 大泽山省级自然保护区

大泽山省级自然保护区位于山东省平度市境内，地理坐标为东经 119°57′～120°5′，北纬 36°53′～37°2′。保护区面积为 9 783.0 公顷。其中，核心区面积为 3 685.0 公顷，缓冲区面积为2 850.0 公顷，实验区面积为 3 248.0 公顷。主要保护对象为森林生态系统及珍稀濒危野生动植物资源。大泽山省级自然保护区遥感影像如图 1-2-14 所示。

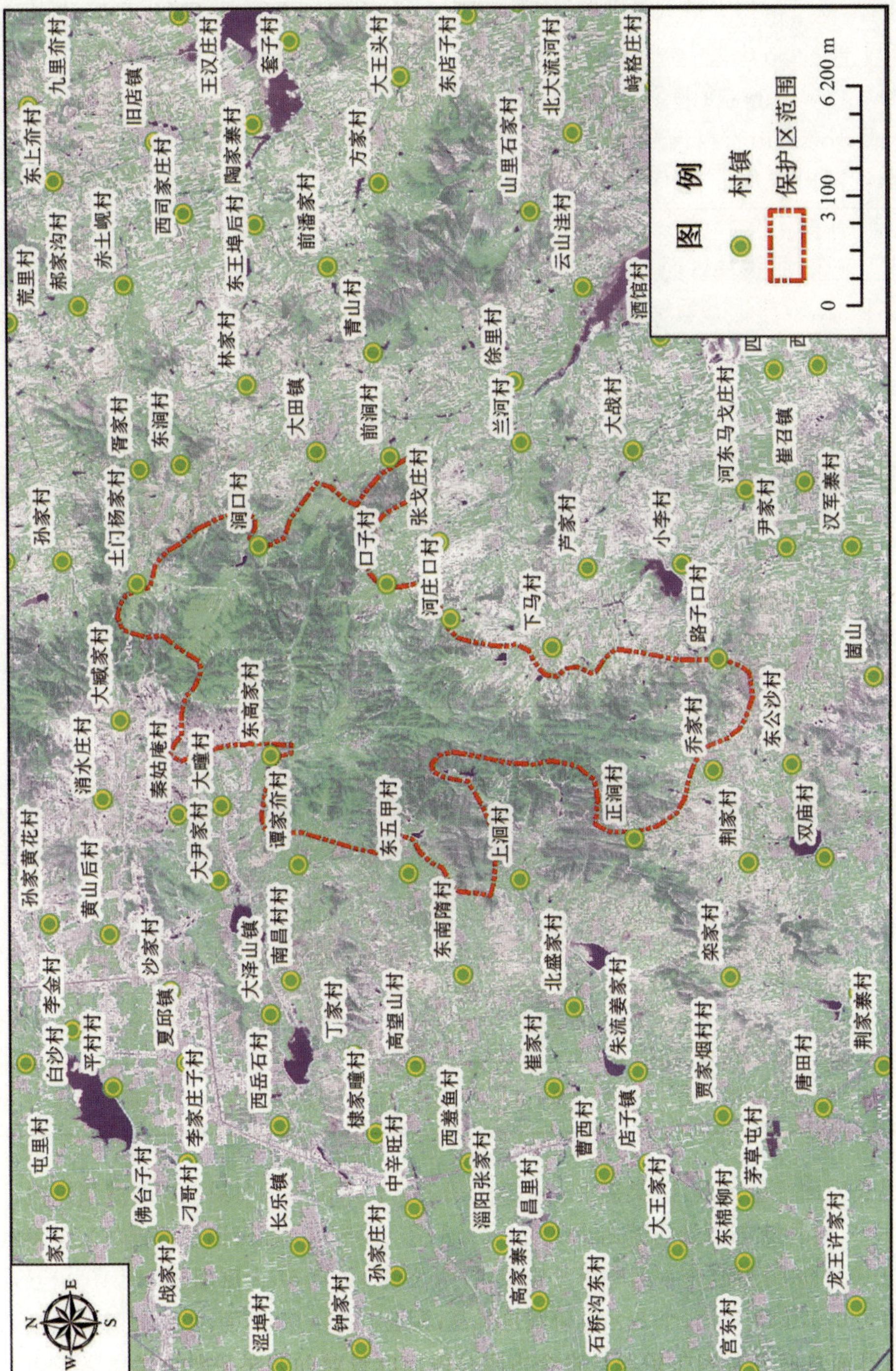

图1-2-14　大泽山省级自然保护区遥感影像

大泽山主峰北峰顶海拔 735.8 米，由花岗片麻岩构成，是淄阳河、猪洞河、现河、白沙河等河流的源头。保护区记录有野生维管植物 106 科 334 属 581 种，包括蕨类植物 11 科 14 属 24 种，裸子植物 1 科 1 属 1 种，被子植物 94 科 319 属 556 种；有野生高等动物 74 科 170 属 311 种，包括鱼类 4 科 14 属 16 种，两栖类 4 科 5 属 7 种，爬行类 5 科 8 属 12 种，哺乳类 7 科 15 属 17 种，鸟类 54 科 128 属 260 种。

15. 莱阳老寨山省级自然保护区

莱阳老寨山省级自然保护区位于山东省莱阳市境内，地理坐标为北纬 37°4′0″～37°4′11″，东经 120°53′22″～120°54′0″。保护区面积为 2 908.5 公顷。其中，核心区面积为1 147.5 公顷，缓冲区面积为 812.4 公顷，实验区面积为 948.6 公顷。主要保护对象为天然赤松林、森林生态系统及野生动植物资源。莱阳老寨山省级自然保护区遥感影像如图1-2-15所示。

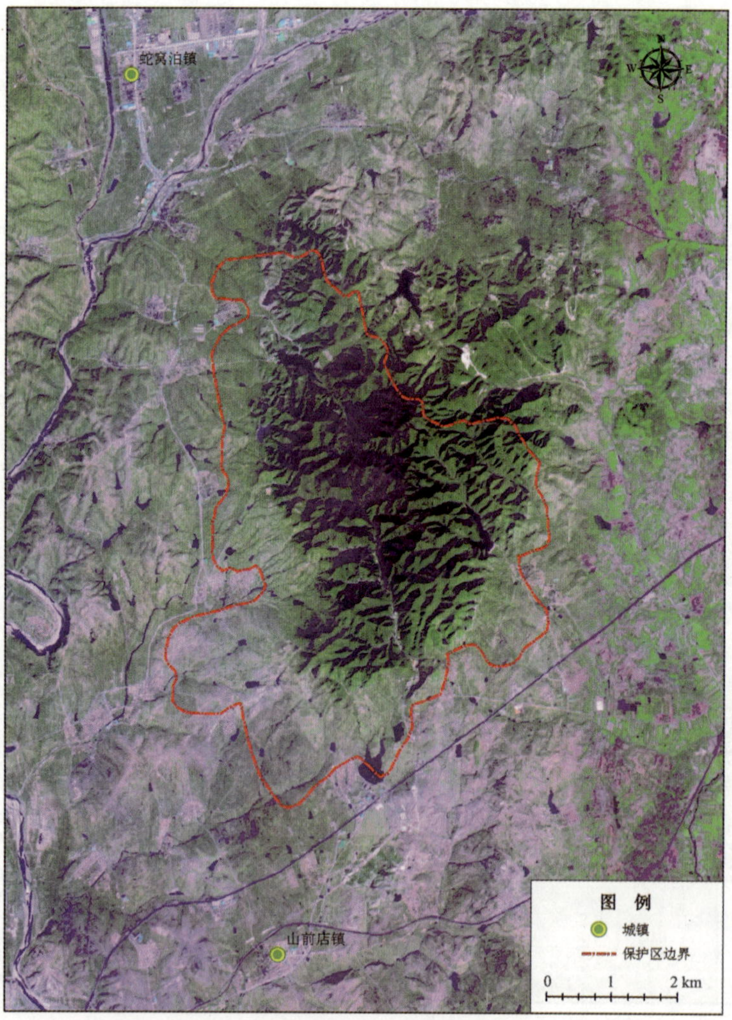

图 1-2-15　莱阳老寨山省级自然保护区遥感影像

保护区由老寨、团顶、祈雨顶、小寨、旌旗山、垛山等山峰组成，海拔高度 300～400 米，切割深度 200 米左右。主峰老寨海拔为 374.6 米，为莱阳市第一高峰，是钟家院河、蒲格庄河、榆疃、龙门河、秋口河和岔河等 6 条河流的发源地。保护区是山东半岛中国赤松原生地和天然分布中心，分布有以赤松天然林为主的针叶林和针阔混交林，生物多样性丰富，记录有野生维管植物 107 科 387 属 670 种，包括蕨类植物 13 科 18 属 25 种，裸子植物2 科2 属 3 种，单子叶植物 14 科 84 属 155 种，双子叶植物 78 科 283 属 487 种；野生高等动物 85 科 176 属 287 种，包括鱼类 9 科 23 属 26 种，两栖类 4 科 6 属 8 种，爬行类 6 科9 属12 种，哺乳类 10 科 14 属 15 种，鸟类 56 科 124 属 226 种。

16. 栖霞崮山市级自然保护区

栖霞崮山市级自然保护区位于山东省栖霞市苏家店镇境内，距栖霞城区约 30 千米。地理坐标为东经 120°40′21″～120°44′44″，北纬 37°24′31″～37°28′51″。保护区面积为 1 800.0 公顷。其中，核心区面积为 543.9 公顷，缓冲区面积为 556.8 公顷，实验区面积为 699.3 公顷。主要保护对象为赤松天然次生林。栖霞崮山市级自然保护区遥感影像如图 1-2-16 所示。

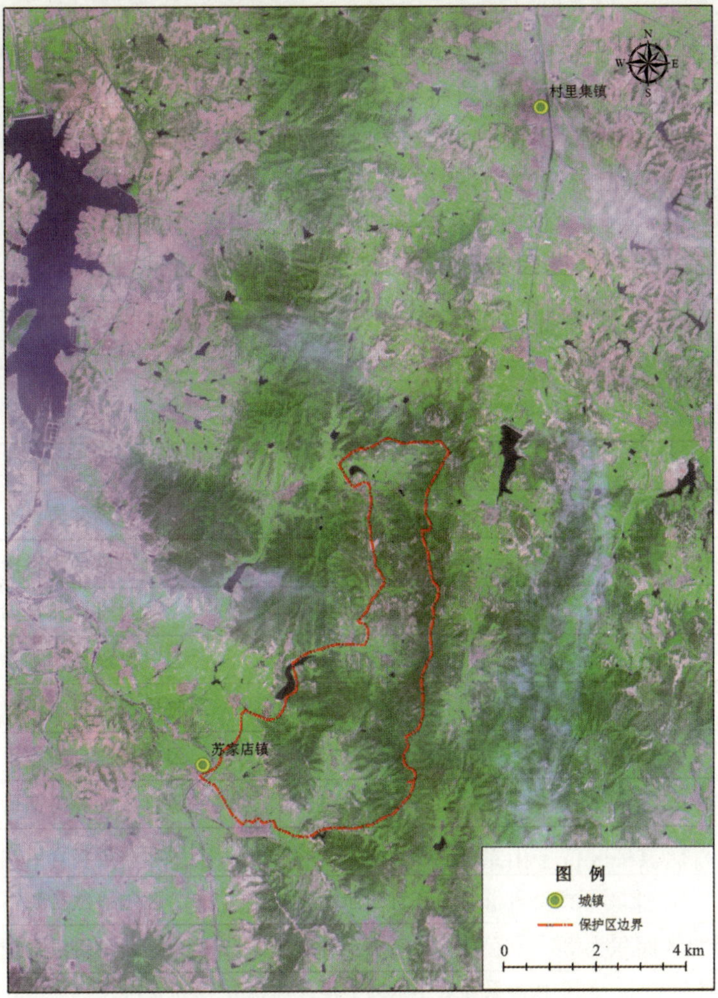

图 1-2-16 栖霞崮山市级自然保护区遥感影像

崮山山脉主要由花岗岩构成，呈南北走向，有南崮北崮之分，南崮海拔 510.2 米，北崮海拔 542 米。保护区景色优美，低山地貌景观独特，生物多样性丰富，记录有野生维管植物 112 科 414 属 765 种，包括蕨类植物 13 科 19 属 32 种，裸子植物 2 科 2 属 2 种，被子植物 97 科 393 属 731 种；野生高等动物 87 科 195 属 338 种，包括鱼类 13 科 31 属 34 种，两栖类 4 科 6 属 8 种，爬行类 6 科 9 属 13 种，哺乳类 12 科 22 属 25 种，鸟类 52 科 127 属258 种。

17. 峄山市级自然保护区

峄山市级自然保护区位于山东省邹城市邹城镇和峄山镇，地理坐标为东经 117°0′19″～117°3′20″，北纬 35°19′4″～35°20′43″。保护区面积 5 000.0 公顷。其中，核心区面积为 600.0 公顷，缓冲区面积为 18.0 公顷，实验区面积为 4 382.0 公顷。主要保护对象为森林生态系统。峄山市级自然保护区遥感影像如图 1-2-17 所示。

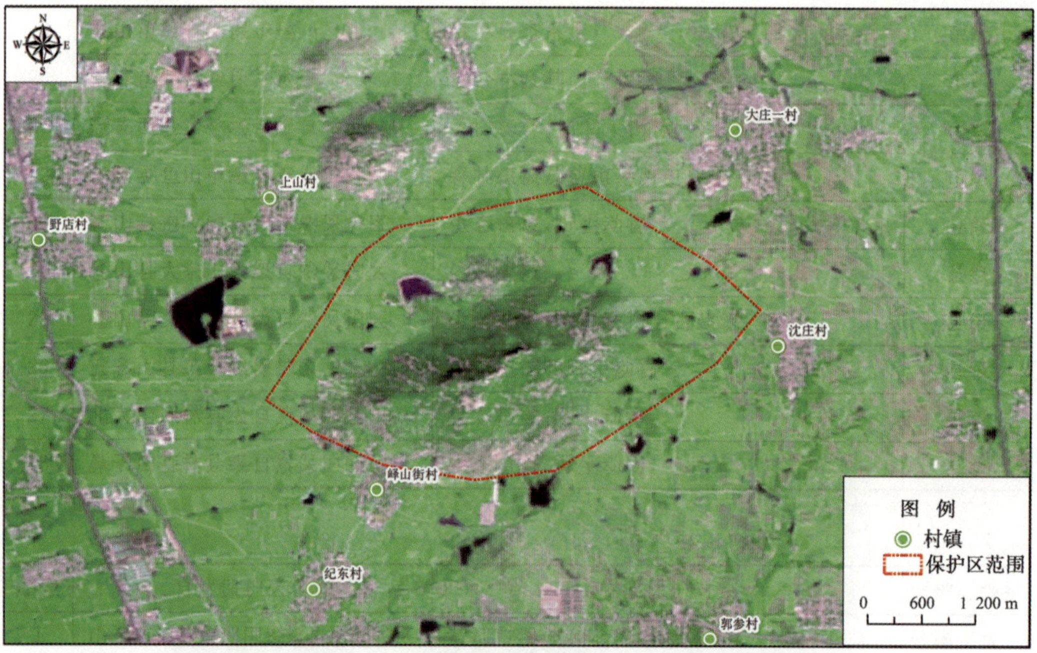

图 1-2-17 峄山市级自然保护区遥感影像

峄山海拔高度 582.8 米，由花岗岩和片麻岩构成，地貌景观独特。保护区分布有野生维管植物 57 科 137 属 172 种，包括：蕨类、裸子植物各 1 种，单子叶植物 4 科 25 属 30 种，双子叶植物 51 科 110 属 140 种；野生高等动物 31 科 44 属 50 种，包括两栖类 2 科 2 属 2 种，爬行类 3 科 3 属 3 种，哺乳类 3 科 4 属 5 种，鸟类 23 科 35 属 40 种。

18. 柳埠市级自然保护区

柳埠市级自然保护区位于山东省济南市历城区，距济南市区约 25 千米，地理坐标为东经 117°6′～117°19′，北纬 36°22′～36°30′。保护区面积 3 420.0 公顷。其中，核心区面积为 430.0 公顷，缓冲区面积为 360.0 公顷，实验区面积为 2 630.0 公顷。主要保护对象为以油松林为主的温性针叶林及其生态系统。柳埠市级自然保护区遥感影像如图 1-2-18 所示。

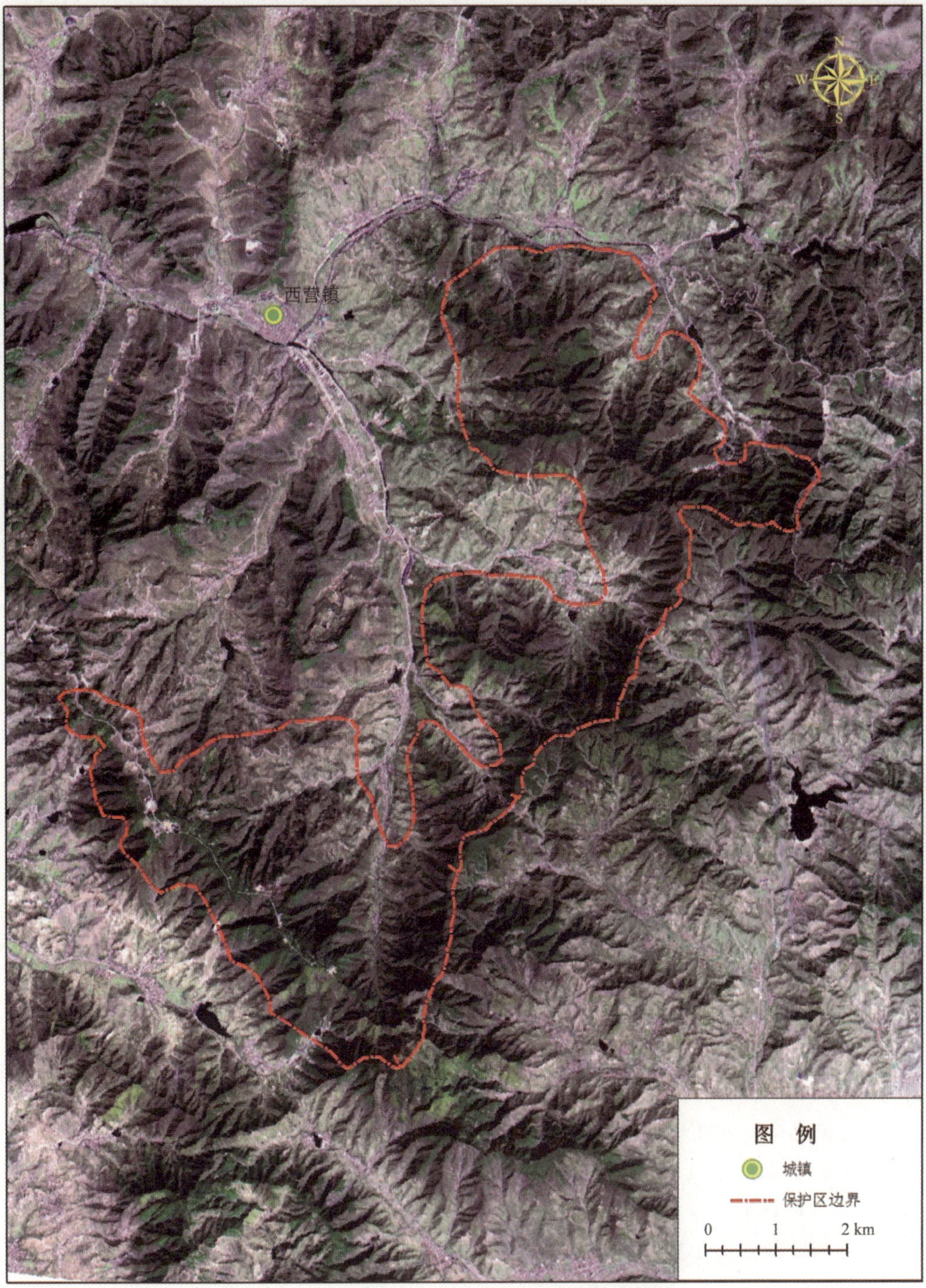

图 1-2-18　柳埠市级自然保护区遥感影像

保护区属泰山北麓余脉，山体由变质岩和石灰岩构成，山脉多呈东西走向，海拔高度在300～970米，梯子山、跑马岭、长城岭、大高尖山、算盘岭、小高尖山、双尖山等山峰海拔均在700米以上，梯子山海拔975.8米，为保护区内最高峰。保护区植被覆盖率88.6%，分布有野生维管植物98科352属628种，包括蕨类植物12科16属27种，裸子植物2科2属3种，单子叶植物10科79属144种，双子叶植物74科255属454种；野生高等动物54科92属119种，包括两栖类4科6属8种，爬行类3科5属9种，哺乳类10科18属19种，鸟类37科63属83种。

19. 冠县西沙河林场市级自然保护区

冠县西沙河林场市级自然保护区位于山东省冠县西部黄河故道，地理范围为东经115°19′～115°26′，北纬36°30′～36°40′。保护区面积11 200.0公顷。其中，核心区面积为725.0公顷，缓冲区面积为3 400.0公顷，实验区面积为7 075.0公顷。主要保护对象为毛白杨林和加拿大杨林。冠县西沙河林场市级自然保护区遥感影像如图1-2-19所示。

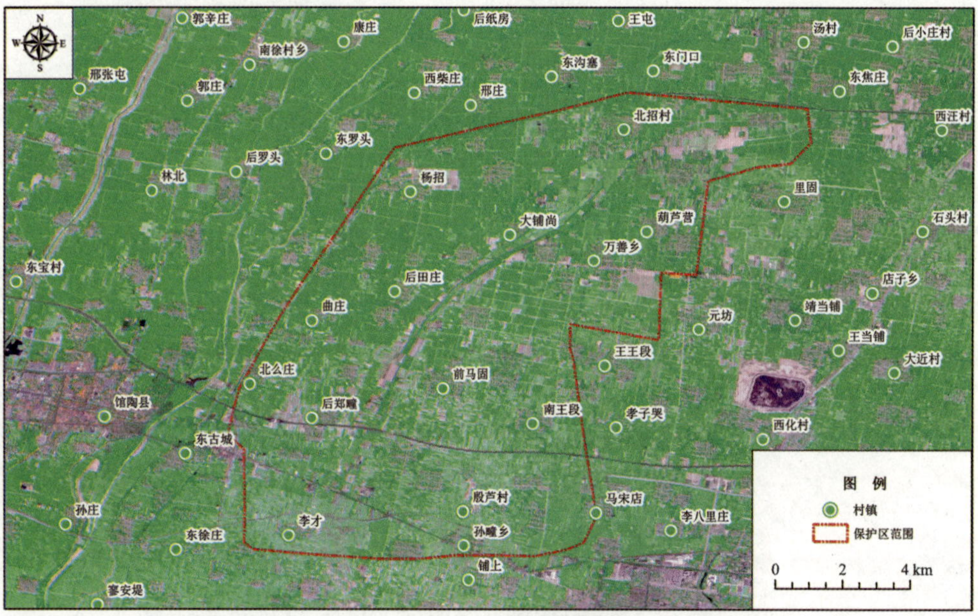

图1-2-19 冠县西沙河林场市级自然保护区遥感影像

冠县西沙河林场市级自然保护区平均海拔36米，土壤主要为松沙土和沙壤。保护区记录有野生维管植物27科39属44种，包括蕨类植物和裸子植物各1种，单子叶植物1科3属3种，双子叶植物24科34属39种；野生高等动物17科23属26种，包括鱼类3科6属6种，两栖类2科3属5种，哺乳类5科5属6种，鸟类7科9属9种。

二、内陆湿地类主要自然保护区遥感影像

1. 山东黄河三角洲国家级自然保护区

山东黄河三角洲国家级自然保护区位于山东省垦利县、利津县和河口区境内，地理位

置为东经 118°33′～119°20′，北纬 37°35′～38°12′。保护区面积为 15.2 万公顷。其中，核心区为 5.9 万公顷，缓冲区为 1.1 万公顷，实验区为 8.2 万公顷。主要保护对象为黄河口湿地生态系统和珍稀濒危鸟类。山东黄河三角洲国家级自然保护区遥感影像如图 1-2-20 所示。

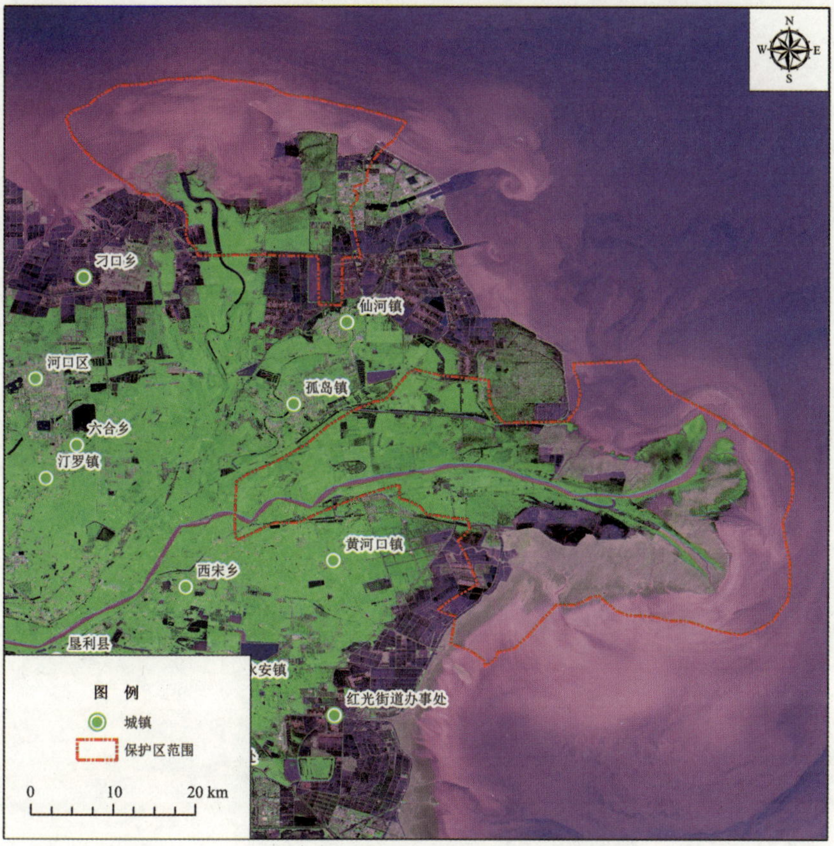

图 1-2-20　山东黄河三角洲国家级自然保护区遥感影像

黄河三角洲是世界上土地自然生长最快的新生湿地生态系统，也是我国暖温带最年轻、最广阔、保存最完整的湿地生态系统，是东北亚内陆和环西太平洋鸟类重要的“中转站”、越冬地和繁殖栖息地，2013 年被列入国际重要湿地名录。保护区分布有野生高等植物 58 科 147 属 203 种，包括蕨类植物 2 科 2 属 2 种，裸子植物 2 科 2 属 2 种，单子叶植物 11 科 48 属 70 种，双子叶植物 43 科 95 属 130 种；野生高等动物 137 科 284 属 485 种，其中鱼类 56 科 115 属 162 种，两栖类 3 科 6 属 6 种，爬行类 6 科 8 属 8 种，哺乳类 14 科 18 属20 种，鸟类 58 科 140 属 289 种。

2. 山东南四湖省级自然保护区

山东南四湖省级自然保护区位于山东省微山县、鱼台县和济宁市任城区境内，地理坐标为东经 116°34′～117°21′，北纬 34°27′～35°20′。保护区面积为 12.7 万公顷。其中，核心区面积为 4.5 万公顷，缓冲区面积为 4.0 万公顷，实验区面积为 4.2 万公顷。主要保护对象为湿地生态系统。山东南四湖省级自然保护区遥感影像如图 1-2-21 所示。

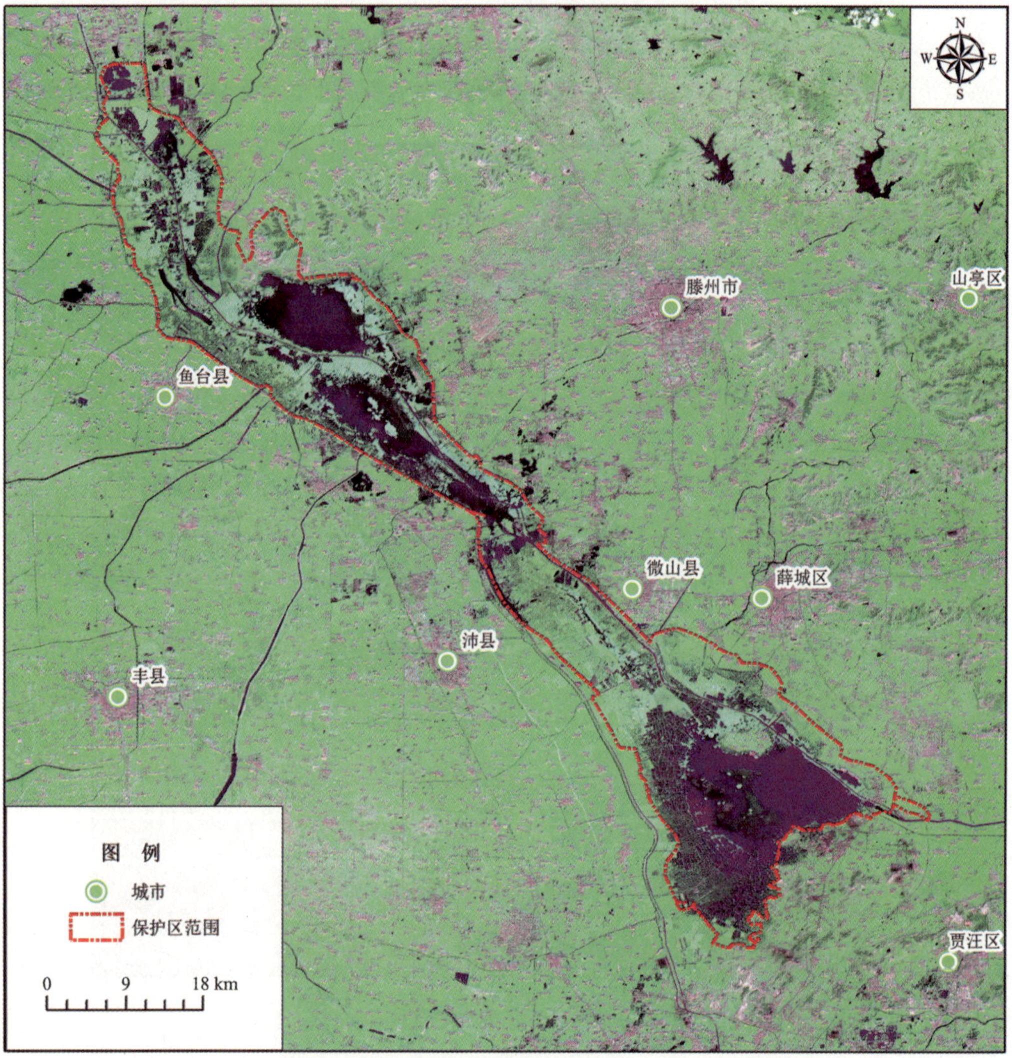

图 1-2-21 山东南四湖省级自然保护区遥感影像

南四湖由南阳湖、独山湖、昭阳湖、微山湖 4 个相连湖泊组成，南北长 126 千米，东西宽 5～25 千米，最大水面约 12.7 万公顷，占山东省淡水水域面积的 45%，是我国淮河以北地区面积最大、结构完整、保存较好的内陆大型淡水草型湖泊，是鸟类重要的栖息地和迁移驿站，是重要的水资源调蓄地，是国家南水北调东线工程的重要调水区。保护区湿地生态系统典型，生物多样性丰富，分布有藻类植物 8 门 115 属种，维管植物 93 科 306 属 485 种，其中蕨类 7 科 9 属 9 种，裸子植物 1 种，单子叶植物 17 科 86 属 160 种，双子叶植物 68 科 210 属 315 种；野生高等动物 80 科 178 属 314 种，包括淡水鱼类 13 科 40 属 62 种，两栖类 3 科 5 属 6 种，爬行类 5 科 7 属 10 种，哺乳类 8 科 13 属 15 种，鸟类 51 科 114 属221 种。

3. 烟台福山银湖湿地省级自然保护区

烟台福山银湖湿地省级自然保护区位于山东省烟台市福山境内，距福山城区 11 千米，地理位置为东经 121°6′～121°15′，北纬 37°19′～37°27′。保护区东西长 12.2 千米，南北宽 13.2 千米，面积为 6 043.4 公顷。其中，核心区面积为 2 075.0 公顷，缓冲区面积为 1 958.0 公顷，实验区面积为 2 010.4 公顷。主要保护对象为湿地生态系统、森林生态系统和珍稀濒危鸟类。烟台福山银湖省级自然保护区遥感影像如图 1-2-22 所示。

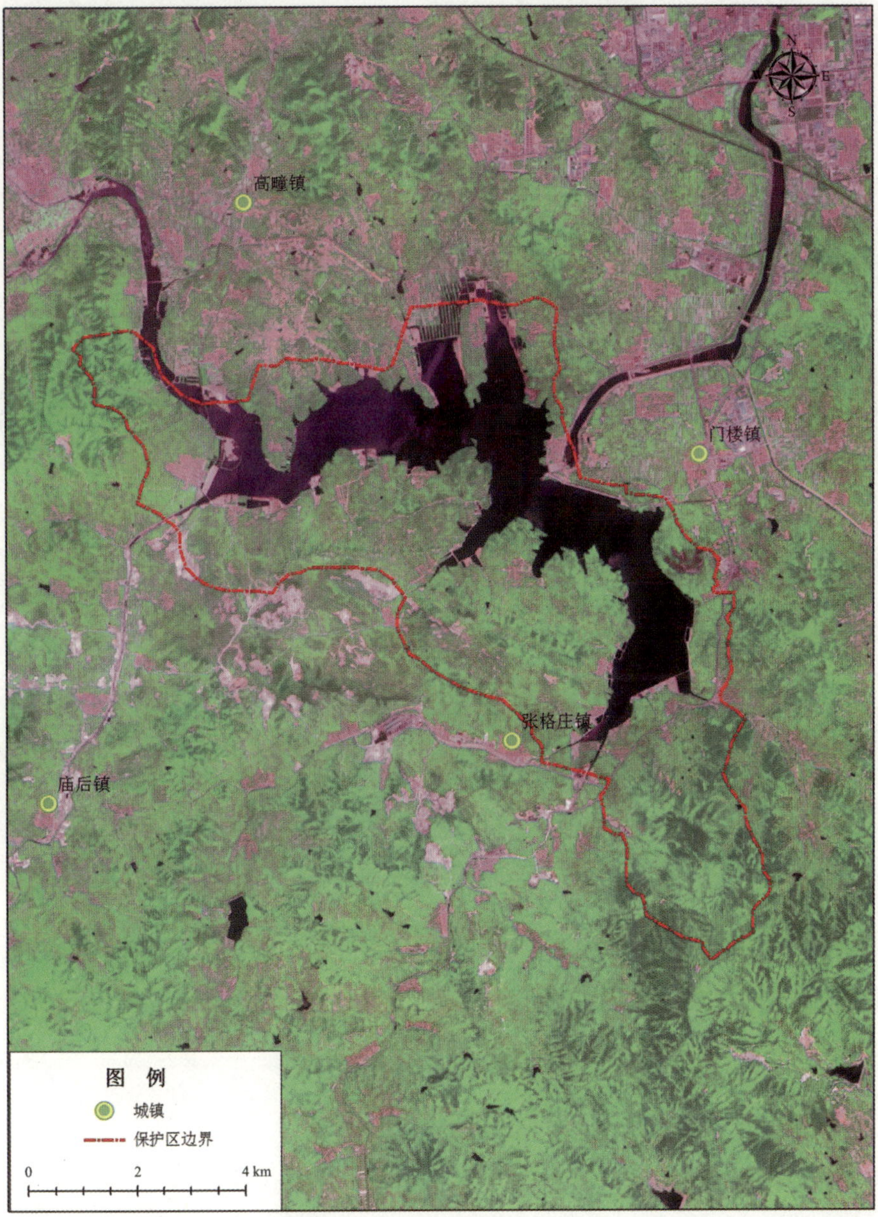

图 1-2-22　烟台福山银湖湿地省级自然保护区遥感影像

保护区地处山东半岛东北部低山丘陵区，南部有狮子山山脉，西部有磁山山脉，东南部有塔顶山，海拔 630.4 米，是福山区第一高峰。大沽夹河、清洋河自南向北流经保护区。保护区生态系统较为典型、完整，生物多样性较为丰富。区内分布有野生维管植物

106 科 396 属 680 种，包括蕨类植物 13 科 18 属 25 种，裸子植物 2 科 2 属 2 种，单子叶植物 15 科 89 属 160 种，双子叶植物 76 科 287 属 493 种；野生高等动物 77 科 166 属284 种，包括鱼类 9 科 27 属 30 种，两栖类 4 科 5 属 7 种，爬行类 6 科 9 属 13 种，哺乳类 10 科 18 属21 种，鸟类 48 科 107 属 213 种。

4. 龙口黄水河河口湿地省级自然保护区

龙口黄水河河口湿地省级自然保护区位于山东省龙口市境内，地理位置为东经 120°30′44″～120°34′19″，北纬 37°40′47″～37°45′21″。保护区面积为 1 027.9 公顷。其中，核心区面积为 272.4 公顷，缓冲区面积为 355.7 公顷，实验区面积为 399.8 公顷。主要保护对象为河口湿地生态系统和珍稀鸟类资源。龙口黄水河河口湿地省级自然保护区遥感影像如图 1-2-23 所示。

图 1-2-23 龙口黄水河河口湿地省级自然保护区遥感影像

保护区地处滨海冲积平原区，由黄水河河口湿地和滨海湿地构成。保护区分布有野生维管植物 66 科 186 属 261 种，包括蕨类植物 4 科 5 属 6 种，裸子植物 1 种，单子叶植物 15 科 56 属 84 种，双子叶植物 46 科 124 属 170 种；野生高等动物 62 科 136 属 249 种，包括淡水鱼类 1 科 6 属 6 种，两栖类 3 科 4 属 6 种，爬行类 6 科 10 属 15 种，哺乳类 13 科 19 属21 种，鸟类 39 科 97 属 201 种。

5. 莱阳五龙河湿地省级自然保护区

莱阳五龙河湿地省级自然保护区位于五龙河中上游，主要由沐浴水库和五龙河支流蚬河构成，地理坐标为东经 120°40′41″～120°45′28″，北纬 36°8′17″～37°1′2″。保护区面积为 1 824.5公顷。其中，核心区面积为 545.1 公顷，缓冲区面积为 605.9 公顷，实验区面积 673.5 公顷。主要保护对象为湿地资源与水源地、森林生态系统、生物多样性、野生动植物资源和生态旅游资源。莱阳五龙河湿地省级自然保护区遥感影像如图 1-2-24 所示。

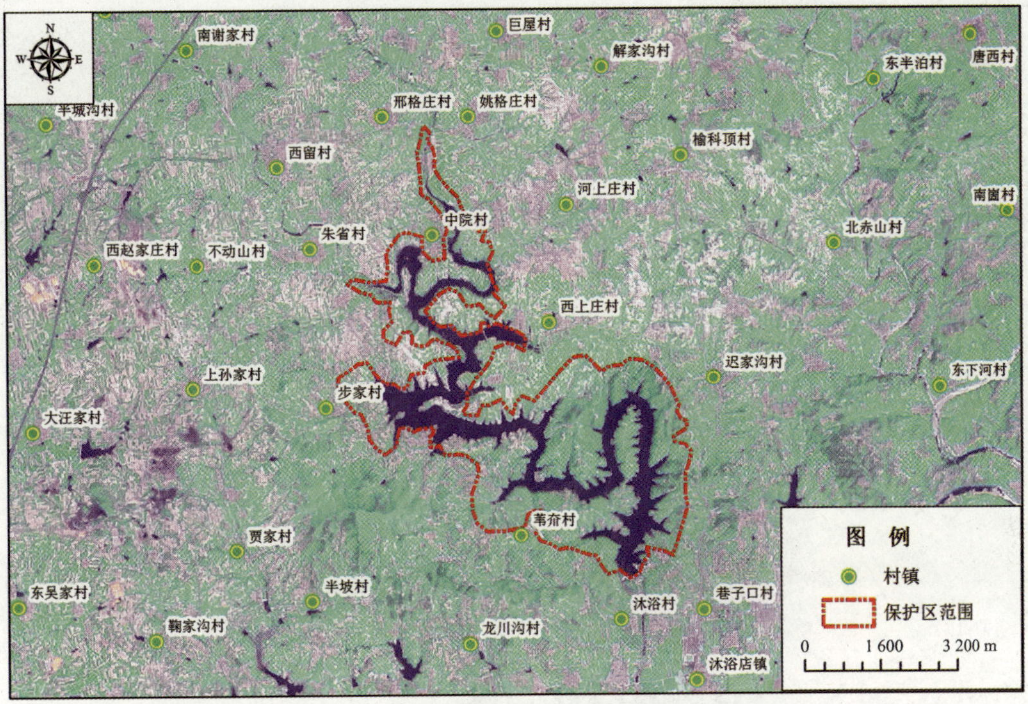

图 1-2-24 莱阳五龙河湿地省级自然保护区遥感影像

五龙河水系由富水河、清水河、蚬河、白龙河和墨水河 5 条较大河流汇集而成，总长 326 千米，是胶东半岛较大河流之一。保护区分布有淡水浮游植物 232 种，淡水浮游动物 128 种，苔藓植物 3 种，昆虫资源 441 种。记录有野生维管植物 55 科 141 属 198 种，包括蕨类植物 5 科 6 属 6 种，单子叶植物 9 科 46 属 67 种，双子叶植物 41 科 89 属 125 种；野生高等动物 60 科 134 属 230 种，包括鱼类 7 科 27 属 38 种，两栖类 3 科 5 属 6 种，爬行类 5 科 7 属 8 种，哺乳类 7 科 11 属 12 种，鸟类 38 科 84 属 166 种。

6. 东平湖湿地市级自然保护区

东平湖湿地市级自然保护区位于山东省东平县境内，地理坐标为东经 116°2′～116°20′，北纬35°43′～36°7′。保护区面积为 25 928.0 公顷。其中，核心区面积为 13 300.0 公顷，缓冲区面积为 3 115.0 公顷，实验区面积为 9 513.0 公顷。主要保护对象为湖泊湿地生态系统及野生动植物资源。东平湖湿地市级自然保护区遥感影像如图 1-2-25 所示。

东平湖南北长 23 千米，东西宽 18.5 千米，水深 1～2 米，常年水面 1.4 万公顷，是山东省第二大淡水湖泊，也是我国北方重要的湖泊湿地和水禽栖息地，有山东“小洞庭”之称。保护区属北方罕见的大型湖湾湿地，其湖面水域开阔，生态系统典型，生物多样性丰富，分布有野生维管植物 100 科 334 属 554 种，包括蕨类 10 科 12 属 13 种，裸子植物 1 种，被子植物 89 科 321 属 540 种；野生高等动物 98 科 219 属 380 种，包括淡水鱼类 16 科41 属54 种，两栖类 5 科 6 属 7 种，爬行类 6 科 9 属 14 种，哺乳类 13 科 24 属 33 种，鸟类 58 科 139 属 272 种。

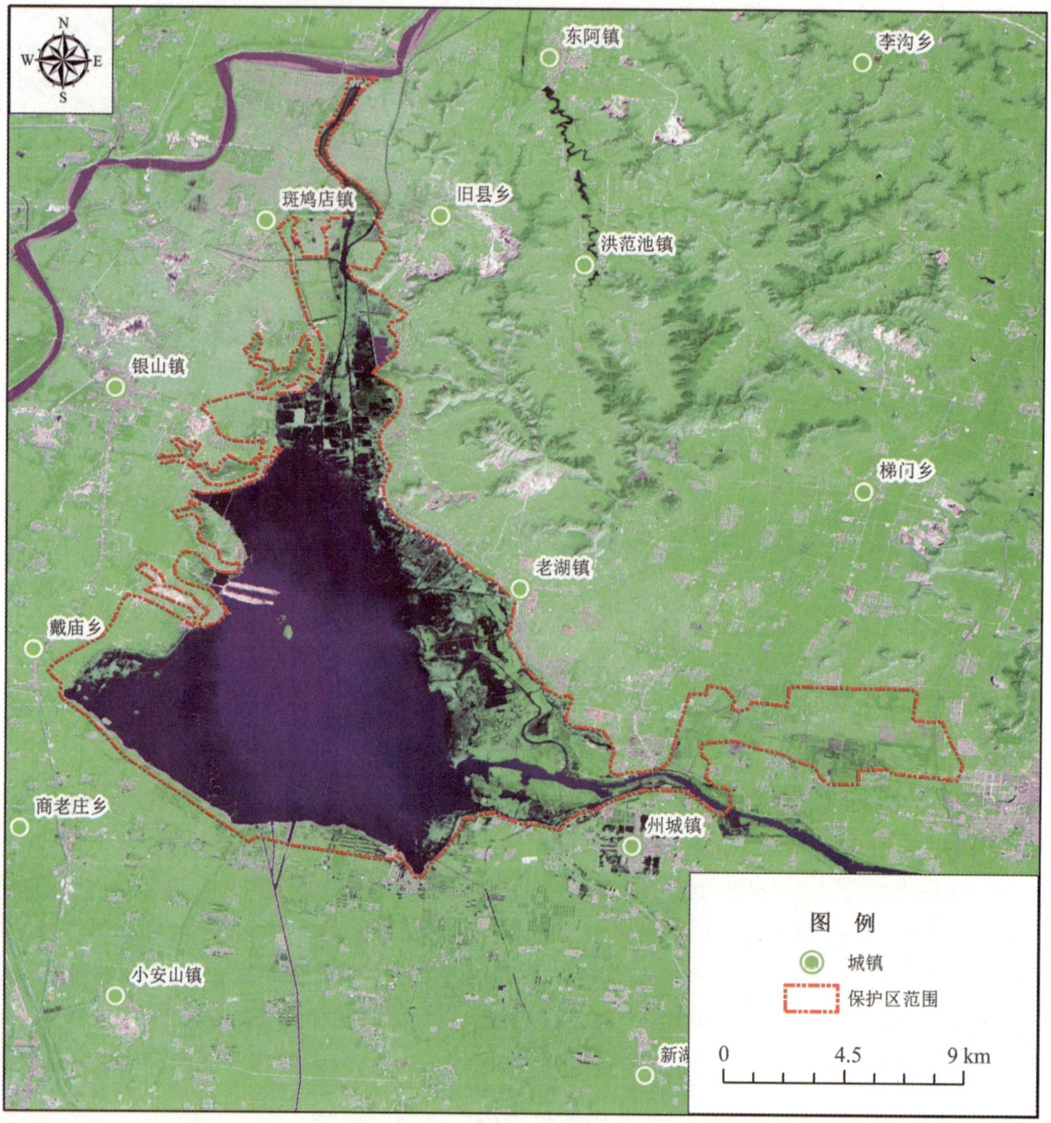

图 1-2-25　东平湖湿地市级自然保护区遥感影像

7. 山东莱州湾湿地市级自然保护区

山东莱州湾湿地市级自然保护区位于渤海南部，湾口东起龙口的屺姆角，西至老黄河口，地理坐标为东经 119°33′57″～120°6′7″，北纬 37°3′49″～37°28′11″。保护区面积为 13 975.0 公顷。其中，核心区面积为 5 806.0 公顷，缓冲区面积为 4 532.0 公顷，实验区面积3 637.0 公顷。主要保护对象为湿地资源。山东莱州湾湿地市级自然保护区遥感影像如图 1-2-26 所示。

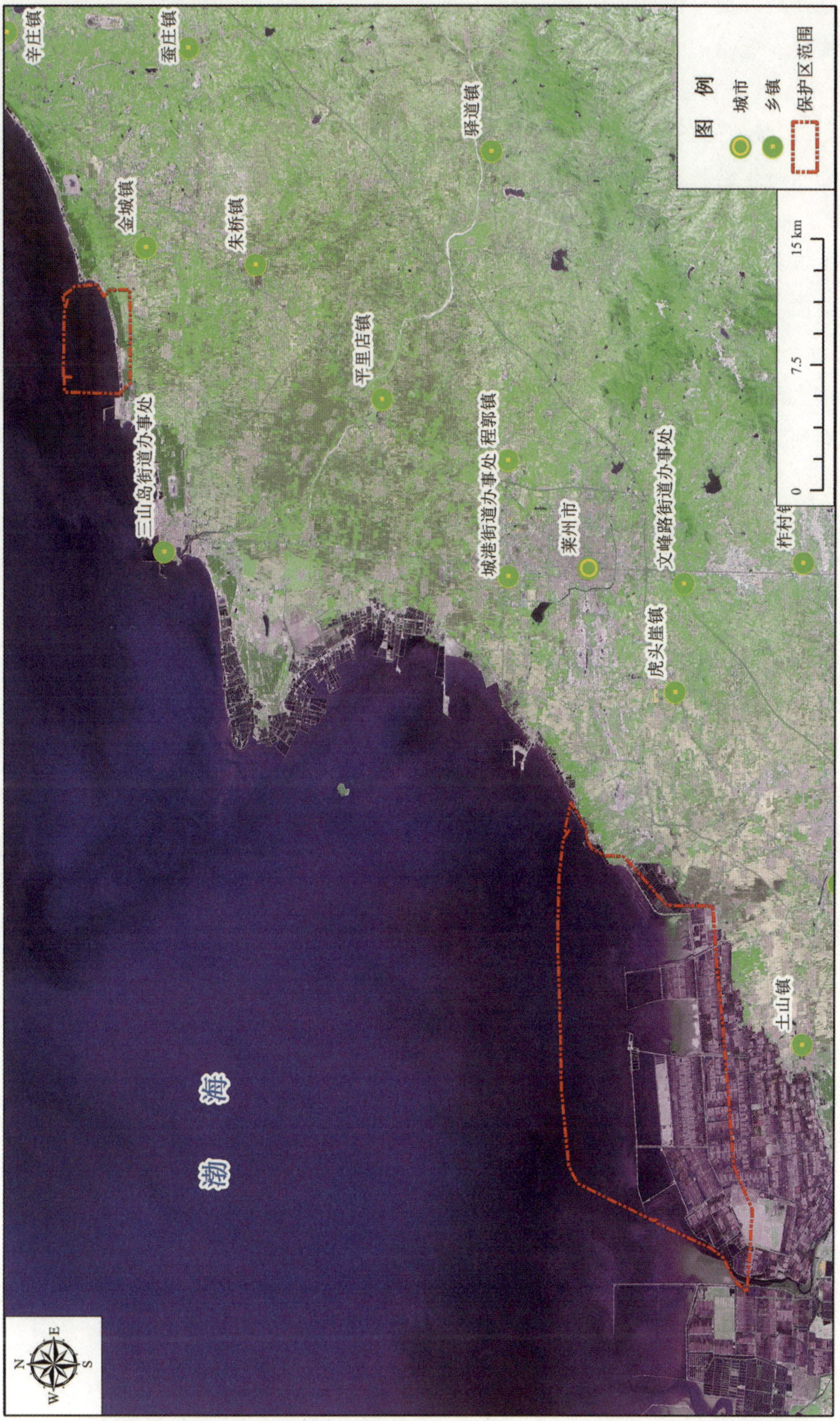

图1-2-26　山东莱州湾湿地市级自然保护区遥感影像

山东莱州湾湿地市级自然保护区海岸线长 47.5 千米，包括胶莱河至虎头崖 37.4 千米和海北嘴至石虎咀 10.1 千米。保护区核心区主要为浅海滩涂、潮间带；缓冲区主要为沿海滩涂；实验区主要是为湿地提供水源的水土涵养林区，包括沿海黑松林、杨树和刺槐的混交林、人工栽植的杨树林。区内有海洋动植物 113 种，包括海洋动物 111 种，海洋植物 2 种。陆生野生维管植物 92 科 346 属 587 种，包括蕨类植物 10 科 12 属 18 种，裸子植物 2 科2 属3 种，被子植物 70 科 332 属 566 种；陆生野生高等动物 80 科 176 属 300 种，包括淡水鱼类 5 科 16 属 17 种，两栖类 4 科 6 属 8 种，爬行类 3 科5 属11 种，哺乳类 9 科 16 属 16 种，鸟类 58 科 132 属 248 种。

8. 烟台市大沽夹河湿地市级自然保护区

烟台市大沽夹河湿地市级自然保护区位于山东省烟台市的中部，由外夹河和内夹河组成。外夹河为大沽夹河的干流，全长 75 千米，地理坐标为东经 121°8′～121°18′，北纬 37°5′40″～37°34′45″；内夹河为大沽夹河的支流，全长 65 千米，地理坐标为东经 121°18′～121°50′，北纬 37°21′～37°34′。保护区面积为 10 585.0 公顷。其中，核心区面积为 2 222.8 公顷，缓冲区面积为 2 136.0 公顷，实验区面积为 6 226.1 公顷。主要保护对象为湿地生态系统。烟台市大沽夹河湿地市级自然保护区遥感影像如图 1-2-27 所示。

保护区是河流湿地、水库湿地、海滩湿地的综合体，其湿地生态系统在胶东丘陵区具有典型性和代表性。区内有记录的野生维管植物 120 科 450 属 846 种，包括蕨类植物 14 科19 属30 种，裸子植物 2 科 2 属 3 种，被子植物 104 科 429 属 813 种；野生高等动物 92 科 197 属 353 种，包括鱼类 7 科 18 属 20 种，两栖类 4 科 5 属 7 种，爬行类 7 科 11 属 15 种，哺乳类 12 科 23 属 25 种，鸟类 62 科 140 属 286 种。

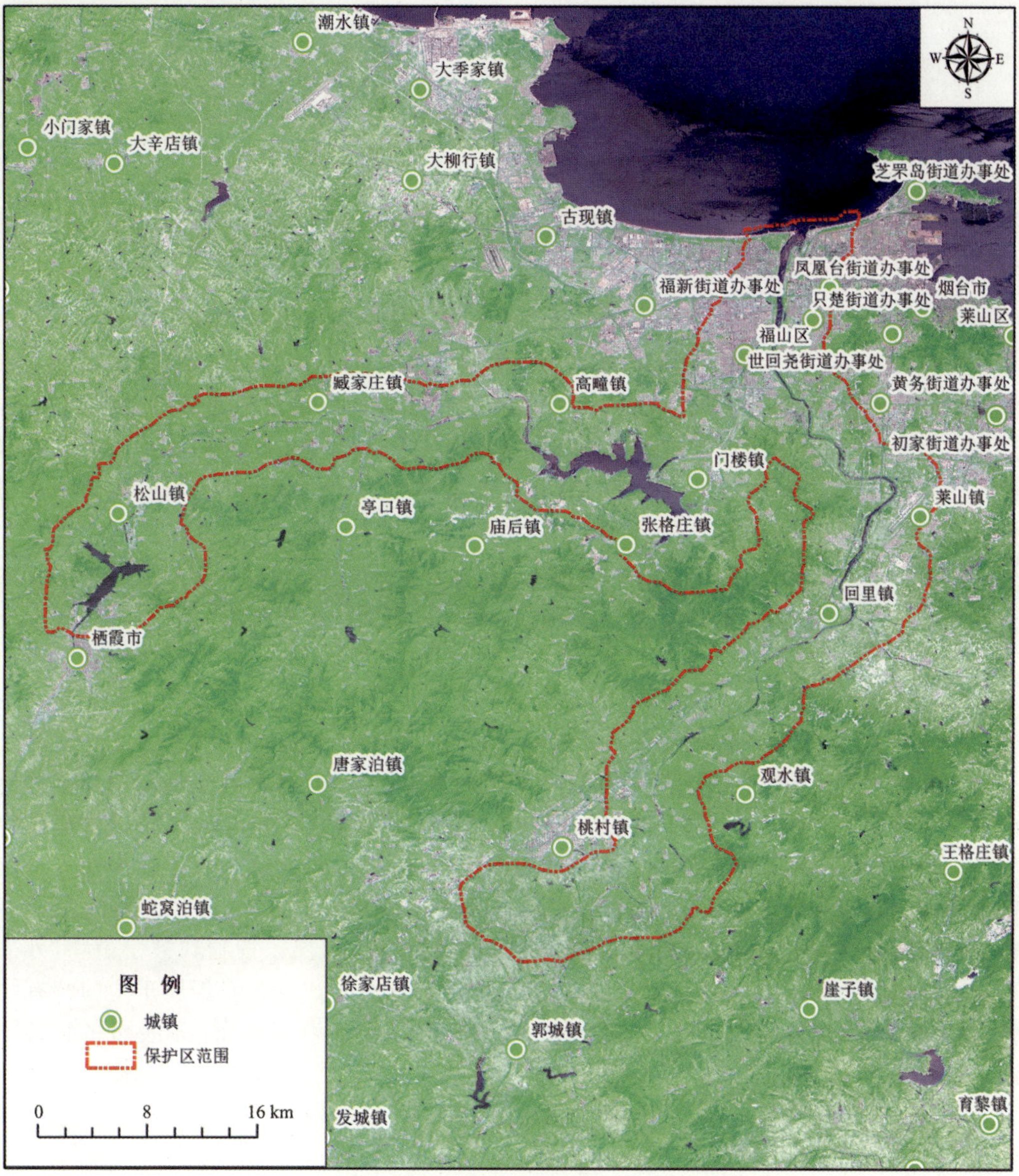

图 1-2-27　烟台大沽夹河湿地市级自然保护区遥感影像

第二章　自然保护区生物多样性分布

调查自然保护区生物多样性分布状况是开展自然保护区生物多样性评价，提升自然保护区生物多样性保护水平的基础。本章主要介绍了自然保护区生物多样性调查方法，论述了山东省74个自然保护区，28个森林生态类自然保护区和10个内陆湿地类自然保护区生物多样性状况，内容涉及自然保护区野生脊椎动物、野生维管束植物、中国特有物种、外来入侵物种、受威胁物种和植被群系类型的种类和分布情况。

第一节　生物多样性调查方法

一、调查对象

山东省自然保护区调查对象包括自然保护区基本情况、植被群系类型和物种多样性信息。自然保护区基本情况主要包括面积、人口、土地权属、管理状况、基础设施建设等信息。植被群系类型是指自然保护区内的植被型和植被群系类型。物种多样性指自然保护区内的野生脊椎动物、野生维管束植物和外来入侵物种。其中，脊椎动物包括哺乳类、鸟类、爬行类、两栖类和鱼类，维管束植物包括蕨类植物、裸子植物和被子植物，外来入侵物种包括所有动物、植物和微生物信息。物种调查同时记录其是否属于中国特有物种、受威胁物种[此处指世界自然保护联盟(IUCN)名录中列为极危、濒危、易危的物种]、国家级和省级重点保护物种。

二、调查方法

山东省自然保护区生物多样性调查与自然保护区基础调查同步进行。数据采集以每个自然保护区为单元，采取收集填报现有文献资料为主，查阅统计年鉴数据、文献、网络资料搜集为辅的方法。时间跨度以1980～2010年为主，文献资料采用最新资料。

各自然保护区管理机构，根据最新文献资料，填报《自然保护区基础调查表》(见表2-1-1)，《自然保护区野生高等动植物数据采集表》(见表2-1-2)和《自然保护区植被群类型数据采集表》(见表2-1-3)、《自然保护区外来入侵物种数据采集表》(见表2-1-4)。调查数据经汇总、整理与审核后，建立山东省自然保护区生物多样性数据库。在2010年自然保护区生物多样性数据库的基础上，近期又补充了2011～2016年自然保护区生物多样性最新变化资料。

表 2-1-1　　自然保护区基础调查表

<table>
<tr><td>保护区名称</td><td colspan="5"></td></tr>
<tr><td>所在地</td><td colspan="5"></td></tr>
<tr><td>保护区级别</td><td colspan="5"></td></tr>
<tr><td>保护区类型</td><td colspan="5"></td></tr>
<tr><td>主要保护对象</td><td colspan="5"></td></tr>
<tr><td>总面积</td><td></td><td>核心区面积</td><td></td><td>缓冲区面积</td><td></td></tr>
<tr><td>核心区户籍人口数量</td><td></td><td>缓冲区户籍人口数量</td><td></td><td>实验区户籍人口数量</td><td></td></tr>
<tr><td>国家一级重点保护植物名称</td><td colspan="5"></td></tr>
<tr><td>国家二级重点保护植物名称</td><td colspan="5"></td></tr>
<tr><td>国家一级重点保护动物名称</td><td colspan="5"></td></tr>
<tr><td>国家二级重点保护动物名称</td><td colspan="5"></td></tr>
<tr><td>省级重点保护动物名称</td><td colspan="5"></td></tr>
</table>

填表说明：

1. 表格中土地面积单位均为公顷。
2. 保护区类型指森林、湿地水域、海洋海岸、野生植物、野生动物。
3. 所在地：国家级和省级保护区所在的县级行政区名，跨县的用顿号隔开；市县级保护区所在的县和乡镇。

表 2-1-2　　自然保护区野生高等动植物数据采集表

物种信息						分布信息
序号	中文名	学名	受威胁程度	受保护级别	是否中国特有	本自然保护区是否有该物种
1						
2						
3						
……						

表 2-1-3　　自然保护区植被群系类型数据采集表

植被信息			分布信息
序号	植被型	群系	本自然保护区是否有该群系
1			
2			
3			
……			

表 2-1-4 自然保护区外来入侵物种数据采集表

物种信息				分布信息
序号	中文名	学名	发现时间	本自然保护区是否有该物种
1				
2				
3				
……				

第二节　自然保护区生物多样性

一、野生脊椎动物

脊椎动物作为脊索动物中最大和最先进的亚门，具有数量最多、结构最复杂、进化地位最高的特点，在生态系统中发挥着重要作用。调查统计结果表明，山东省 74 个自然保护区分布有野生脊椎动物 183 科 417 属 791 种。

鱼类物种数较多，共有 66 科 147 属 255 种，隶属于 25 目。其中，245 种属硬骨鱼亚纲，如黄颡鱼（*Pelteobagrus fulvidraco*）、中华青鳉（*Oryzias latipes sinensis*）、黄姑鱼（*Nibea albiflora*）等；10 种属软骨鱼亚纲，均为海洋鱼类，包括皱唇鲨（*Triakis scyllium*）、中国团扇鳐（*Platyrhina sinensis*）、赤魟（*Dasyatis akajei*）等。

两栖类共 5 科 7 属 9 种，均为无尾目动物，分别是东方铃蟾（*Bombina orientalis*）、中华蟾蜍（*Bufo gargarizans*）、花背蟾蜍（*Bufo raddei*）、中国林蛙（*Rana chensinensis*）、黑斑蛙（*Rana nigromaculata*）、泽蛙（*Rana limnocharis*）、金线侧褶蛙（*Pelophylax plancyi*）、北方狭口蛙（*Kaloula borealis*）和无斑雨蛙（*Hyla immaculata*）。

爬行类为 10 科 16 属 29 种，隶属于龟鳖目和有鳞目。龟鳖目有鳖（中华鳖）（*Trionyx sinensis*）、乌龟（*Chinemys reevesii*）和棱皮龟（*Dermochelys coriacea*）3 物种，有鳞目包括无蹼壁虎（*Gekko swinhonis*）、丽斑麻蜥（*Eremias argus*）、王锦蛇（*Elaphe carinata*）等。

哺乳类有 18 科 37 属 55 种，隶属于食虫目、翼手目、食肉目等 7 目。以翼手目物种最多，有 21 种，包括小菊头蝠（*Rhinolophus pusillus*）、须鼠耳蝠（*Myotis mystacinus*）、普通伏翼（*Pipistrellus abramus*）、绒山蝠（*Nyctalus velutinus*）等；啮齿目动物 13 种，包括东方田鼠（*Microtus fortis*）、中华鼢鼠（*Myospalax fontanieri*）、巢鼠（*Micromys minutus*）等；刺猬（*Erinaceus europaeus*）、普通鼩鼱（*Sorex araneus*）等食虫目动物 5 种，貉（*Nyctereutes procyonoides*）、黄鼬（华北亚种）（*Mustela sibirica fontanieri*）、猪獾（*Arctonyx collaris*）等食肉目动物 8 种；兔形目动物 1 种，为草兔（*Lepus capensis*）；鲸目、鳍足目海洋动物共 7 种，包括小须鲸（*Balaenoptera acutorostrata*）、江豚（*Neophocaena phocoenoides*）、斑海豹（*Phoca largha*）等。

鸟类种类最为丰富，共有78科199属443种，隶属于23目。雀形目鸟类种类最多，共173种，包括北椋鸟(*Agropsar sturninus*)、松鸦(*Garrulus glandarius*)、画眉(*Garrulax canorus*)；鸻形目鸟类80种，包括东方鸻(*Charadrius veredus*)、小杓鹬(*Numenius minutus*)、棕头鸥(*Chroicocephalus brunnicephalus*)等；鹈形目、鹰形目、雁形目种类均在20种以上；鸮形目与鹤形目种类分别为11种和18种；其余16目鸟类种类均低于10种；沙鸡目、犀鸟目、夜鹰目和潜鸟目鸟类种类数均为1种或2种，物种分别为毛腿沙鸡(*Syrrhaptes paradoxus*)、戴胜(指名亚种)(*Upupa epops epops*)、普通夜鹰(*Caprimulgus jotaka*)、红喉潜鸟(*Gavia stellata*)、黑喉潜鸟(*viridigularis* 亚种)(*Gavia arctica viridigularis*)。

二、野生维管束植物

维管束植物是森林生态系统、草地生态系统以及湿地生态系统的重要组成部分，其丰富程度决定了生态系统的完整性和稳定性。调查统计结果表明，山东省74个自然保护区分布有野生维管束植物151科647属1 686种。

蕨类植物共计24科39属103种，以鳞毛蕨科植物种类最多，为22种，包括假中华鳞毛蕨(*Dryopteris parachinensis*)、泰山鳞毛蕨(*Dryopteris taishanensis*)、刺头复叶耳蕨(*Arachniodes exilis*)等；蹄盖蕨科植物有11种，包括冷蕨(*Cystopteris fragilis*)、山东假蹄盖蕨(*Athyriopsis shandongensis*)、东北蛾眉蕨(*Lunathyrium pycnosorum*)等；卷柏科植物7种，包括旱生卷柏(*Selaginella stuntoniana*)、中华卷柏(*Selaginella sinensis*)、兖州卷柏(*Selaginella caulescens*)等；金星蕨科、岩蕨科、中国蕨科等12科植物种类为2～7种；骨碎补科、槐叶苹科、里白科等9科均仅有1种植物在山东省自然保护区内有分布，如骨碎补(*Davallia mariesii*)、槐叶苹(*Salvinia natans*)、芒萁(*Dicranopteris pedata*)等。

裸子植物有3科3属4种，分别为赤松(*Pinus densiflora*)、油松(*Pinus tabuliformis*)、侧柏(*Platycladus orientalis*)和草麻黄(*Ephedra sinica*)。除草麻黄为草本状灌木植物外，其余3物种均为木本植物。

被子植物种类最多，共有124科605属1 579种。其中，单子叶植物393种，隶属于21科154属，禾本科、莎草科和百合科植物较为丰富，均在50种以上。禾本科植物有小颖羊茅(*Festuca parvigluma*)、草地早熟禾(*Poa pratensis*)、星星草(*Puccinellia tenuiflora*)等，莎草科植物包括荸荠(*Heleocharis dulcis*)、牛毛毡(*Heleocharis yokoscensis*)、龙师草(*Heleocharis tetraquetra*)等，百合科植物有矮齿韭(*Allium brevidentatum*)、藜芦(*Veratrum nigrum*)、野百合(*Lilium brownii*)等。兰科、眼子菜科和灯心草科植物种类数量为10～50种，天南星科、鸢尾科、谷精草科等9科植物种类数均为3～9种，百部科、薯蓣科、雨久花科、黑三棱科、花蔺科和石蒜科均仅有1～2种植物在自然保护区有分布，如鸭舌草(*Monochoria vaginalis*)、花蔺(*Butomus umbellatus*)、鹿葱(*Lycoris squamigera*)等物种。双子叶植物种类最多，分布最广，适应性最强，共1186种，隶属于103科451属。菊科、豆科、蔷薇科3大科植物种类数较多，分别有146种、91种和77种，多数为常见种类，如菊科的黄鹌菜(*Youngia japonica*)、苦荬菜(*Ixeris polycephala*)、蒲公英(*Ta-*

(*Taraxacum mongolicum*)等,豆科的狭叶米口袋(*Gueldenstaedtia stenophylla*)、草木犀(*Melilotus officinalis*)、鸡眼草(*Kummerowia striata*)等,蔷薇科的牛叠肚(*Rubus crataegifolius*)、茅莓(*Rubus parvifolius*)、委陵菜(*Potentilla chinensis*)等。山矾科、商陆科、水马齿科等 31 科均仅有 1 种或 2 种植物在山东省自然保持区内有分布,包括檀(*Symplocos paniculata*)、商陆(*Phylolacca acinosa*)、水马齿(*Callitriche stagnalis*)等。

三、中国特有物种

山东省自然保护区内分布有中国特有野生脊椎动物 46 种,占自然保护区野生脊椎动物总数的 5.8%。其中,鱼类 31 种,包括黄河鮈(*Gobio huanghensis*)、多鳞鱊(*Acheilognathus polylepis*)、乌鳢(*Channa argus*)等,种类最多的为鲤科鱼类,有 22 种;两栖类 2 种,分别为无斑雨蛙和金线侧褶蛙;爬行类 9 种,包括中国石龙子(*formosensis* 亚种)(*Eumeces chinensis formosensis*)、北草蜥(*Takydromus septentrionalis*)、乌梢蛇(*Zaocys dhumnades*)等;哺乳类 2 种,分别为麝鼹(*Scaptochirus moschatus*)和中华鼢鼠;鸟类 2 种,分别为宝兴歌鸫(*Turdus mupinensis*)和黄腹山雀(*Parus venustulus*)。

山东省自然保护区内生长有中国特有野生维管束植物 263 种,占自然保护区野生维管束植物总数的 15.6%。包括蕨类植物 6 种,分别为兖州卷柏、蒙山粉背蕨(*Aleuritopteris mengshanensis*)、泰山岩蕨(*Woodsia taishanensis*)、山东鳞毛蕨(*Dryopteris shandongensis*)、假中华鳞毛蕨和泰山鳞毛蕨;裸子植物 1 种,为油松(*Pinus tabulaeformis*);单子叶植物31 种,其中禾本科植物 9 种,有獐毛(*Aeluropus sinensis*)、秋画眉草(*Eragrostis autumnalis*)、多叶隐子草(*Cleistogenes polyphylla*)等,百合科植物 7 种,包括热河黄精(*Polygonatum macropodium*)、矮齿韭、野百合等,莎草科植物有 6 种,包括山东白鳞莎草(*Cyperus shandongense*)、江苏薹草(*Carex kiangsuensis*)、唐进薹草(*Carex tangiana*)等,黑三棱科、天南星科、谷精草科、灯心草科、兰科植物较少,均为 1 种或 2 种,包括有黑三棱(*Sparganium stoloniferum*)、独角莲(*Typhonium giganteum*)、泰山谷精草(*Eriocaulon taishanense*)、洮南灯心草(*Juncus taonanensis*)、北火烧兰(*Epipactis xanthophaea*)等;双子叶植物 225 种,隶属于 52 科 125 属,以蔷薇科、菊科、豆科植物为主,分别为 26 种、18 种和 17 种,蔷薇科植物有宽蕊地榆(*Sanguisorba applanata*)、花楸树(*Sorbus pohuashanensis*)、河北梨(*Pyrus hopeiensis*)等,菊科植物有蒙古苍耳(*Xanthium mongolicum*)、腺梗豨莶(*Siegesbeckia pubescens*)、甘菊(*Dendranthema lavandulifolium*)等,豆科植物有毛苦参(*Sophora flavescens* var. *kronei*)、河北木蓝(*Indigofera bungeana*)、多花胡枝子(*Lespedeza floribunda*)等。葫芦科、苦苣苔科、茄科等 18 科均仅有 1 种中国特有植物在山东省自然保护区有分布,如假贝母(*Bolbostemma paniculatum*)、旋蒴苣苔(*Boea hygrometrica*)、华北散血丹 (*Physaliastrum sinicum*)等。另有杨柳科、堇菜科、景天科等 31 科的 116 种中国特有野生植物在山东省自然保护区内有分布。

四、外来入侵物种

伴随经济全球化快速发展,从国外引入或入侵的生物种类日益增多,这些外来入侵物种对本地生物多样性、生态环境造成危害的风险也越来越大。外来入侵物种一般都具有传播能力强、繁殖能力强、生态适应力强等特点，通过与本地物种竞争营养、水分和生存空间，破坏生态系统的结构和功能，从而侵占本地物种栖息地，导致本地物种数量下降甚至灭绝。摸清外来入侵物种在我省的分布情况是开展预防、控制和消除工作的基础。

据调查，山东省自然保护区分布有外来入侵有害动植物 46 种，包括 43 种维管束植物和 3 种脊椎动物。外来入侵植物均为一年或二年生草本，以禾本科、菊科、苋科植物为主，如大米草(*Spartina anglica*)、剑叶金鸡菊(*Coreopsis lanceolata*)、喜旱莲子草(*Alternanthera philoxeroides*)、反枝苋(*Amaranthus retroflexus*)等。多数入侵植物为无意引进，其入侵途径多为随人类活动裹挟带入或是其瘦果果实借由鸟类等动物或风力等因素扩散进入。3 种外来入侵动物均为啮齿动物，分别为褐家鼠(*Rattus novegicus*)、屋顶鼠(*R. rattus*)和小家鼠(*Mus musculus*)，其入侵途径均是通过海上运输由船舶传入，后随水路、陆路向内地扩散。

五、受威胁物种

生态环境的变化和人类活动长期以来对自然生态系统的干扰，导致许多物种成为濒危物种，甚至灭绝。随着工业的发展，人类活动导致的生境消失和生态系统退化无疑成为威胁生物生存的主要原因，致使物种灭绝的速度越来越快。因此，调查并掌握山东省受威胁物种现状及其分布情况对于生态环境保护与可持续发展具有极其重要的意义。

调查发现，山东省自然保护区分布有受威胁野生脊椎动物 29 科 41 属 51 种，占山东省野生脊椎动物总数的 6.4%。其中，有极危动物 4 种，分别为棱皮龟、青头潜鸭(*Aythya baeri*)、白鹤(*Grus leucogeranus*)和中华端凤头燕鸥(*Thalasseus bernsteini*)。濒危动物有 15 种，包括：鱼类 4 种，即湖北圆吻鲴、多鳞铲颌鱼(*Varicorhinus macolepis*)、平鳍鳅鮀(*Gobiobotia homalopteroidea*)和松江鲈(*Trachidermus fasciatus*)；鸟类 9 种，如中华秋沙鸭(*Mergus squamatus*)、猎隼(*Falco cherrug*)、丹顶鹤(*Grus japonensis*)等；爬行类和哺乳类动物各 1 种，分别为乌龟和江豚。易危动物有 32 种，包括：鱼类 7 种，如细鳞鲑(*Brachymystax lenok*)、香鱼(*Plecoglossus altivelis*)、尖头银鱼(*Salanx acuticeps*)等；爬行类动物6 种，为鳖(中华鳖)、团花锦蛇(*Elaphe davidi*)、棕黑锦蛇(*Elaphe schrenckii*)等；哺乳类动物 3 种，为貉、猪獾和豹猫(北方亚种)(*Prionailurus bengalensis euptilurua*)；鸟类16 种，包括鸿雁(*Anser cygnoides*)、长尾鸭(*Clangula hyemalis*)、白肩雕(*Aquila heliaca*)等。

山东省自然保护区分布有受威胁维管束植物 8 科 9 属 9 种，占山东省野生维管束植物总数的 0.5%，包括：极危植物 1 种，为矮鸢尾(*Iris kobayashii*)；易危植物 8 种，包括泰山韭(*Allium taishanense*)、天麻(*Gastrodia elata*)、黄芪(*Astragalus membranaceus*)等。

六、植被群系类型

生态系统是生物群落与环境相互作用形成的统一整体。在中国植被区划的 8 个区域中，山东省属于其中的暖温带落叶阔叶林区域，地带下划分为“北部栎林亚地带”和“南部栎林亚地带”。本书参照《中国植被》与《山东植被》中的划分方法，对山东省自然保护区自然植被(不包含栽培植被)进行了植被型和群系类型划分,共划分为针叶林、阔叶林、竹林、灌丛、灌草丛、草甸、砂生植被、水生植被和沼泽植被9种植被型。植被型是山东省植被分类的最高级单位,同一个植被型的植物群落,其建群种具有相近的生活型和相似的群落外貌,或者分布在相同的生境中。针叶林建群种为针叶乔木。阔叶林建群种为阔叶乔木。竹林为包括乔灌木状态的各种竹类。灌丛的各种建群种为灌木。灌草丛既有灌木,又有一些旱生性草本植物,主要存在于森林破坏后而形成的土层较为贫瘠和土壤水分条件较差的生境中。草甸建群种为中生草本植物,分布在土壤水分条件适中的地方。砂生植被建群种为矮小的灌木和草本植被,主要分布于海滩或沙滩的沙地生境中。水生植被由水生植物组成,沼泽植被则由各种沼生种类为建群种。

植被分类的第二级单位为群系,群系是植被类型的基本描述单位,根据群系分类标准,可将山东植被划分为80个群系类型。

山东省自然保护区植被以针叶林为主,主要有油松林、赤松林、黑松林、落叶松林和侧柏林。赤松是阳性针叶树种,适于温暖湿润的气候条件,主要分布在沿海地区。在山东半岛的昆嵛山、崂山、牙山、艾山等自然保护区均分布有大面积的赤松林,成为中国赤松的原生地和天然分布中心之一。在鲁中南山地丘陵区的泰山、鲁山、蒙山等自然保护区内广泛分布有人工栽培的赤松林。油松是中国特有的针叶树种,比赤松适应性更强,喜阳,耐干旱瘠薄,病虫害少,生长快。以油松为建群种的森林植被是温性针叶林中分布最广的植物群落,山东省是油松天然分布的南缘,在泰山、蒙山等自然保护区中均分布有树龄在200～300年的油松林。黑松在山东省主要为种植林,在半岛低山丘陵和沿海沙滩,以及鲁中南低山丘陵为主要分布区。由于黑松比赤松和油松的抗病虫害能力强,黑松林在自然保护区中广泛分布。侧柏作为山东省三大乡土针叶树种之一,具有更耐贫瘠干旱的特点,是石灰岩荒山造林的先锋树种,在山东省森林生态类自然保护区均有大面积分布,且多为天然次生林或人工林,只有在悬崖和岩石裸露的石质山坡可见少量原生林。落叶松林主要为栽培日本落叶松,因其生长速度快,材质较好,利于加速山区绿化,维持山区生态平衡,广泛分布于崂山、昆嵛山、泰山、蒙山等自然保护区。

自然保护区分布面积较大的植被类型为落叶阔叶林,包括山东省原生落叶阔叶林——麻栎林,以及引种并迅速繁殖成为山东省分布最广、面积最大的落叶阔叶林——刺槐林。麻栎林是暖温带落叶阔叶林区域低山和丘陵最主要的落叶阔叶林之一,主要分布于鲁中南山地及胶东丘陵的岩浆岩山地。调查发现,在泰山、鲁山、崂山、昆嵛山、牙山、艾山等保护区均有面积大小不等的麻栎林分布。刺槐因其适应性极强,在平原、山区、沿海均有分布。在黄河三角洲自然保护区,刺槐林也是分布面积最大的森林植被。

灌丛主要为天然的柽柳灌丛。草甸则以结缕草、狗牙根、獐茅、芦苇、茵陈蒿等为优势种。沼泽植被和水生植被主要分布于南四湖、东平湖以及各类水库、塘坝,建群植物有莎草、莲、香蒲、浮萍、满江红、芡实、菱等。

第三节　森林生态类自然保护区生物多样性

一、野生脊椎动物

1. 野生脊椎动物种类

生物多样性调查结果表明，山东省 28 个森林生态类自然保护区内分布有野生脊椎动物 117 科 278 属 527 种，隶属于 37 目。

鱼类有 63 种，分属鲑形目、合鳃鱼目、鲤形目、鲈形目、鳗鲡目和鲇形目 6 目。以鲤形目鱼类最多，为 43 种，包括南方马口鱼（*Opsriichtys uncirostris bidens*）、赤眼鳟（*Squaliobarbus curriculus*）、寡鳞飘鱼（*Pseudolaubuca engraulis*）等。鲈形目、鲇形目鱼类分别为 9 种和 6 种，主要有花鲈（*Lateolabrax japonicus*）、栉鰕虎鱼（*Ctenogobius giurinus*）、胡子鲇（*Clarias fuscus*）等。鲑形目、合鳃鱼目和鳗鲡目鱼类分别有 3 种、1 种和 1 种，为虹鳟（*Salmo gairdneri*）、短吻间银鱼（*Hemisalanx brachyrostralis*）、大银鱼（*Protosalanx hyalocranius*）、黄鳝（*Monopterus albus*）和鳗鲡（*Anguilla japonica*）。9 种两栖类动物在森林生态类自然保护区中均有发现，其物种名称已在本章第二节中描述。

爬行动物为 22 种，分属龟鳖目和有鳞目。龟鳖目物种 2 种，分别为鳖（中华鳖）和乌龟。在 20 种有鳞目爬行动物中，包括赤链蛇（*Dinodon rufozonatum*）、红点锦蛇（*Elaphe rufodorsata*）、团花锦蛇等游蛇科动物 11 种，丽斑麻蜥、山地麻蜥（*Eremias brenchleyi*）和北草蜥 3 种蜥蜴科动物，黄纹石龙子（*Eumeces capito*）、北滑蜥（*septentrionalis* 亚种）（*Scincella modesta septentrionalis*）和中国石龙子（*formosensis* 亚种）3 种石龙子科动物，壁虎科的无蹼壁虎和多疣壁虎（*Gekko japonicus*），以及蝰科的黑眉蝮（*Agkistrodon saxatilis*）。

哺乳动物共有 18 科 33 属 42 种，隶属食虫目、翼手目、食肉目、兔形目和啮齿目等 5 目。翼手目物种数最多，为 18 种，包括小菊头蝠、须鼠耳蝠、萨氏蝙蝠（*Vespertilio nidaesavii*）等；啮齿目11 种，包括黑线仓鼠（*Cricetulus barabensis*）、东方田鼠、东北鼢鼠（*Myospalax psilurus*）等；食肉目动物 8 种，包括貉、黄鼬（华北亚种）、猪獾等；食虫目和兔形目分别为4 种和 1 种，分别为刺猬、麝鼹、普通鼩鼱、小麝鼩（*Crocidura suaveolens*）和草兔。

鸟类有 74 科 181 属 387 种，隶属雀形目、鹰形目、隼形目等23目。雀形目鸟类 158 种，如小嘴乌鸦（*orientalis* 亚种）（*Corvus corone orientalis*）、鹪鹩（*idius* 亚种）（*Troglodytes troglodytes idius*）、灰背鸫（*Turdus hortulorum*）等；鸻形目鸟类58 种，如大沙锥（*Gallinago megala*）、尖尾滨鹬（*Calidris acuminata*）、黑尾鸥（*Larus crassirostris*）等；雁形目和鹰形目分别为 35 种和 25 种，包括鹊鹞（*Circus melanoleucos*）、大鵟（*Buteo hemilasius*）、鸿雁等；鸮形目、鹤形目、鹈形目鸟类为 10～20 种，如红角鸮（*Otus sunia*）、花田鸡（*Coturnicops exquisitus*）、绿鹭（*Butorides striata*）等；佛法僧目、鸡形目、鹃形目等 9 目鸟类种类均为 5～10 种，包括蓝翡翠（*Halcyon pileata*）、鹌鹑（*Coturnix japonica*）、小杜鹃（*Cuculus poliocephalus*）等；鸨形目、沙

鸡目、犀鸟目等7目鸟类种类均为1～4种，如大鸨（*dybowskii* 亚种）（*Otis tarda dybowskii*）、毛腿沙鸡、戴胜（指名亚种）等。

2. 野生脊椎动物分布

鱼类分布范围宽窄不一。鱼类以青鱼（*Mylopharyngodon piceus*）、草鱼（*Ctenopharyngodon idellus*）、鲢（*Hypophthalmichthys molitrix*）、鲤鱼（*Cyprinus carpio*）等常见鲤科鱼类分布范围较广，多达19～21个自然保护区。在山涧溪流和水库中，由于污染较少，水质较好，分布有一些在平原河流不常见的鱼类。这些物种的分布范围相对较小，包括短吻间银鱼、鳡鱼（*Elopichthys bambusa*）、多鳞铲颌鱼、中华花鳅（*Cobitis sinensis*）在内的20余种鱼类仅分布在1～2个自然保护区。如南方马口鱼（*Opsariichtys uncirostris bidens*）、贝氏餐条（*Hemiculter bleekeri*）、多鳞铲颌鱼仅分布于泰山省级自然保护区，短吻间银鱼仅见于青岛崂山省级自然保护区等。

两栖类动物分布范围局限在14个自然保护区以内。无斑雨蛙仅在青岛崂山省级自然保护区有分布，东方铃蟾、中华蟾蜍、花背蟾蜍、中国林蛙、黑斑蛙、泽蛙、金线侧褶蛙和北方狭口蛙这8种两栖动物分布范围为8～14个自然保护区。

爬行动物分布范围差异较大。鳖（*Pelodiscus sinensis*）、黑眉蝮、丽斑麻蜥、虎斑游蛇（*Rhobdophis tigrina*）等12种动物分布范围均为12～24个自然保护区；蓝尾石龙子（*Eumeces elegans*）、多疣壁虎、王锦蛇等10物种仅在1～8个自然保护区中有分布，如多疣壁虎仅分布于峄山市级自然保护区，而乌梢蛇则仅见于烟台沿海防护林省级自然保护区。

哺乳类动物分布范围为1～26个自然保护区。草兔、狗獾（北方亚种）（*Meles meles leptorhynchus*）、刺猬等13种哺乳类动物分布范围为15～26个自然保护区，麝鼹、大足鼠耳蝠（*Myotis Ricketti* ）、棕色田鼠（*Microtus mandarinus*）等8种哺乳动物分布于10～14个自然保护区，夜山蝠（*Nyctalus noctula*）、东北鼢鼠、普通伏翼等21种哺乳动物分布范围仅为1～7个自然保护区，东方蝙蝠（*Vespertitlio orientalis*）仅见于青州仰天山省级自然保护区，巢鼠仅在烟台沿海防护林省级自然保护区有分布。

鸟类分布范围为1～28个自然保护区。池鹭（*Ardeola bacchus*）、山鹡鸰（*Dendronanthus indicus*）、麻雀（*saturatus* 亚种）（*Passer montanus saturatus*）等120种鸟类在15～28个自然保护区有分布，大鵟、白鹤、长趾滨鹬（*Calidris subminuta*）等131种鸟类分布范围为10～14个自然保护区，凤头潜鸭（*Aythya fuligula*）、兀鹫（*Gyps fulvus*）、黑尾鸥等45种鸟类分布范围为5～9个自然保护区，小苇鳽（*Ixobrychus minutus*）、东方白鹳（*Ciconia boyciana*）、黑脸琵鹭（*Platalea minor*）等109种鸟类分布范围相对狭窄，均仅在1～4个自然保护区有分布。红喉潜鸟、褐鲣鸟（*plotus* 亚种）（*Sula leucogaster plotus*）、大军舰鸟（指名亚种）（*Fregata minor minor*）等29种鸟类仅在青岛崂山省级自然保护区有分布，白斑军舰鸟（*Fregata ariel*）、小苇鳽等4种鸟类仅见于烟台沿海防护林省级自然保护区。

146种脊椎动物分布范围较为狭窄，其分布范围均为1个、2个或3个自然保护区。分布范围相对狭窄的脊椎动物如表2-3-1所示。

表 2-3-1 森林生态类自然保护区部分野生脊椎动物物种分布状况

序号	中文名	学名	科名	属名	分布的自然保护区
1	短吻间银鱼※	*Hemisalanx brachyrostralis*	银鱼科	间银鱼属	青岛崂山省级自然保护区
2	南方马口鱼	*Opsariichtys uncirostris bidens*	鲤科	马口鱼属	泰山省级自然保护区
3	寡鳞飘鱼	*Pseudolaubuca engraulis*	鲤科	飘鱼属	蓬莱艾山省级自然保护区
4	贝氏餐条	*Hemiculter bleekeri bleekeri*	鲤科	餐条属	泰山省级自然保护区
5	青梢红鲌	*Erythroculter dabryi*	鲤科	红鲌属	莱山围子山省级自然保护区
6	巨口鱊※	*Acheilognathus tabira*	鲤科	鱊属	莱山围子山省级自然保护区
7	长麦穗鱼	*Pseudorasbora elongata*	鲤科	麦穗鱼属	徂徕山省级自然保护区
8	蛇鮈	*Saurogobio dabryi*	鲤科	蛇鮈属	莱山围子山省级自然保护区
9	小口棒花鱼	*Abbottina guentheri*	鲤科	棒花鱼属	徂徕山省级自然保护区
10	多鳞铲颌鱼※#	*Varicorhinus macolepis*	鲤科	白甲鱼属	泰山省级自然保护区
11	光泽黄颡鱼	*Pelteobagrus nitidus*	鲿科	黄颡鱼属	鲁山省级自然保护区
12	虹鳟	*Salmo gairdneri*	鲑科	鲑属	栖霞牙山省级自然保护区、栖霞崮山市级自然保护区
13	鳡鱼	*Elopichthys bambusa*	鲤科	鳡属	鲁山省级自然保护区、徂徕山省级自然保护区
14	马口鱼	*Opsriichtys uncirostris*	鲤科	马口鱼属	鲁山省级自然保护区、徂徕山省级自然保护区
15	银飘鱼	*Pseudolaubuca sinensis*	鲤科	飘鱼属	山东昆嵛山国家级自然保护区、莱山围子山省级自然保护区
16	红鳍鲌	*Culter erythropterus*	鲤科	鲌属	鲁山省级自然保护区、泰山省级自然保护区
17	细鳞斜颌鲴	*Plagiognathops microlepis*	鲤科	鲴属	鲁山省级自然保护区、徂徕山省级自然保护区
18	须拟鱊※	*Paracheilognathus shibatuea*	鲤科	副鱊属	莱山围子山省级自然保护区、莱阳老寨山省级自然保护区
19	兴凯鱊	*Acheilognathus chankaensis*	鲤科	鱊属	鲁山省级自然保护区、徂徕山省级自然保护区

续表

序号	中文名	学名	科名	属名	分布的自然保护区
20	银鲫	*Carassius auratus gibelio*	鲤科	鲫属	栖霞牙山省级自然保护区、栖霞崮山市级自然保护区
21	中华花鳅	*Cobitis sinensis*	鳅科	花鳅属	栖霞牙山省级自然保护区、栖霞崮山市级自然保护区
22	大鳞副泥鳅※	*Paramisgurnus dabryanus*	鳅科	副泥鳅属	栖霞牙山省级自然保护区、栖霞崮山市级自然保护区
23	子陵吻鰕虎鱼	*Rhinogobius giurinus*	鰕虎鱼科	吻鰕虎鱼属	徂徕山省级自然保护区、莱阳老寨山省级自然保护区
24	尼罗罗非鱼	*Tilapia nilotica*	丽鲷科	罗非鱼属	栖霞牙山省级自然保护区、栖霞崮山市级自然保护区
25	大银鱼	*Protosalanx hyalocranius*	银鱼科	大银鱼属	苍山县抱犊崮县级自然保护区、苍山县文峰山县级自然保护区、鼻子山森林县级自然保护区
26	沙鳅	*Botia* sp.	鳅科	沙鳅属	苍山县抱犊崮县级自然保护区、苍山县文峰山县级自然保护区、鼻子山森林县级自然保护区
27	鲇	*Silurus asotus*	鲇科	鲇属	栖霞牙山省级自然保护区、莱山围子山省级自然保护区、栖霞崮山市级自然保护区
28	银鲳鱼	*Pampus argenteus*	鲳科	鲳属	苍山县抱犊崮县级自然保护区、苍山县文峰山县级自然保护区、鼻子山森林县级自然保护区
29	无斑雨蛙※	*Hyla immaculata*	雨蛙科	雨蛙属	青岛崂山省级自然保护区
30	多疣壁虎	*Gekko japonicus*	壁虎科	壁虎属	峄山市级自然保护区
31	乌梢蛇＃	*Zaocys dhumnades*	游蛇科	乌梢蛇属	烟台沿海防护林省级自然保护区
32	王锦蛇＃	*Elaphe carinata*	游蛇科	锦蛇属	徂徕山省级自然保护区、泰山省级自然保护区
33	蓝尾石龙子※	*Eumeces elegans*	石龙子科	石龙子属	青岛崂山省级自然保护区、莱山围子山省级自然保护区、大泽山省级自然保护区
34	双斑锦蛇※	*Elaphe bimaculata*	游蛇科	锦蛇属	青岛崂山省级自然保护区、鲁山省级自然保护区、青州仰天山省级自然保护区

续表

序号	中文名	学名	科名	属名	分布的自然保护区
35	黑眉锦蛇♯	*Elaphe taeniura*	游蛇科	锦蛇属	鲁山省级自然保护区、徂徕山省级自然保护区、莱州大基山省级自然保护区
36	东方蝙蝠	*Vespertilio orientalis*	蝙蝠科	蝙蝠属	青州仰天山省级自然保护区
37	大耳蝠	*Plecotus auritus*	蝙蝠科	大耳蝠属	蓬莱艾山省级自然保护区
38	夜山蝠	*Nyctalus noctula*	蝙蝠科	山蝠属	青州仰天山省级自然保护区
39	黄鼠	*Citellus dauricus*	松鼠科	黄鼠属	青岛崂山省级自然保护区
40	巢鼠	*Micromys minutus*	鼠科	巢鼠属	烟台沿海防护林省级自然保护区
41	褐山蝠(夜蝠)	*Nyctalus noctula*	蝙蝠科	山蝠属	蓬莱艾山省级自然保护区、泰山省级自然保护区
42	猪獾♯	*Arctonyx collaris*	鼬科	猪獾属	东阿县鱼山市级自然保护区、苍山县大宗山县级自然保护区
43	东北鼢鼠	*Myospalax psilurus*	鼹形鼠科	鼢鼠属	青岛崂山省级自然保护区、烟台沿海防护林省级自然保护区
44	中华鼢鼠	*Myospalax fontanieri*	鼹形鼠科	凸颅鼠属	青岛崂山省级自然保护区、苍山县大宗山县级自然保护区
45	须鼠耳蝠	*Myotis mystacinus*	蝙蝠科	鼠耳蝠属	徂徕山省级自然保护区、泰山省级自然保护区、平阴大寨山省级自然保护区
46	萨氏蝙蝠	*Vespertilio nidaesavii*	蝙蝠科	蝙蝠属	青岛崂山省级自然保护区、栖霞牙山省级自然保护区、栖霞崮山市级自然保护区
47	棕蝠	*Eptesicus serotinus* Schreber	蝙蝠科	棕蝠属	山东昆嵛山国家级自然保护区、徂徕山省级自然保护区、莱山围子山省级自然保护区
48	红喉潜鸟	*Gavia stellata*	潜鸟科	潜鸟属	青岛崂山省级自然保护区
49	黑颈鸬鹚	*Phalacrocorax niger*	鸬鹚科	鸬鹚属	招远罗山省级自然保护区
50	褐鲣鸟(*plotus* 亚种)	*Sula leucogasterplotus*	鲣鸟科	鲣鸟属	青岛崂山省级自然保护区

续表

序号	中文名	学名	科名	属名	分布的自然保护区
51	大军舰鸟（指名亚种）	*Fregata minor minor*	军舰鸟科	军舰鸟属	青岛崂山省级自然保护区
52	白斑军舰鸟	*Fregata ariel*	军舰鸟科	军舰鸟属	烟台沿海防护林省级自然保护区
53	小苇鳽	*Ixobrychus minutus*	鹭科	苇鳽属	烟台沿海防护林省级自然保护区
54	东方白鹳#	*Ciconia boyciana*	鹳科	鹳属	大泽山省级自然保护区
55	黑脸琵鹭#	*Platalea minor*	鹮科	琵鹭属	青岛崂山省级自然保护区
56	疣鼻天鹅	*Cygnus olor*	鸭科	天鹅属	大泽山省级自然保护区
57	青头潜鸭#	*Aythya baeri*	鸭科	潜鸭属	青岛崂山省级自然保护区
58	小绒鸭#	*Polysticta stelleri*	鸭科	小绒鸭属	青岛崂山省级自然保护区
59	黑海番鸭（*americana* 亚种）	*Melanitta nigra americana*	鸭科	海番鸭属	青岛崂山省级自然保护区
60	长尾鸭#	*Clangula hyemalis*	鸭科	长尾鸭属	青岛崂山省级自然保护区
61	丑鸭	*Histrionicus histrionicus*	鸭科	树鸭属	青岛崂山省级自然保护区
62	黑鸢（*lineatus* 亚种）	*Milvus migrans lineatus*	鹰科	鸢属	青岛崂山省级自然保护区
63	白尾海雕（指名亚种）	*Haliaeetus albicilla albicilla*	鹰科	海雕属	青岛崂山省级自然保护区
64	玉带海雕	*Haliaeetus leucoryphus*	鹰科	海雕属	青岛崂山省级自然保护区
65	斑翅山鹑	*Perdix dauurica*	雉科	山鹑属	青岛崂山省级自然保护区
66	白枕鹤#	*Grus vipio*	鹤科	鹤属	大泽山省级自然保护区
67	蓑羽鹤	*Grus virgo*	鹤科	鹤属	大泽山省级自然保护区
68	斑胁田鸡	*Porzana paykullii*	秧鸡科	田鸡属	大泽山省级自然保护区
69	红骨顶（*india* 亚种）	*Gallinula chloropus indica*	秧鸡科	黑水鸡属	泰山省级自然保护区
70	斑尾塍鹬（*baueri* 亚种）	*Limosa lapponica baueri*	鹬科	塍鹬属	青岛崂山省级自然保护区
71	三趾滨鹬	*Calidris alba*	鹬科	滨鹬属	青岛崂山省级自然保护区
72	黑翅长脚鹬（指名亚种）	*Himantopus himantopus himantopus*	反嘴鹬科	长脚鹬属	青岛崂山省级自然保护区
73	反嘴鹬	*Recurvirostra avosetta*	反嘴鹬科	反嘴鹬属	莱阳老寨山省级自然保护区

续表

序号	中文名	学名	科名	属名	分布的自然保护区
74	棕头鸥	*Chroicocephalus brunnicephalus*	鸥科	彩头鸥属	青岛崂山省级自然保护区
75	黑枕燕鸥（指名亚种）	*Sterna sumatrana sumatrana*	鸥科	燕鸥属	烟台沿海防护林省级自然保护区
76	斑海雀	*Brachyramphus perdix*	海雀科	斑海雀属	青岛崂山省级自然保护区
77	小白腰雨燕（*subfurcatus* 亚种）	*Apus nipalensis subfurcatus*	雨燕科	雨燕属	青岛崂山省级自然保护区
78	凤头树燕	*Hemiprocne coronata*	树燕科	凤头树燕属	柳埠市级自然保护区
79	冠鱼狗（*guttulata* 亚种）	*Megaceryle lugubris guttulata*	翠鸟科	鱼狗属	青岛崂山省级自然保护区
80	蓝耳翠鸟	*Alcedo meninting*	翠鸟科	翠鸟属	柳埠市级自然保护区
81	白腹黑啄木鸟	*Dryocopuus javensis*	啄木鸟科	黑啄木鸟属	柳埠市级自然保护区
82	粉红胸鹨	*Anthus roseatus*	鹡鸰科	鹨属	青岛崂山省级自然保护区
83	白鹡鸰（*linnaeus* 亚种）	*Motacilla alba* linnaeus	鹡鸰科	鹡鸰属	青州仰天山省级自然保护区
84	黑短脚鹎	*Hypsipetes leucocephalus*	鹎科	短脚鹎属	鲁山省级自然保护区
85	棕背伯劳（指名亚种）	*Lanius schach schach*	伯劳科	伯劳属	大泽山省级自然保护区
86	灰背椋鸟	*Sturnia sinensis*	椋鸟科	亚洲椋鸟属	峄山市级自然保护区
87	松鸦	*Garrulus glandarius*	鸦科	松鸦属	青岛崂山省级自然保护区
88	褐河乌（*pallasii* 亚种）	*Cinclus pallasii pallasii*	河乌科	河乌属	青岛崂山省级自然保护区
89	白腹短翅鸲	*Hodgsonius phoenicuroides*	鹟科	短翅鸲属	泰山省级自然保护区
90	灰头鸫	*Turdus rubrocanus*	鸫科	鸫属	莱阳老寨山省级自然保护区
91	赤颈鸫	*Turdus ruficollis*	鸫科	鸫属	青岛崂山省级自然保护区
92	宝兴歌鸫	*Turdus mupinensis*	鸫科	鸫属	青岛崂山省级自然保护区
93	乌灰鸫	*Turdus cardis*	鸫科	鸫属	烟台沿海防护林省级自然保护区
94	红尾鸫	*Turdus naumanni*	鸫科	鸫属	泰山省级自然保护区
95	异色树莺	*Lettia flavolivaceus*	树莺科	树莺属	青岛崂山省级自然保护区

续表

序号	中文名	学名	科名	属名	分布的自然保护区
96	短翅树莺	*Lettia diphone*	树莺科	树莺属	徂徕山省级自然保护区
97	芦苇莺（*fuscus* 亚种）	*Acrocephalus scirpaceus fuscus*	苇莺科	苇莺属	泰山省级自然保护区
98	紫寿带（指名亚种）	*Terpsiphone atrocaudata atrocaudata*	王鹟科	寿带属	青岛崂山省级自然保护区
99	旋木雀（*daurica* 亚种）	*Certhia familiaris daurica*	旋木雀科	旋木雀属	青岛崂山省级自然保护区
100	白头鹀（指名亚种）	*Emberiza leucocephalos leucocephalos*	鹀科	鹀属	青岛崂山省级自然保护区
101	灰眉岩鹀	*Emberiza cia*	鹀科	鹀属	泰山省级自然保护区
102	黑喉潜鸟（*viridigularis* 亚种）	*Gavia arctica viridigularis*	潜鸟科	潜鸟属	青岛崂山省级自然保护区、烟台沿海防护林省级自然保护区
103	赤颈䴙䴘（*holboellii* 亚种）	*Podiceps grisegena holboellii*	䴙䴘科	䴙䴘属	青岛崂山省级自然保护区、鲁山省级自然保护区
104	白额鹱	*Calonectris leucomelas*	鹱科	剪水鹱属	青岛崂山省级自然保护区、莱山围子山省级自然保护区
105	黑叉尾海燕	*Oceanodroma monorhis*	海燕科	海燕属	青岛崂山省级自然保护区、烟台沿海防护林省级自然保护区
106	暗绿背鸬鹚	*Phalacrocorax capillatus*	鸬鹚科	鸬鹚属	青岛崂山省级自然保护区、烟台沿海防护林省级自然保护区
107	斑嘴鹈鹕	*Pelecanus philippensis*	鹈鹕科	鹈鹕属	青岛崂山省级自然保护区、烟台沿海防护林省级自然保护区
108	白琵鹭（指名亚种）	*Platalea leucorodia leucorodia*	鹮科	琵鹭属	青岛崂山省级自然保护区、蓬莱艾山省级自然保护区
109	黑雁（*nigricans* 亚种）	*Branta bernicla nigricans*	鸭科	黑雁属	青岛崂山省级自然保护区、招远罗山省级自然保护区
110	大天鹅	*Cygnus cygnus*	鸭科	天鹅属	烟台沿海防护林省级自然保护区、大泽山省级自然保护区
111	小天鹅（*bewickii* 亚种）	*Cygnus columbianus bewickii*	鸭科	天鹅属	烟台沿海防护林省级自然保护区、大泽山省级自然保护区

续表

序号	中文名	学名	科名	属名	分布的自然保护区
112	乌雕♯	*Clanga clanga*	鹰科	乌雕属	青岛崂山省级自然保护区、大泽山省级自然保护区
113	花田鸡♯	*Coturnicops exquisitus*	秧鸡科	田鸡属	青岛崂山省级自然保护区、大泽山省级自然保护区
114	白胸苦恶鸟（指名亚种）	*Amaurornis phoenicurus phoenicurus*	秧鸡科	苦恶鸟属	青岛崂山省级自然保护区、大泽山省级自然保护区
115	红胸鸻	*Charadrius asiaticus*	鸻科	鸻属	青岛崂山省级自然保护区、烟台沿海防护林省级自然保护区
116	欧石鸻（指名亚种）	*Burhinus oedicnemus oedicnemus*	石鸻科	石鸻属	青岛崂山省级自然保护区、烟台沿海防护林省级自然保护区
117	林沙锥♯	*Gallinago nemoricola*	鹬科	沙锥属	青岛崂山省级自然保护区、烟台沿海防护林省级自然保护区
118	青脚滨鹬	*Calidris temminckii*	鹬科	滨鹬属	青岛崂山省级自然保护区、招远罗山省级自然保护区
119	北极鸥（*barrovianus* 亚种）	*Larus hyperboreus barrovianus*	鸥科	鸥属	青岛崂山省级自然保护区、烟台沿海防护林省级自然保护区
120	红嘴鸥	*Chroicocephalus ridibundus*	鸥科	彩头鸥属	青岛崂山省级自然保护区、烟台沿海防护林省级自然保护区
121	白额燕鸥（*sinensis* 亚种）	*Sternula albifrons sinensis*	鸥科	小燕鸥属	青岛崂山省级自然保护区、烟台沿海防护林省级自然保护区
122	扁嘴海雀（指名亚种）	*Synthliboramphus antiquus antiquus*	海雀科	扁嘴海雀属	青岛崂山省级自然保护区、烟台沿海防护林省级自然保护区
123	毛腿沙鸡	*Syrrhaptes paradoxus*	沙鸡科	毛腿沙鸡属	青岛崂山省级自然保护区、招远罗山省级自然保护区
124	黑林鸽（指名亚种）	*Columba janthina janthina*	鸠鸽科	鸽属	青岛崂山省级自然保护区、烟台沿海防护林省级自然保护区
125	灰林鸮	*Strix aluco*	鸱鸮科	林鸮属	招远罗山省级自然保护区、平阴大寨山省级自然保护区
126	鳞喉绿啄木鸟	*Picus xanthopygaeus*	啄木鸟科	绿啄木鸟属	青岛崂山省级自然保护区、烟台沿海防护林省级自然保护区

续表

序号	中文名	学名	科名	属名	分布的自然保护区
127	蓝翅八色鸫	*Pitta moluccensis*	八色鸫科	八色鸫属	青岛崂山省级自然保护区、平阴大寨山省级自然保护区
128	北鹨(指名亚种)	*Anthus gustavi gustavi*	鹡鸰科	鹨属	青岛崂山省级自然保护区、烟台沿海防护林省级自然保护区
129	粉红山椒鸟	*Pericrocotus roseus*	鹃鵙科	山椒鸟属	青岛崂山省级自然保护区、大泽山省级自然保护区
130	黑脸噪鹛	*Garrulax perspicillatus*	噪鹛科	噪鹛属	青岛崂山省级自然保护区、鲁山省级自然保护区
131	极北柳莺(*xanthodryas* 亚种)	*Phylloscopus borealis xanthodryas*	柳莺科	柳莺属	青岛崂山省级自然保护区、平阴大寨山省级自然保护区
132	北长尾山雀	*Aegithalos caudatus*	长尾山雀科	长尾山雀属	招远罗山省级自然保护区、大泽山省级自然保护区
133	灰腹灰雀	*Pyrrhula griseiventris*	雀科	灰雀属	鲁山省级自然保护区、莱州大基山省级自然保护区
134	短尾信天翁#	*Phoebastria albatrus*	信天翁科	信天翁属	青岛崂山省级自然保护区、烟台沿海防护林省级自然保护区、莱山围子山省级自然保护区
135	海鸬鹚(指名亚种)	*Phalacrocorax pelagicus pelagicus*	鸬鹚科	鸬鹚属	青岛崂山省级自然保护区、烟台沿海防护林省级自然保护区、招远罗山省级自然保护区
136	斑脸海番鸭(*stejnegeri* 亚种)	*Melanitta deglandi*	鸭科	海番鸭属	莱州人基山省级自然保护区、招远罗山省级自然保护区、莱阳老寨山省级自然保护区
137	草原雕(指名亚种)	*Aquila nipalensis nipalensis*	鹰科	雕属	青岛崂山省级自然保护区、烟台沿海防护林省级自然保护区、苍山县大宗山县级自然保护区
138	黄爪隼	*Falco naumanni*	隼科	隼属	青岛崂山省级自然保护区、鲁山省级自然保护区、大泽山省级自然保护区
139	红腹滨鹬(*rogersi* 亚种)	*Calidris canutus rogersi*	鹬科	滨鹬属	烟台沿海防护林省级自然保护区、招远罗山省级自然保护区、莱阳老寨山省级自然保护区

续表

序号	中文名	学名	科名	属名	分布的自然保护区
140	海鸥(*kamtschatschensis* 亚种)	*Larus canus kamtschatschensis*	鸥科	鸥属	青岛崂山省级自然保护区、烟台沿海防护林省级自然保护区、莱州大基山省级自然保护区
141	银鸥(*smithsonianus* 亚种)	*Larus argentatus smithsonianus*	鸥科	鸥属	青岛崂山省级自然保护区、烟台沿海防护林省级自然保护区、莱州大基山省级自然保护区
142	西红角鸮	*Otus scops*	鸱鸮科	角鸮属	青岛崂山省级自然保护区、蓬莱艾山省级自然保护区、青州仰天山省级自然保护区
143	亚洲短趾百灵	*Calandrella cheleensis*	百灵科	短趾百灵属	山东昆嵛山国家级自然保护区、烟台沿海防护林省级自然保护区、徂徕山省级自然保护区
144	黄头鹡鸰(指名亚种)	*Motacilla citreola citreola*	鹡鸰科	鹡鸰属	青岛崂山省级自然保护区、莱州大基山省级自然保护区、大泽山省级自然保护区
145	西黄鹡鸰(*taivana* 亚种)	*Motacilla flava taivana*	鹡鸰科	鹡鸰属	青岛崂山省级自然保护区、鲁山省级自然保护区、莱山围子山省级自然保护区
146	褐柳莺(指名亚种)	*Phylloscopus fuscatus fuscatus*	柳莺科	柳莺属	青州仰天山省级自然保护区、徂徕山省级自然保护区、泰山省级自然保护区

注：表中物种中文名后标注“#”为受威胁物种，标注“※”为中国特有物种。

3. 野生脊椎动物丰富度

森林生态类自然保护区野生脊椎动物丰富度差异较大。崂山省级自然保护区野生脊椎动物丰富度最高，为 398 种，山东昆嵛山国家级自然保护区、莱州大基山省级自然保护区、栖霞崮山市级自然保护区和招远罗山省级自然保护区等 7 个自然保护区野生脊椎动物物种数为 300～338 种，泰山省级自然保护区、莱山围子山省级自然保护区、徂徕山省级自然保护区等 6 个自然保护区野生脊椎动物物种数变化范围为 201～300种，青州仰天山省级自然保护区、柳埠市级自然保护区、平阴大寨山省级自然保护区等 4 个自然保护区野生脊椎动物物种数为 100～200 种，苍山县文峰山县级自然保护区、峄山市级自然保护区、临沂大青山省级自然保护区等 10 个自然保护区野生脊椎动物物种数均低于 100 种。山东省森林生态类自然保护区野生脊椎动物丰富度分布状况如图 2-3-1 所示。

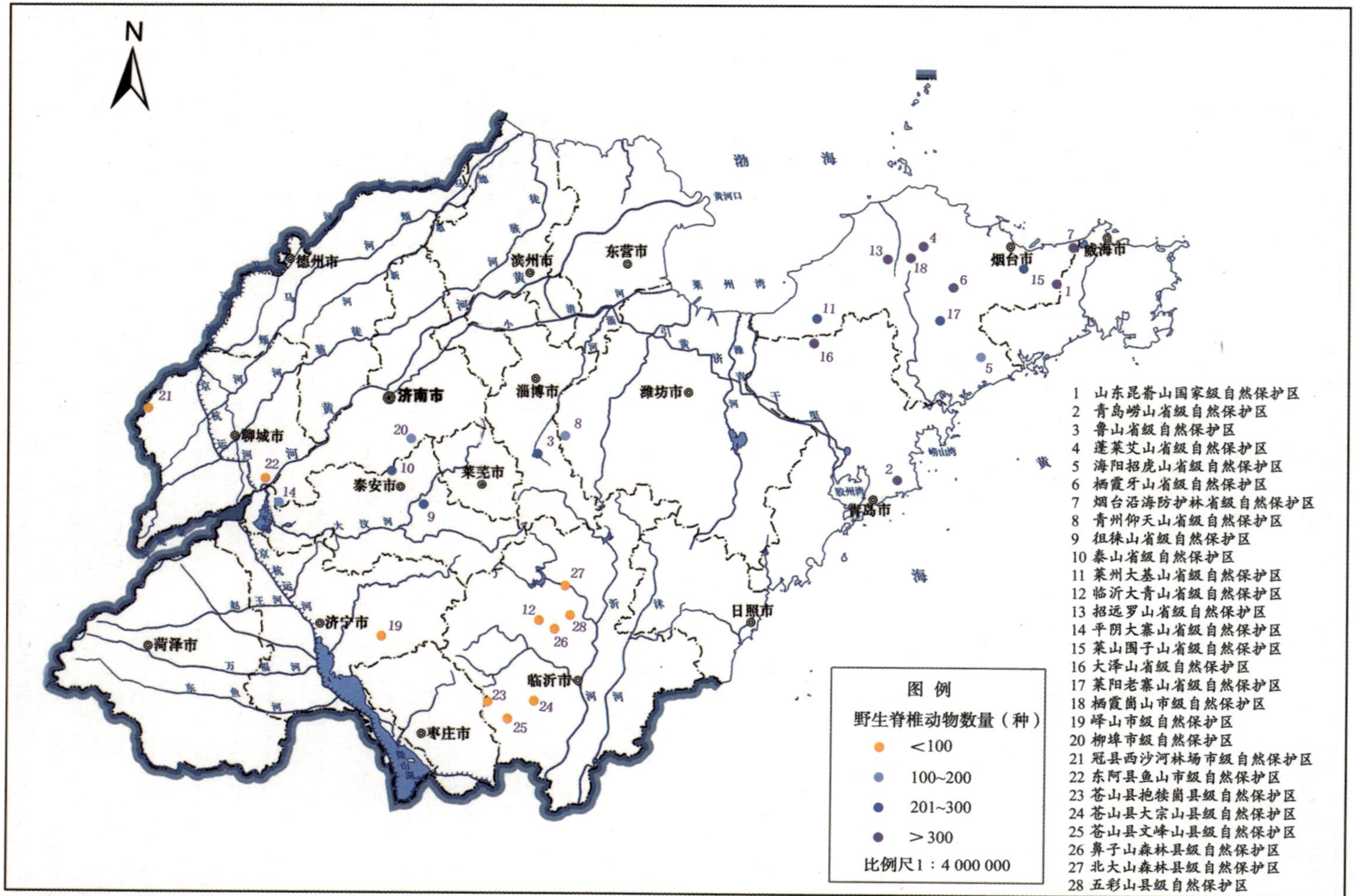

审图号：鲁SG（2018）068号

图2-3-1 山东省森林生态类自然保护区野生脊椎动物物种丰富度

二、野生维管束植物

1. 野生维管束植物种类

调查结果表明，山东省28个森林生态类自然保护区分布有野生维管束植物147科625属1572种。

野生蕨类植物17科23属36种。鳞毛蕨科植物种类最多，为18种，包括两色鳞毛蕨(*Dryopteris setosa*)、假异鳞毛蕨(*D. immixta*)、泰山鳞毛蕨等；蹄盖蕨科植物有10种，包括冷蕨、山东假蹄盖蕨、东北蛾眉蕨等；卷柏科植物7种，包括旱生卷柏、中华卷柏、兖州卷柏等；金星蕨科、岩蕨科、碗蕨科等11科植物种类为2～7种；阴地蕨科、瓶尔小草科、紫萁科等5科植物均仅有1种在自然保护区内有分布，如阴地蕨(*Scepteridium ternatum*)、狭叶瓶尔小草(*Ophioglossum thermale*)、紫萁(*Osmunda japonica*)等。

野生裸子植物有4种，分别为赤松、油松、侧柏和草麻黄。

野生被子植物共121科587属1477种。禾本科和菊科物种最多，分别为155种和136种。禾本科植物有早熟禾(*Poa annua*)、星星草、硬草(*Sclerochloa kenggiana*)等，菊科植物包括甘菊、石胡荽(*Centipeda minima*)、莳萝蒿(*Artemisia anethoides*)等。蔷薇科、豆科和莎草科植物种类数相对较多，分别为73种、78种和84种。十字花科、毛茛科、伞形科、唇形科、百合科植物种类均在30种以上，而马钱科、清风藤科、桑寄生科等19科植物均仅有1种在山东省有分布，如尖帽草(*Mitrasacme indica*)、多花泡花树(*Meliosma myriantha*)、北桑寄生(*Loranthus tanakae*)等。

2. 野生维管束植物分布

野生维管束植物分布范围宽窄不一。野苍耳(*Xanthium sibiricum*)、枸杞(*Lycium chinense*)、蒲公英等165种常见野生维管束植物分布范围较广，分布于20～28个自然保护区；射干(*Belamcanda chinensis*)、无柱兰(*Amitostigma gracile*)、木通(*Akebia quinata*)等526种野生维管束植物分布范围为10～19个自然保护区；节节菜(*Rotala indica*)、八角枫(*Alangium chinense*)、喜冬草(*Chimaphila japonica*)等410种野生维管束植物分布范围为4～9个自然保护区；远东羊茅(*Festuca extremiorientalis*)、硬草、滨麦(*Leymus mollis*)等471种野生维管束植物分布范围较为狭窄，仅分布于1～3个自然保护区。表2-3-2所示为471种分布在3个自然保护区以内的野生维管束植物。

表2-3-2　森林生态类自然保护区部分野生维管束植物物种分布状况

序号	中文名	学名	科名	属名	分布的自然保护区
1	兖州卷柏※	*Selaginella caulescens*	卷柏科	卷柏属	泰山省级自然保护区
2	林下问荆	*Equisetum sylvaticum*	木贼科	问荆属	蓬莱艾山省级自然保护区、青岛崂山省级自然保护区
3	草问荆	*Equisetum pratense*	木贼科	问荆属	栖霞崮山市级自然保护区、柳埠市级自然保护区、栖霞牙山省级自然保护区

续表

序号	中文名	学名	科名	属名	分布的自然保护区
4	狭叶瓶尔小草	*Ophioglossum thermale*	瓶尔小草科	瓶尔小草属	五彩山县级自然保护区、青岛崂山省级自然保护区
5	芒萁	*Dicranopteris pedata*	里白科	芒萁属	青岛崂山省级自然保护区
6	溪洞碗蕨	*Dennstaedtia wilfordii*	碗蕨科	碗蕨属	徂徕山省级自然保护区、泰山省级自然保护区
7	欧洲蕨	*Petridium aquilinum* var. *latiusculum*	蕨科	蕨属	峄山市级自然保护区
8	刺齿半边旗	*Pteris dispar*	凤尾蕨科	凤尾蕨属	青岛崂山省级自然保护区
9	蒙山粉背蕨※	*Aleuritopteris mengshanensis*	中国蕨科	粉背蕨属	烟台沿海防护林省级自然保护区
10	华北粉背蕨	*Leptolepidium kuhnii*	中国蕨科	粉背蕨属	烟台沿海防护林省级自然保护区、泰山省级自然保护区
11	团羽铁线蕨	*Adiantum capillus-junonis*	铁线蕨科	铁线蕨属	平阴大寨山省级自然保护区、泰山省级自然保护区
12	白背铁线蕨	*Adiantum davidii*	铁线蕨科	铁线蕨属	泰山省级自然保护区
13	耳羽金毛裸蕨	*Gymnopteris bipinnata* var. *auriculata*	裸子蕨科	金毛裸蕨属	泰山省级自然保护区
14	华北蹄盖蕨	*Athyrium pachyphlebium*	蹄盖蕨科	蹄盖蕨属	蓬莱艾山省级自然保护区、栖霞崮山市级自然保护区、栖霞牙山省级自然保护区
15	冷蕨	*Cystopteris fragilis*	蹄盖蕨科	冷蕨属	泰山省级自然保护区
16	鲁山假蹄盖蕨	*Athyriopsis lushanensis*	蹄盖蕨科	假蹄盖蕨属	鲁山省级自然保护区
17	山东假蹄盖蕨	*Athyriopsis shandongensis*	蹄盖蕨科	假蹄盖蕨属	山东昆嵛山国家级自然保护区、柳埠市级自然保护区、青岛崂山省级自然保护区
18	东北蛾眉蕨	*Lunathyrium pycnosorum*	蹄盖蕨科	蛾眉蕨属	栖霞崮山市级自然保护区、山东昆嵛山国家级自然保护区、栖霞牙山省级自然保护区
19	河北蛾眉蕨	*Lunathyrium vegetius*	蹄盖蕨科	蛾眉蕨属	徂徕山省级自然保护区
20	山东肿足蕨	*Hypodematium sinense*	肿足蕨科	肿足蕨属	泰山省级自然保护区
21	球腺肿足蕨	*Hypodematium glandulosopilomun*	肿足蕨科	肿足蕨属	徂徕山省级自然保护区
22	鳞毛肿足蕨	*Hypodematium squamuloso-pilosum*	肿足蕨科	肿足蕨属	山东昆嵛山国家级自然保护区
23	肿足蕨	*Hypodematium crenatum*	肿足蕨科	肿足蕨属	青州仰天山省级自然保护区、泰山省级自然保护区

续表

序号	中文名	学名	科名	属名	分布的自然保护区
24	毛叶沼泽蕨	*Thelypteris palustris* var. *pubescens*	金星蕨科	沼泽蕨属	山东昆嵛山国家级自然保护区
25	中日金星蕨	*Parathelypteris nipponica*	金星蕨科	金星蕨属	山东昆嵛山国家级自然保护区
26	金星蕨	*Parathelypteris glanduligera*	金星蕨科	金星蕨属	青岛崂山省级自然保护区
27	延羽卵果蕨	*Phegopteris decursivepinnata*	金星蕨科	卵果蕨属	徂徕山省级自然保护区
28	钝齿铁角蕨	*Asplenium subvarians*	铁角蕨科	铁角蕨属	徂徕山省级自然保护区、泰山省级自然保护区
29	华中铁角蕨	*Asplenium sarelii*	铁角蕨科	铁角蕨属	青州仰天山省级自然保护区、泰山省级自然保护区
30	变异铁角蕨	*Asplenium varians*	铁角蕨科	铁角蕨属	鲁山省级自然保护区、泰山省级自然保护区
31	北京铁角蕨	*Asplenium pekinense*	铁角蕨科	铁角蕨属	青岛崂山省级自然保护区、徂徕山省级自然保护区、泰山省级自然保护区
32	妙峰岩蕨	*Woodsia oblonga*	岩蕨科	岩蕨属	徂徕山省级自然保护区、泰山省级自然保护区
33	大囊岩蕨	*Woodsia macrochlaena*	岩蕨科	岩蕨属	山东昆嵛山国家级自然保护区
34	耳羽岩囊	*Woodsia polystichoides*	岩蕨科	岩蕨属	青岛崂山省级自然保护区、徂徕山省级自然保护区、泰山省级自然保护区
35	泰山岩蕨※	*Woodsia taishanensis*	岩蕨科	岩蕨属	山东昆嵛山国家级自然保护区、泰山省级自然保护区
36	细叶鳞毛蕨	*Dryopteris woodsiisora*	鳞毛蕨科	鳞毛蕨属	徂徕山省级自然保护区、泰山省级自然保护区
37	阔鳞鳞毛蕨	*Dryopteris championii*	鳞毛蕨科	鳞毛蕨属	青岛崂山省级自然保护区
38	假异鳞毛蕨	*Dryopteris immixta*	鳞毛蕨科	鳞毛蕨属	青岛崂山省级自然保护区
39	泰山鳞毛蕨※	*Dryopteris taishanensis*	鳞毛蕨科	鳞毛蕨属	泰山省级自然保护区
40	山东耳蕨	*Polystichum shandongense*	鳞毛蕨科	耳蕨属	泰山省级自然保护区
41	全缘贯众	*Cyrtomium falcatum*	鳞毛蕨科	贯众属	大泽山省级自然保护区、青岛崂山省级自然保护区
42	山东贯众	*Cyrtomium shandongense*	鳞毛蕨科	贯众属	徂徕山省级自然保护区、泰山省级自然保护区

续表

序号	中文名	学名	科名	属名	分布的自然保护区
43	贯众	*Cyrtomium fortunei*	鳞毛蕨科	贯众属	临沂大青山省级自然保护区
44	有边瓦韦	*Lepisorus marginatus*	水龙骨科	瓦韦属	大泽山省级自然保护区、青岛崂山省级自然保护区
45	华北石韦	*Pyrrosia davidii*	水龙骨科	石韦属	徂徕山省级自然保护区、泰山省级自然保护区
46	北京石韦	*Pyrrosia pekinensis*	水龙骨科	石韦属	青州仰天山省级自然保护区
47	细叶满江红	*Azolla filiculoides*	满江红科	满江红属	大泽山省级自然保护区、青岛崂山省级自然保护区
48	草麻黄	*Ephedra sinica*	麻黄科	麻黄属	泰山省级自然保护区
49	无苞香蒲	*Typha laxmannii*	香蒲科	香蒲属	徂徕山省级自然保护区
50	水麦冬	*Triglochin palustre*	眼子菜科	水麦冬属	大泽山省级自然保护区、青岛崂山省级自然保护区
51	浮叶眼子菜	*Potamogeton natans*	眼子菜科	眼子菜属	大泽山省级自然保护区、青岛崂山省级自然保护区
52	鸡冠眼子菜	*Potamogeton cristatus*	眼子菜科	眼子菜属	五彩山县级自然保护区、青岛崂山省级自然保护区
53	穿叶眼子菜	*Potamogeton perfoliatus*	眼子菜科	眼子菜属	青岛崂山省级自然保护区
54	微齿眼子菜	*Potamogeton maackianus*	眼子菜科	眼子菜属	大泽山省级自然保护区
55	角果藻	*Zannichellia palustris*	茨藻科	角果藻属	蓬莱艾山省级自然保护区、海阳招虎山省级自然保护区、莱州大基山省级自然保护区
56	大茨藻	*Najas marina*	茨藻科	茨藻属	青岛崂山省级自然保护区、烟台沿海防护林省级自然保护区
57	窄叶泽泻	*Alisma canaliculatum*	泽泻科	泽泻属	栖霞崮山市级自然保护区
58	泽泻	*Alisma plantago-aquatica* var. *orientale*	泽泻科	泽泻属	蓬莱艾山省级自然保护区
59	水鳖	*Hydrocharis dubia*	水鳖科	水鳖属	栖霞崮山市级自然保护区、青岛崂山省级自然保护区
60	假稻	*Leersia japonica*	禾本科	假稻属	鲁山省级自然保护区、徂徕山省级自然保护区、泰山省级自然保护区

续表

序号	中文名	学名	科名	属名	分布的自然保护区
61	华北臭草	*Melica onoei*	禾本科	臭草属	青岛崂山省级自然保护区、徂徕山省级自然保护区、泰山省级自然保护区
62	假鼠妇草	*Glyceria leptolepis*	禾本科	甜茅属	柳埠市级自然保护区、徂徕山省级自然保护区
63	紫羊茅	*Festuca rubra*	禾本科	羊茅属	栖霞崮山市级自然保护区、柳埠市级自然保护区
64	苇状羊茅	*Festuca arundinacea*	禾本科	羊茅属	柳埠市级自然保护区
65	远东羊茅	*Festuca extremiorientalis*	禾本科	羊茅属	栖霞崮山市级自然保护区、泰山省级自然保护区
66	鹤甫碱茅	*Puccinellia hauptiana*	禾本科	碱茅属	柳埠市级自然保护区
67	朝鲜碱茅	*Puccinellia chinampocnsis*	禾本科	碱茅属	蓬莱艾山省级自然保护区
68	硬草	*Sclerochloa kenggiana*	禾本科	硬草属	栖霞崮山市级自然保护区、柳埠市级自然保护区
69	疏花雀麦	*Bromus remotiflorus*	禾本科	雀麦属	山东昆嵛山国家级自然保护区、烟台沿海防护林省级自然保护区、柳埠市级自然保护区
70	肥披碱草	*Elymus excelsus*	禾本科	披碱草属	海阳招虎山省级自然保护区、烟台沿海防护林省级自然保护区、莱州大基山省级自然保护区
71	滨麦	*Leymus mollis*	禾本科	赖草属	大泽山省级自然保护区、烟台沿海防护林省级自然保护区
72	偃麦草	*Elytrigia repens*	禾本科	偃麦草属	大泽山省级自然保护区、青岛崂山省级自然保护区
73	宽叶野青茅	*Deyeuxia arundinacea* var. *latifolia*	禾本科	野青茅属	泰山省级自然保护区
74	北方野青茅	*Deyeuxia arundinacea* var. *borealis*	禾本科	野青茅属	泰山省级自然保护区
75	纤毛野青茅	*Deyeuxia arundinacea* var. *ciliata*	禾本科	野青茅属	泰山省级自然保护区
76	疏花野青茅	*Deyeuxia arundinacea* var. *laxiflora*	禾本科	野青茅属	泰山省级自然保护区

续表

序号	中文名	学名	科名	属名	分布的自然保护区
77	大拂子茅	*Calamagrostis macrolepis*	禾本科	拂子茅属	大泽山省级自然保护区、青岛崂山省级自然保护区
78	密花拂子茅	*Calamagrostis epigeios* var. *densiflora.*	禾本科	拂子茅属	徂徕山省级自然保护区
79	华北剪股颖	*Agrostis clavata*	禾本科	剪股颖属	柳埠市级自然保护区
80	西伯利亚剪股颖	*Agrostis sibirica*	禾本科	剪股颖属	大泽山省级自然保护区
81	山东剪股颖※	*Agrostis shandongensis*	禾本科	剪股颖属	山东昆嵛山国家级自然保护区
82	昆嵛山剪股颖	*Agrostis trasmorrisonensis*	禾本科	剪股颖属	山东昆嵛山国家级自然保护区
83	毛颖芨芨草	*Achnatherum pubicalyx*	禾本科	芨芨草属	泰山省级自然保护区
84	远东芨芨草	*Achnatherum extremiorientale*	禾本科	芨芨草属	徂徕山省级自然保护区、泰山省级自然保护区
85	中华隐子草※	*Cleistogenes chinensis*	禾本科	隐子草属	青州仰天山省级自然保护区
86	虮子草	*Leptochloa panicea*	禾本科	千金子属	大泽山省级自然保护区
87	蔺状隐花草	*Crypsis schoenoides*	禾本科	隐花草属	鲁山省级自然保护区
88	多枝乱子草	*Muhlenbergia ramosa*	禾本科	乱子草属	泰山省级自然保护区
89	大穗结缕草	*Zoysia macrostachya*	禾本科	结缕草属	大泽山省级自然保护区、青岛崂山省级自然保护区
90	无芒稗	*Echinochloa crusgalli* var. *mitis*	禾本科	稗属	徂徕山省级自然保护区、泰山省级自然保护区
91	西来稗	*Echinochloa crusgalli* var. *zelayensis*	禾本科	稗属	徂徕山省级自然保护区、泰山省级自然保护区
92	紫芒	*Miscanthus sinensis* var. *purpurascens*	禾本科	芒属	泰山省级自然保护区
93	莠竹	*Microstegium nodosum*	禾本科	莠竹属	徂徕山省级自然保护区
94	硬秆子草	*Capillipedium assimile*	禾本科	细柄草属	徂徕山省级自然保护区
95	中亚荩草	*Arthraxon hispidus* var. *centrasiaticus*	禾本科	荩草属	泰山省级自然保护区
96	匿芒荩草	*Arthraxon hispidus* var. *cryptatherus*	禾本科	荩草属	山东昆嵛山国家级自然保护区
97	三棱水葱	*Schoenoplectus triqueter*	莎草科	水葱属	莱州大基山省级自然保护区
98	水葱	*Schoenoplectus validas*	莎草科	水葱属	大泽山省级自然保护区、莱州大基山省级自然保护区

续表

序号	中文名	学名	科名	属名	分布的自然保护区
99	藨草	*Scirpus triqueter*	莎草科	藨草属	蓬莱艾山省级自然保护区
100	水虱草	*Fimbristylis miliacea*	莎草科	飘拂草属	蓬莱艾山省级自然保护区、徂徕山省级自然保护区、大泽山省级自然保护区
101	弱锈鳞飘拂草	*Fimbristylis ferrugineae*	莎草科	飘拂草属	烟台沿海防护林省级自然保护区、莱州大基山省级自然保护区、莱阳老寨山省级自然保护区
102	双穗飘拂草	*Fimbristylis subbispicata*	莎草科	飘拂草属	大泽山省级自然保护区、泰山省级自然保护区
103	畦畔飘拂草	*Fimbristylis squarrosa*	莎草科	飘拂草属	青岛崂山省级自然保护区、徂徕山省级自然保护区
104	华湖瓜草	*Lipocarpha chinensis*	莎草科	湖瓜草属	青岛崂山省级自然保护区、徂徕山省级自然保护区
105	湖瓜草	*Lipocarpha microcephala*	莎草科	湖瓜草属	泰山省级自然保护区
106	头状穗莎草	*Cyperus glomeratus*	莎草科	莎草属	徂徕山省级自然保护区
107	扁穗莎草	*Cyperus compressus*	莎草科	莎草属	青岛崂山省级自然保护区、徂徕山省级自然保护区、泰山省级自然保护区
108	褐穗莎草	*Cyperus fuscus*	莎草科	莎草属	泰山省级自然保护区
109	旋鳞莎草	*Cyperus michelianus*	莎草科	莎草属	徂徕山省级自然保护区、泰山省级自然保护区
110	风车草	*Cyperus alternifolium.*	莎草科	莎草属	泰山省级自然保护区
111	小球穗扁莎	*Pycreus flavidus* var. *nilagiricus*	莎草科	扁莎属	徂徕山省级自然保护区、泰山省级自然保护区
112	直球穗扁莎	*Pycreus flavidus* var. *strictus*	莎草科	扁莎属	徂徕山省级自然保护区、泰山省级自然保护区
113	辐射砖子苗	*Mariscus radians*	莎草科	砖子苗属	青岛崂山省级自然保护区、徂徕山省级自然保护区
114	球序断节莎	*Torulinium ferax*	莎草科	断节莎属	泰山省级自然保护区
115	小型珍珠茅	*Scleria parvula*	莎草科	珍珠茅属	山东昆嵛山国家级自然保护区、青岛崂山省级自然保护区、大泽山省级自然保护区
116	二形鳞薹草	*Carex dimorpholepis*	莎草科	薹草属	徂徕山省级自然保护区、泰山省级自然保护区

续表

序号	中文名	学名	科名	属名	分布的自然保护区
117	豌豆形薹草	*Carex pisiformis*	莎草科	薹草属	大泽山省级自然保护区
118	江苏薹草※	*Carex kiangsuensis*	莎草科	薹草属	山东昆嵛山国家级自然保护区、栖霞牙山省级自然保护区、栖霞崮山市级自然保护区
119	锥囊薹草	*Carex raddei*	莎草科	薹草属	青岛崂山省级自然保护区、徂徕山省级自然保护区
120	糙叶薹草	*Carex scabrifolia Steud*	莎草科	薹草属	海阳招虎山省级自然保护区、烟台沿海防护林省级自然保护区、莱州大基山省级自然保护区
121	叉齿薹草	*Carex gotoi*	莎草科	薹草属	青岛崂山省级自然保护区、徂徕山省级自然保护区、大泽山省级自然保护区
122	二柱薹草	*Carex lithophila*	莎草科	薹草属	山东昆嵛山国家级自然保护区、栖霞牙山省级自然保护区、栖霞崮山市级自然保护区
123	胶东薹草※	*Carex jiaodongensis*	莎草科	薹草属	青岛崂山省级自然保护区、烟台沿海防护林省级自然保护区、莱州大基山省级自然保护区
124	白磷苔草	*Carex polyschoena*	莎草科	薹草属	山东昆嵛山国家级自然保护区、栖霞牙山省级自然保护区、栖霞崮山市级自然保护区
125	毛缘宽叶薹草	*Carex siderosticta* var. *pilosa*	莎草科	薹草属	徂徕山省级自然保护区
126	羊须草	*Carex callitrichos*	莎草科	薹草属	泰山省级自然保护区
127	灰化苔草	*Carex cinerascens kiikenta*	莎草科	薹草属	青州仰天山省级自然保护区
128	齿叶东北南星	*Arisaema amurense Maxim.* var. *serratum*	天南星科	天南星属	徂徕山省级自然保护区
129	长苞谷精草	*Eriocaulon decemflorum*	谷精草科	谷精草属	山东昆嵛山国家级自然保护区、青岛崂山省级自然保护区、大泽山省级自然保护区

续表

序号	中文名	学名	科名	属名	分布的自然保护区
130	玉龙山谷精草※	*Eriocaulon rockianum*	谷精草科	谷精草属	大泽山省级自然保护区、青岛崂山省级自然保护区
131	菲律宾谷精草	*Eriocaulon merrillii*	谷精草科	谷精草属	大泽山省级自然保护区、青岛崂山省级自然保护区
132	白药谷精草	*Eriocaulon cinereum*	谷精草科	谷精草属	蓬莱艾山省级自然保护区、徂徕山省级自然保护区
133	泰山谷精草※	*Eriocaulon taishanense*	谷精草科	谷精草属	大泽山省级自然保护区、青岛崂山省级自然保护区
134	竹叶子	*Streptolirion volubile*	鸭跖草科	竹叶子属	青岛崂山省级自然保护区、鲁山省级自然保护区、泰山省级自然保护区
135	水竹叶	*Murdannia triquetra*	鸭跖草科	水竹叶属	徂徕山省级自然保护区
136	小灯心草	*Juncus bufonius*	灯心草科	灯心草属	鲁山省级自然保护区
137	坚被灯心草	*Juncus tenuis*	灯心草科	灯心草属	青岛崂山省级自然保护区
138	水茅草	*Juncus leschenaultii*	灯心草科	灯心草属	泰山省级自然保护区
139	攀援天门冬	*Asparagus brachyphyllus*	百合科	天门冬属	青岛崂山省级自然保护区、烟台沿海防护林省级自然保护区
140	兴安天门冬	*Asparagus dauricus*	百合科	天门冬属	烟台沿海防护林省级自然保护区
141	石刁柏	*Asparagus officinalis*	百合科	天门冬属	徂徕山省级自然保护区
142	曲枝天门冬	*Asparagus trichophyllus*	百合科	天门冬属	青州仰天山省级自然保护区
143	北黄花菜	*Hemerocallis lilioasphodelus*	百合科	萱草属	青岛崂山省级自然保护区、蓬莱艾山省级自然保护区、海阳招虎山省级自然保护区
144	山东万寿竹♯	*Disporum smilacinum*	百合科	万寿竹属	山东昆嵛山国家级自然保护区、青岛崂山省级自然保护区、大泽山省级自然保护区
145	宝铎草	*Disporum sessile*	百合科	万寿竹属	山东昆嵛山国家级自然保护区、青岛崂山省级自然保护区、青州仰天山省级自然保护区
146	长梗韭	*Allium neriniflorum*	百合科	葱属	大泽山省级自然保护区、青岛崂山省级自然保护区

续表

序号	中文名	学名	科名	属名	分布的自然保护区
147	碱韭	*Allium polyrhizum*	百合科	葱属	青岛崂山省级自然保护区
148	有斑百合	*Lilium concolor* var. *pulchellum*	百合科	百合属	徂徕山省级自然保护区
149	顶冰花	*Gagea lutea*	百合科	顶冰花属	青岛崂山省级自然保护区
150	鹿葱	*Lycoris squamigera*	石蒜科	石蒜属	青岛崂山省级自然保护区
151	长白鸢尾	*Iris mandshurica*	鸢尾科	鸢尾属	大泽山省级自然保护区、青岛崂山省级自然保护区
152	玉蝉花	*Iris ensata*	鸢尾科	鸢尾属	山东昆嵛山国家级自然保护区、青岛崂山省级自然保护区
153	矮鸢尾 ♯※	*Iris kobayashii*	鸢尾科	鸢尾属	青岛崂山省级自然保护区、莱州大基山省级自然保护区
154	紫点杓兰	*Cypridpedium guttatum*	兰科	杓兰属	青岛崂山省级自然保护区
155	密花舌唇兰	*Platanthera hologlottis*	兰科	舌唇兰属	青岛崂山省级自然保护区
156	小花火烧兰	*Epipactis bellobor*	兰科	火烧兰属	青州仰天山省级自然保护区
157	天麻♯	*Gastrodia elata*	兰科	天麻属	山东昆嵛山国家级自然保护区
158	狭叶山胡椒	*Lindera angustifolia*	樟科	山胡椒属	山东昆嵛山国家级自然保护区
159	长梗红果山胡椒	*Lindera erythrocarpa* var. *longipes*	樟科	山胡椒属	山东昆嵛山国家级自然保护区
160	五莲杨※	*Populus wulianensis*	杨柳科	杨属	山东昆嵛山国家级自然保护区、青岛崂山省级自然保护区、海阳招虎山省级自然保护区
161	黄龙柳※	*Salix liouana*	杨柳科	柳属	鲁山省级自然保护区、徂徕山省级自然保护区
162	小叶山毛柳※	*Salix pseudopermollis*	杨柳科	柳属	鲁山省级自然保护区
163	鲁中柳※	*Salix luzhongensis*	杨柳科	柳属	青岛崂山省级自然保护区、鲁山省级自然保护区、大泽山省级自然保护区
164	泰山柳※	*Salix taishanensis*	杨柳科	柳属	大泽山省级自然保护区、泰山省级自然保护区
165	龙爪柳	*Salix matsudana* f. *tortusoa*	杨柳科	柳属	徂徕山省级自然保护区、泰山省级自然保护区

续表

序号	中文名	学名	科名	属名	分布的自然保护区
166	山东柳※	*Salix koreensis* var. *shandongensis*	杨柳科	柳属	山东昆嵛山国家级自然保护区
167	胶东桦※	*Betula jiaodongensis*	桦木科	桦木属	山东昆嵛山国家级自然保护区
168	房山栎※	*Quercus fangshanensis*	壳斗科	栎属	山东昆嵛山国家级自然保护区、青岛崂山省级自然保护区、大泽山省级自然保护区
169	柞槲栎	*Quercus mongolica-dentata*	壳斗科	栎属	烟台沿海防护林省级自然保护区、莱州大基山省级自然保护区、峄山市级自然保护区
170	锐齿槲栎	*Quercus aliena* var. *acutiserrata*	壳斗科	栎属	徂徕山省级自然保护区
171	北京槲栎	*Quercus aliena* var. *pekingensis*	壳斗科	栎属	徂徕山省级自然保护区
172	北方麻栎	*Quercus acutissima* var. *septemtrionalis*.	壳斗科	栎属	泰山省级自然保护区
173	大果麻栎	*Quercus acutissima* var. *macrocarpa*	壳斗科	栎属	泰山省级自然保护区
174	扁果麻栎	*Quercus acutissima* var. *depressinucata*	壳斗科	栎属	山东昆嵛山国家级自然保护区
175	高壳槲栎	*Quercus aliena fjeholensis*	壳斗科	栎属	山东昆嵛山国家级自然保护区
176	裂叶榆	*Ulmus laciniata*	榆科	榆属	青岛崂山省级自然保护区、泰山省级自然保护区
177	春榆	*Ulmus davidiana* var. *japonica*	榆科	榆属	青州仰天山省级自然保护区
178	垂枝朴	*Celtis tetrandra*	榆科	朴属	青岛崂山省级自然保护区
179	狭叶荨麻	*Urtica angustifolia*	荨麻科	荨麻属	大泽山省级自然保护区、青岛崂山省级自然保护区
180	赤麻	*Boehmeria silvestrii*	荨麻科	苎麻属	山东昆嵛山国家级自然保护区、鲁山省级自然保护区
181	细野麻	*Boehmeria gracilis*	荨麻科	苎麻属	栖霞牙山省级自然保护区、泰山省级自然保护区、栖霞崮山市级自然保护区

续表

序号	中文名	学名	科名	属名	分布的自然保护区
182	长梗百蕊草※	*Thesium chinense* var. *longipedunculatum*	檀香科	百蕊草属	徂徕山省级自然保护区
183	细辛	*Asarum sieboldii*	马兜铃科	细辛属	大泽山省级自然保护区
184	愉悦蓼※	*Polygonum jucundum*	蓼科	蓼属	青岛崂山省级自然保护区、泰山省级自然保护区
185	柳叶刺蓼	*Polygonum bungeanum*	蓼科	蓼属	青岛崂山省级自然保护区、大泽山省级自然保护区、莱阳老寨山省级自然保护区
186	稀花蓼	*Polygonum dissitiflorum*	蓼科	蓼属	泰山省级自然保护区、大泽山省级自然保护区、柳埠市级自然保护区
187	圆基长鬃蓼	*Polygonum longisetum* var. *rotundatum*	蓼科	蓼属	徂徕山省级自然保护区
188	朝鲜蓼	*Polygonum koreense*	蓼科	蓼属	泰山省级自然保护区
189	密毛酸模叶蓼	*Polygonum lapathifolium* var. *salicifolium*	蓼科	蓼属	山东昆嵛山国家级自然保护区、栖霞牙山省级自然保护区、栖霞崮山市级自然保护区
190	桃叶蓼	*Polygonum persicari*	蓼科	蓼属	山东昆嵛山国家级自然保护区、栖霞牙山省级自然保护区、栖霞崮山市级自然保护区
191	木藤蓼※	*Fallopia aubertii*	蓼科	何首乌属	青岛崂山省级自然保护区
192	黑龙江酸模	*Rumex amurensis*	蓼科	酸模属	大泽山省级自然保护区
193	滨藜	*Atriplex patens*	藜科	滨藜属	青岛崂山省级自然保护区、烟台沿海防护林省级自然保护区、大泽山省级自然保护区
194	中亚滨藜	*Atriplex centralasiatica*	藜科	滨藜属	大泽山省级自然保护区、青岛崂山省级自然保护区
195	细穗藜※	*Chenopodium gracilispicum*	藜科	藜属	青岛崂山省级自然保护区

续表

序号	中文名	学名	科名	属名	分布的自然保护区
196	东亚市藜※	*Chenopodium urbicum* subsp. *sinicum*	藜科	藜属	青岛崂山省级自然保护区
197	扫帚菜	*Kochia scoparia* f. *trichophylla*	藜科	地肤属	徂徕山省级自然保护区
198	兴安虫实	*Corispermum chinganicum*	藜科	虫实属	青岛崂山省级自然保护区
199	毛果虫实※	*Corispermum chinganicum* var. *steilipile*	藜科	虫实属	徂徕山省级自然保护区
200	盐地碱蓬	*Suaeda salsa*	藜科	碱蓬属	青岛崂山省级自然保护区、烟台沿海防护林省级自然保护区
201	杂配藜	*Chenopodium hybridum*	藜科	藜属	泰山省级自然保护区
202	泰山苋※	*Amaranthus taishanensis*	苋科	苋属	蓬莱艾山省级自然保护区、泰山省级自然保护区
203	种棱粟米草	*Mollugo verticillata*	番杏科	粟米草属	青岛崂山省级自然保护区、泰山省级自然保护区
204	拟漆姑	*Spergularia salina*	石竹科	拟漆姑属	徂徕山省级自然保护区
205	簇生卷耳	*Cerastium caespitosum*	石竹科	卷耳属	泰山省级自然保护区
206	兴安石竹	*Dianthus chinensis* var. *versicolor*	石竹科	石竹属	徂徕山省级自然保护区
207	长萼石竹	*Dianthus longicalyx*	石竹科	石竹属	泰山省级自然保护区
208	五刺金鱼藻	*Ceratophyllum oryzetorum*	金鱼藻科	金鱼藻属	大泽山省级自然保护区
209	拟两色乌头※	*Aconitum loczyonum*	毛茛科	乌头属	青岛崂山省级自然保护区、栖霞崮山市级自然保护区、柳埠市级自然保护区
210	圆锥乌头	*Aconitum paniculigerum*	毛茛科	乌头属	大泽山省级自然保护区、青岛崂山省级自然保护区
211	华乌头	*Aconitum chinense* Paxt	毛茛科	乌头属	峄山市级自然保护区
212	展毛乌头※	*Aconitum carmichaeli* var. *truppellinum*	毛茛科	乌头属	山东昆嵛山国家级自然保护区
213	类叶升麻	*Actaea asiatica*	毛茛科	升麻属	栖霞崮山市级自然保护区、栖霞牙山省级自然保护区

续表

序号	中文名	学名	科名	属名	分布的自然保护区
214	紫花耧斗菜	*Aquilegia viridiflora* f. *atropurpurea*	毛茛科	耧斗菜属	徂徕山省级自然保护区
215	毛果扬子铁线莲※	*Clematis ganpiniana*	毛茛科	铁线莲属	青岛崂山省级自然保护区、泰山省级自然保护区、大泽山省级自然保护区
216	狭裂太行铁线莲※	*Clematis kirilowii* Maxim. var. *chanetii*	毛茛科	铁线莲属	徂徕山省级自然保护区
217	威灵仙	*Clematis chinensis* Osbeck	毛茛科	铁线莲属	青州仰天山省级自然保护区
218	短尾铁线莲	*Clematis brevcaudata*	毛茛科	铁线莲属	峄山市级自然保护区、青州仰天山省级自然保护区
219	棉团铁线莲	*Clematis hexapetala*	毛茛科	铁线莲属	青州仰天山省级自然保护区
220	盾叶唐松草※	*Thalictrum ichangense*	毛茛科	唐松草属	海阳招虎山省级自然保护区、烟台沿海防护林省级自然保护区
221	瓣蕊唐松草	*Thalictrum petaloideum*	毛茛科	唐松草属	山东昆嵛山国家级自然保护区、青岛崂山省级自然保护区、大泽山省级自然保护区
222	侧金盏花	*Adonis amurensis*	毛茛科	侧金盏花属	青岛崂山省级自然保护区
223	扬子毛茛	*Ranunculus sieboldii*	毛茛科	毛茛属	青岛崂山省级自然保护区
224	三叶木通	*Akebia trifoliata*	木通科	木通属	大泽山省级自然保护区、青岛崂山省级自然保护区
225	莲	*Nelumbo nucifera*	睡莲科	莲属	徂徕山省级自然保护区、泰山省级自然保护区
226	堇叶延胡索	*Corydalis fumariifolia*	罂粟科	紫堇属	青岛崂山省级自然保护区、临沂大青山省级自然保护区、大泽山省级自然保护区
227	阜平黄堇※	*Corydalis chanetii*	罂粟科	紫堇属	青岛崂山省级自然保护区
228	豆瓣菜	*Nasturtium officinale*	十字花科	豆瓣菜属	青岛崂山省级自然保护区
229	翼果独行菜	*Lepidium campestre*	十字花科	独行菜属	青岛崂山省级自然保护区、烟台沿海防护林省级自然保护区

续表

序号	中文名	学名	科名	属名	分布的自然保护区
230	离子芥	*Chorispora tenella*	十字花科	离子芥属	平阴大寨山省级自然保护区、泰山省级自然保护区
231	印度蔊菜	*Rorippa indica*	十字花科	蔊菜属	泰山省级自然保护区
232	盐芥	*Thellungiella salsuginea*	十字花科	盐芥属	大泽山省级自然保护区、青岛崂山省级自然保护区
233	菥蓂	*Thlaspi arvense*	十字花科	菥蓂属	青岛崂山省级自然保护区、泰山省级自然保护区、大泽山省级自然保护区
234	锥果芥	*Berteroella maximowiczii*	十字花科	锥果芥属	山东昆嵛山国家级自然保护区、青岛崂山省级自然保护区、大泽山省级自然保护区
235	胶东景天 ※	*Sedum jiaodongense*	景天科	景天属	山东昆嵛山国家级自然保护区、青岛崂山省级自然保护区、大泽山省级自然保护区
236	狭叶费菜	*Sedum aizoon fangustifolium*	景天科	景天属	山东昆嵛山国家级自然保护区、蓬莱艾山省级自然保护区、徂徕山省级自然保护区
237	宽叶费菜	*Sedum aizoon* var. *latifolium*	景天科	景天属	山东昆嵛山国家级自然保护区、蓬莱艾山省级自然保护区、峄山市级自然保护区
238	塔花瓦松※	*Orostachys chanetii*	景天科	瓦松属	泰山省级自然保护区
239	山东瓦松※	*Orostachys fimbriatus* var. *shandongensis*	景天科	瓦松属	蓬莱艾山省级自然保护区、徂徕山省级自然保护区、泰山省级自然保护区
240	大花瓦松※	*Orostachys fimbriatus* var. *grandiflorus*	景天科	瓦松属	泰山省级自然保护区
241	大落新妇	*Astilbe grandis*	虎耳草科	落新妇属	山东昆嵛山国家级自然保护区
242	钩齿溲疏	*Deutzia hamata*	虎耳草科	溲疏属	山东昆嵛山国家级自然保护区、青岛崂山省级自然保护区
243	小花溲疏	*Deutzia parviflora*	虎耳草科	溲疏属	大泽山省级自然保护区、青岛崂山省级自然保护区
244	溲疏	*Deutzia scabra*	虎耳草科	溲疏属	蓬莱艾山省级自然保护区、泰山省级自然保护区

续表

序号	中文名	学名	科名	属名	分布的自然保护区
245	金州绣线菊※	*Spiraea nishimurae*	蔷薇科	绣线菊属	青岛崂山省级自然保护区、鲁山省级自然保护区、泰山省级自然保护区
246	中华绣线菊※	*Spiraea chinensis*	蔷薇科	绣线菊属	青岛崂山省级自然保护区、泰山省级自然保护区
247	华北绣线菊大叶变种※	*Spiraea fritschiana* var. *angulata*	蔷薇科	绣线菊属	徂徕山省级自然保护区
248	华北绣线菊小叶变种※	*Spiraea fritschiana* var. *parvifolia*	蔷薇科	绣线菊属	徂徕山省级自然保护区
249	山莓	*Rubus corchorifolius*	蔷薇科	悬钩子属	临沂大青山省级自然保护区、莱州大基山省级自然保护区
250	蓬蘽	*Rubus hirsutus*	蔷薇科	悬钩子属	峄山市级自然保护区
251	菊叶委陵菜	*Potentilla tanacetifolia*	蔷薇科	委陵菜属	青岛崂山省级自然保护区、徂徕山省级自然保护区
252	腺毛委陵菜	*Potentilla longifolia*	蔷薇科	委陵菜属	大泽山省级自然保护区、青岛崂山省级自然保护区
253	蕨麻	*Potentilla anserina*	蔷薇科	委陵菜属	青岛崂山省级自然保护区
254	狼牙委陵菜	*Potentilla cryptotaeniae*	蔷薇科	委陵菜属	莱山围子山省级自然保护区、青岛崂山省级自然保护区
255	三叶朝天委陵菜	*Potentilla supina* var. *ternata*	蔷薇科	委陵菜属	泰山省级自然保护区
256	托叶龙牙草	*Agrimonia coreana*	蔷薇科	龙芽草属	大泽山省级自然保护区、青岛崂山省级自然保护区
257	黄龙尾	*Agrimonia pilosa* var. *nepalensis*	蔷薇科	龙芽草属	徂徕山省级自然保护区
258	细叶地榆	*Sanguisorba tenuifolia*	蔷薇科	地榆属	大泽山省级自然保护区、青岛崂山省级自然保护区
259	湖北花楸※	*Sorbus hupehensis*	蔷薇科	花楸属	山东昆嵛山国家级自然保护区、鲁山省级自然保护区、徂徕山省级自然保护区
260	泰山花楸※	*Sorbus taishanensis*	蔷薇科	花楸属	泰山省级自然保护区
261	河北梨※	*Pyrus hopeiensis*	蔷薇科	梨属	大泽山省级自然保护区、青岛崂山省级自然保护区
262	山东栒子※	*Cotoneaster schantungensis*	蔷薇科	栒子属	青岛崂山省级自然保护区

续表

序号	中文名	学名	科名	属名	分布的自然保护区
263	无毛山楂	*Crataegus pinnatifida* var. *psilosa*	蔷薇科	山楂属	徂徕山省级自然保护区、泰山省级自然保护区
264	野杏	*Armeniaca vulgaris* var. *ansu*	蔷薇科	杏属	徂徕山省级自然保护区
265	长叶地榆	*Sanguisorba officinalis* var. *longifolia*	蔷薇科	地榆属	徂徕山省级自然保护区
266	毛苦参※	*Sophora flavescens* var. *kronei*	豆科	槐属	泰山省级自然保护区
267	田菁	*Sesbania cannabina*	豆科	田菁属	徂徕山省级自然保护区、泰山省级自然保护区
268	河北木蓝※	*Indigofera bungeana*	豆科	木蓝属	青岛崂山省级自然保护区、泰山省级自然保护区
269	长柄山蚂蝗	*Podocarpium oldhamii*	豆科	长柄山蚂蝗属	青岛崂山省级自然保护区
270	短梗胡枝子	*Lespedeza cyrtobotrya*	豆科	胡枝子属	青岛崂山省级自然保护区、泰山省级自然保护区
271	细叶胡枝子	*Lespedeza hedysaroides*	豆科	胡枝子属	蓬莱艾山省级自然保护区、栖霞牙山省级自然保护区、栖霞崮山市级自然保护区
272	鹿藿	*Rhynchosia volubilis*	豆科	鹿藿属	青岛崂山省级自然保护区
273	渐尖叶鹿藿	*Rhynchosia acuminatifolia*	豆科	鹿藿属	青岛崂山省级自然保护区
274	毛掌叶锦鸡儿※	*Caragana leveillei*	豆科	锦鸡儿属	青岛崂山省级自然保护区、徂徕山省级自然保护区、泰山省级自然保护区
275	鸡峰山黄芪※	*Astragalus kifonsanicus*	豆科	黄芪属	平阴大寨山省级自然保护区、泰山省级自然保护区
276	达乌里黄芪	*Astragalus dahuricus*	豆科	黄芪属	泰山省级自然保护区
277	膜荚黄芪	*Astragalus membranaceus*	豆科	黄芪属	峄山市级自然保护区
278	硬毛棘豆	*Oxytropis hirta*	豆科	棘豆属	泰山省级自然保护区
279	小巢菜	*Vicia hirsuta*	豆科	野豌豆属	莱山围子山省级自然保护区、青岛崂山省级自然保护区
280	长柔毛野豌豆	*Vicia villosa*	豆科	野豌豆属	鲁山省级自然保护区、泰山省级自然保护区
281	确山野豌豆※	*Vicia kioshanica*	豆科	野豌豆属	青岛崂山省级自然保护区、泰山省级自然保护区

续表

序号	中文名	学名	科名	属名	分布的自然保护区
282	灰野豌豆	*Vicia cracca* var. *canescens*	豆科	野豌豆属	泰山省级自然保护区
283	中华山黧豆※	*Lathyrus dielsianus*	豆科	山黧豆属	青岛崂山省级自然保护区
284	海滨山黧豆	*Lathyrus japonicus*	豆科	山黧豆属	青岛崂山省级自然保护区、烟台沿海防护林省级自然保护区
285	野苜蓿	*Medicago falcata*	豆科	苜蓿属	徂徕山省级自然保护区、泰山省级自然保护区、平阴大寨山省级自然保护区
286	小苜蓿	*Medicago minima*	豆科	苜蓿属	海阳招虎山省级自然保护区、烟台沿海防护林省级自然保护区、莱州大基山省级自然保护区
287	花苜蓿	*Medicago ruthenica*	豆科	苜蓿属	青州仰天山省级自然保护区、泰山省级自然保护区
288	山合欢	*Albizia kalkora*	豆科	合欢属	峄山市级自然保护区
289	芹叶牻牛儿苗	*Erodium cicutarium*	牻牛儿苗科	牻牛儿苗属	青岛崂山省级自然保护区
290	灰背老鹳草	*Geranium wlassowianum*	牻牛儿苗科	老鹳草属	青岛崂山省级自然保护区、泰山省级自然保护区
291	裂瓣老鹳草	*Geranium wilfordii* var. *schizopetalum*	牻牛儿苗科	老鹳草属	蓬莱艾山省级自然保护区
292	青岛老鹳草	*Geranium tsingtauense*	牻牛儿苗科	老鹳草属	蓬莱艾山省级自然保护区
293	亚麻	*Linum usitatissimum*	亚麻科	亚麻属	栖霞牙山省级自然保护区、栖霞崮山市级自然保护区、柳埠市级自然保护区
294	小果白刺	*Nitraria sibirica*	蒺藜科	白刺属	蓬莱艾山省级自然保护区、烟台沿海防护林省级自然保护区
295	白背叶	*Mallotus apelta*	大戟科	野桐属	泰山省级自然保护区
296	毛地锦	*Euphorbia humifusa* f. *pilosa*	大戟科	大戟属	蓬莱艾山省级自然保护区
297	毛黄栌	*Cotinus coggygria* var. *pubescens*	漆树科	黄栌属	徂徕山省级自然保护区、泰山省级自然保护区
298	泰山盐肤木※	*Rhus taishanensis*	漆树科	盐肤木属	泰山省级自然保护区

续表

序号	中文名	学名	科名	属名	分布的自然保护区
299	长裂葛萝槭※	*Acer grosseri*	槭树科	槭属	鲁山省级自然保护区、青州仰天山省级自然保护区、徂徕山省级自然保护区
300	多花泡花树	*Meliosma myriantha*	清风藤科	泡花树属	烟台沿海防护林省级自然保护区
301	栓翅卫矛※	*Euonymus phellomanus*	卫矛科	卫矛属	泰山省级自然保护区
302	西南卫矛	*Euonymus hamiltoninus*	卫矛科	卫矛属	徂徕山省级自然保护区
303	明开夜合	*Euonymus bungeanus*	卫矛科	卫矛属	青州仰天山省级自然保护区
304	卵叶鼠李※	*Rhamnus bungeana*	鼠李科	鼠李属	青州仰天山省级自然保护区、泰山省级自然保护区
305	毛冻绿※	*Rhamnus utilis* var. *hypochrysa*	鼠李科	鼠李属	徂徕山省级自然保护区
306	变叶葡萄※	*Vitis piasezkii*	葡萄科	葡萄属	青州仰天山省级自然保护区
307	三裂叶蛇葡萄※	*Ampelopsis delavayana*	葡萄科	蛇葡萄属	泰山省级自然保护区
308	乌头叶蛇葡萄※	*Ampelopsis aconitifolia*	葡萄科	蛇葡萄属	蓬莱艾山省级自然保护区、泰山省级自然保护区
309	掌裂草葡萄※	*Ampelopsis aconitifolia* var. *glabra*	葡萄科	蛇葡萄属	徂徕山省级自然保护区
310	东北蛇葡萄	*Ampelopsis brevipedunculata*	葡萄科	蛇葡萄属	山东昆嵛山国家级自然保护区、蓬莱艾山省级自然保护区、泰山省级自然保护区
311	大叶乌蔹莓※	*Cayratia oligocarpa*	葡萄科	乌蔹莓属	蓬莱艾山省级自然保护区
312	泰山椴※	*Tilia taishanensis*	椴树科	椴树属	鲁山省级自然保护区、泰山省级自然保护区
313	胶东椴※	*Tilia jiaodongensis*	椴树科	椴树属	山东昆嵛山国家级自然保护区、莱州大基山省级自然保护区
314	华东椴	*Tilia japonica*	椴树科	椴树属	山东昆嵛山国家级自然保护区
315	田麻	*Corchoropsis tomentosa*	椴树科	田麻属	青州仰天山省级自然保护区
316	苘麻	*Abutilon theophrasti*	锦葵科	苘麻属	徂徕山省级自然保护区、泰山省级自然保护区、临沂大青山省级自然保护区

续表

序号	中文名	学名	科名	属名	分布的自然保护区
317	山茶	*Camellia japonica*	山茶科	山茶属	青岛崂山省级自然保护区、泰山省级自然保护区
318	双花堇菜	*Viola biflora*	堇菜科	堇菜属	青岛崂山省级自然保护区
319	裂叶堇菜	*Viola dissecta*	堇菜科	堇菜属	鲁山省级自然保护区、泰山省级自然保护区、大泽山省级自然保护区
320	菊叶堇菜	*Viola takahashii*	堇菜科	堇菜属	鲁山省级自然保护区
321	辽宁堇菜	*Viola rossii*	堇菜科	堇菜属	山东昆嵛山国家级自然保护区
322	戟叶堇菜	*Viola betonicifolia*	堇菜科	堇菜属	青岛崂山省级自然保护区、徂徕山省级自然保护区
323	长萼堇菜	*Viola inconspicua*	堇菜科	堇菜属	徂徕山省级自然保护区
324	茜堇菜	*Viola phalacrocarpa*	堇菜科	堇菜属	徂徕山省级自然保护区
325	细距堇菜	*Viola tenuicornis*	堇菜科	堇菜属	山东昆嵛山国家级自然保护区、徂徕山省级自然保护区、泰山省级自然保护区
326	西山堇菜※	*Viola hancockii*	堇菜科	堇菜属	泰山省级自然保护区
327	黄花堇菜	*Viola delavayi*	堇菜科	堇菜属	峄山市级自然保护区
328	泰山堇菜※	*Viola taishanensis*	堇菜科	堇菜属	泰山省级自然保护区
329	河朔荛花	*Wikstroemia chamaedaphne*	瑞香科	荛花属	莱山围子山省级自然保护区
330	耳基水苋	*Ammannia arenaria*	千屈菜科	水苋菜属	徂徕山省级自然保护区、泰山省级自然保护区
331	多花水苋	*Ammannia multiflora*	千屈菜科	水苋菜属	徂徕山省级自然保护区、泰山省级自然保护区
332	水苋菜	*Ammannia baccifera*	千屈菜科	水苋菜属	泰山省级自然保护区
333	轮叶节节菜	*Rotala maxicana*	千屈菜科	节节菜属	徂徕山省级自然保护区
334	欧菱	*Trapa natans*	菱科	菱属	莱山围子山省级自然保护区
335	高山露珠草	*Circaea alpina*	柳叶菜科	露珠草属	泰山省级自然保护区
336	水珠草	*Circaea lutetiana*	柳叶菜科	露珠草属	徂徕山省级自然保护区
337	曲毛露珠草	*Circaea hybrida*	柳叶菜科	露珠草属	山东昆嵛山国家级自然保护区、泰山省级自然保护区
338	待霄草	*Oenothera stricta*	柳叶菜科	月见草属	青岛崂山省级自然保护区

续表

序号	中文名	学名	科名	属名	分布的自然保护区
339	小花柳叶菜	*Epilobium parviflorum*	柳叶菜科	柳叶菜属	烟台沿海防护林省级自然保护区、徂徕山省级自然保护区、泰山省级自然保护区
340	多枝柳叶菜	*Epilobium fastigiatoramosum*	柳叶菜科	柳叶菜属	山东昆嵛山国家级自然保护区、烟台沿海防护林省级自然保护区、泰山省级自然保护区
341	毛脉柳叶菜	*Epilobium amurense*	柳叶菜科	柳叶菜属	烟台沿海防护林省级自然保护区、徂徕山省级自然保护区、泰山省级自然保护区
342	长籽柳叶菜	*Epilobium pyrricholophum*	柳叶菜科	柳叶菜属	山东昆嵛山国家级自然保护区、烟台沿海防护林省级自然保护区
343	光华柳叶菜	*Epilobium cephalostigma*	柳叶菜科	柳叶菜属	山东昆嵛山国家级自然保护区、徂徕山省级自然保护区、泰山省级自然保护区
344	无毛柳叶菜	*Epilobium angulatum*	柳叶菜科	柳叶菜属	栖霞崮山市级自然保护区、栖霞牙山省级自然保护区
345	穗状狐尾藻	*Myriophyllum spicatum*	小二仙草科	狐尾藻属	莱山围子山省级自然保护区、青岛崂山省级自然保护区
346	狐尾藻	*Myriophyllum verticillatum*	小二仙草科	狐尾藻属	青岛崂山省级自然保护区
347	瓜木	*Alangium platanifolium*	八角枫科	八角枫属	青岛崂山省级自然保护区、青州仰天山省级自然保护区、泰山省级自然保护区
348	深裂叶刺楸	*Kalopanax septemlobus*	五加科	刺楸属	蓬莱艾山省级自然保护区
349	无梗五加	*Eleutherococcus sessiliflorus*	五加科	五加属	烟台沿海防护林省级自然保护区、徂徕山省级自然保护区
350	峨参	*Anthriscus sylvestris*	伞形科	峨参属	泰山省级自然保护区
351	线叶柴胡	*Bupleurum angustissimum*	伞形科	柴胡属	烟台沿海防护林省级自然保护区、莱州大基山省级自然保护区
352	大叶柴胡	*Bupleurum longiradiatum*	伞形科	柴胡属	临沂大青山省级自然保护区

续表

序号	中文名	学名	科名	属名	分布的自然保护区
353	毒芹	*Cicuta virosa*	伞形科	毒芹属	徂徕山省级自然保护区、泰山省级自然保护区
354	田葛缕子	*Carum buriaticum*	伞形科	葛缕子属	鲁山省级自然保护区、泰山省级自然保护区
355	中华水芹※	*Oenanthe sinensis*	伞形科	水芹属	临沂大青山省级自然保护区、青岛崂山省级自然保护区
356	滨蛇床	*Cnidium japonicum*	伞形科	蛇床属	烟台沿海防护林省级自然保护区
357	黑水岩茴香	*Ligusticum ajanense*	伞形科	藁本属	青岛崂山省级自然保护区、泰山省级自然保护区
358	毛山芹	*Ostericum sieboldii* f. *hirtulum*	伞形科	山芹属	徂徕山省级自然保护区
359	珊瑚菜#	*Glehnia littoralis*	伞形科	珊瑚菜属	青岛崂山省级自然保护区、蓬莱艾山省级自然保护区、烟台沿海防护林省级自然保护区
360	铜山阿魏※	*Ferula licentiana*	伞形科	阿魏属	青岛崂山省级自然保护区
361	滨海前胡	*Peucedanum japonicum*	伞形科	前胡属	青岛崂山省级自然保护区
362	前胡※	*Peucedanum praeruptorum*	伞形科	前胡属	青州仰天山省级自然保护区
363	石防风	*Peucedanum terebinthaceum*	伞形科	前胡属	青州仰天山省级自然保护区
364	株木	*Cornus macrophylla*	山茱萸科	山茱萸属	鲁山省级自然保护区
365	滨海珍珠菜	*Lysimachia mauritiana*	报春花科	珍珠菜属	蓬莱艾山省级自然保护区、烟台沿海防护林省级自然保护区
366	泽珍珠菜	*Lysimachia candida*	报春花科	珍珠菜属	莱山围子山省级自然保护区、莱州大基山省级自然保护区
367	大苞点地梅	*Androsace maxima*	报春花科	点地梅属	大泽山省级自然保护区
368	肾叶报春	*Primula loeseneri*	报春花科	报春花属	青岛崂山省级自然保护区
369	樱草	*Primula sieboldii*	报春花科	报春花属	青岛崂山省级自然保护区

续表

序号	中文名	学名	科名	属名	分布的自然保护区
370	烟台补血草※	*Limonium franchetii*	白花丹科	补血草属	蓬莱艾山省级自然保护区、烟台沿海防护林省级自然保护区、莱州大基山省级自然保护区
371	二色补血草	*Limonium bicolor*	白花丹科	补血草属	青岛崂山省级自然保护区、蓬莱艾山省级自然保护区、烟台沿海防护林省级自然保护区
372	毛萼野茉莉※	*Styrax japonicus* var. *calycothrix*	安息香科	安息香属	山东昆嵛山国家级自然保护区、栖霞牙山省级自然保护区、栖霞崮山市级自然保护区
373	小叶梣※	*Fraxinus bungeana*	木犀科	梣属	徂徕山省级自然保护区、泰山省级自然保护区
374	梣	*Fraxinus chinensis*	木犀科	梣属	峄山市级自然保护区
375	秦连翘※	*Forsythia giraldiana*	木犀科	连翘属	鲁山省级自然保护区、泰山省级自然保护区
376	尖帽草	*Mitrasacme indica*	马钱科	尖帽草属	青岛崂山省级自然保护区、徂徕山省级自然保护区、泰山省级自然保护区
377	鳞叶龙胆	*Gentiana squarrosa*	龙胆科	龙胆属	泰山省级自然保护区
378	迴旋扁蕾	*Gentianopsis contorta*	龙胆科	扁蕾属	泰山省级自然保护区
379	莕菜	*Nymphoides peltatum*	龙胆科	莕菜属	青岛崂山省级自然保护区、徂徕山省级自然保护区、莱州大基山省级自然保护区
380	金银莲花	*Nymphoides indica*	龙胆科	莕菜属	青岛崂山省级自然保护区
381	毛鸡矢藤※	*Paederia scandens*	茜草科	鸡矢藤属	徂徕山省级自然保护区
382	异叶轮草	*Galium maximowiczii*	茜草科	拉拉藤属	青岛崂山省级自然保护区
383	山东丰花草※	*Borreria shandongensis*	茜草科	丰花草属	青岛崂山省级自然保护区
384	啤酒花菟丝子	*Cuscuta lupuliformis*	旋花科	菟丝子属	青岛崂山省级自然保护区

续表

序号	中文名	学名	科名	属名	分布的自然保护区
385	旋花	*Calystegia sepium*	旋花科	打碗花属	青岛崂山省级自然保护区、莱州大基山省级自然保护区、招远罗山省级自然保护区
386	肾叶打碗花	*Calystegia soldanella*	旋花科	打碗花属	青岛崂山省级自然保护区、烟台沿海防护林省级自然保护区、莱州大基山省级自然保护区
387	毛打碗花	*Calystegia dahurica*	旋花科	打碗花属	徂徕山省级自然保护区
388	长裂旋花	*Calystegia japonica*	旋花科	打碗花属	山东昆嵛山国家级自然保护区
389	三裂叶薯	*Ipomoea triloba*	旋花科	番薯属	青岛崂山省级自然保护区
390	厚壳树	*Ehretia thyrsiflora*	紫草科	厚壳树属	临沂大青山省级自然保护区
391	砂引草	*Messerschmidia sibirica*	紫草科	砂引草属	青岛崂山省级自然保护区、烟台沿海防护林省级自然保护区
392	紫筒草	*Stenosolenium saxatiles*	紫草科	紫筒草属	莱山围子山省级自然保护区
393	鹤虱	*Lappula myosotis*	紫草科	鹤虱属	青岛崂山省级自然保护区、徂徕山省级自然保护区、泰山省级自然保护区
394	蒙山附地菜※	*Trigonotis tenera*	紫草科	附地菜属	莱山围子山省级自然保护区、泰山省级自然保护区
395	钝萼附地菜※	*Trigonotis peduncularis* var. *amblyosepala*	紫草科	附地菜属	徂徕山省级自然保护区、泰山省级自然保护区、莱山围子山省级自然保护区
396	马鞭草	*Verbena officinalis*	马鞭草科	马鞭草属	临沂大青山省级自然保护区
397	老鸦糊※	*Callicarpa giraldii*	马鞭草科	紫珠属	青岛崂山省级自然保护区
398	线叶筋骨草※	*Ajuga linearifolia*	唇形科	筋骨草属	鲁山省级自然保护区、徂徕山省级自然保护区、莱山围子山省级自然保护区
399	水棘针	*Amethystea caerulea*	唇形科	水棘针属	鲁山省级自然保护区、徂徕山省级自然保护区、泰山省级自然保护区

续表

序号	中文名	学名	科名	属名	分布的自然保护区
400	韩信草	*Scutellaria indica*	唇形科	黄芩属	山东昆嵛山国家级自然保护区、青岛崂山省级自然保护区、徂徕山省级自然保护区
401	大叶黄芩※	*Scutellaria megaphylla*	唇形科	黄芩属	莱山围子山省级自然保护区、青岛崂山省级自然保护区
402	纤弱黄芩	*Scutellaria dependens*	唇形科	黄芩属	徂徕山省级自然保护区、泰山省级自然保护区
403	野芝麻	*Lamium barbatum*	唇形科	野芝麻属	青岛崂山省级自然保护区、鲁山省级自然保护区、青州仰天山省级自然保护区
404	水苏	*Stachys japonica*	唇形科	水苏属	鲁山省级自然保护区、青岛崂山省级自然保护区
405	毛水苏	*Stachys baicalensis*	唇形科	水苏属	莱山围子山省级自然保护区、青岛崂山省级自然保护区
406	单叶丹参※	*Salvia miltiorrhiza*	唇形科	鼠尾草属	栖霞崮山市级自然保护区、栖霞牙山省级自然保护区
407	毛地笋	*Mentha haplocalyx* var. *hirtus*	唇形科	薄荷属	泰山省级自然保护区
408	酸浆	*Physalis alkekengi*	茄科	酸浆属	峄山市级自然保护区
409	无刺曼陀罗	*Datura Stramonium* var. *inermis*	茄科	曼陀罗属	蓬莱艾山省级自然保护区、山东昆嵛山国家级自然保护区
410	婆婆纳	*Veronica didyma*	玄参科	婆婆纳属	徂徕山省级自然保护区、临沂大青山省级自然保护区、冠县西沙河林场市级自然保护区
411	蚊母草	*Veronica peregrina*	玄参科	婆婆纳属	泰山省级自然保护区
412	水蔓菁	*Veronica linariifolia* subsp. *dilatata*	玄参科	婆婆纳属	徂徕山省级自然保护区、泰山省级自然保护区
413	鹿茸草	*Monochasma shearerі*	玄参科	鹿茸草属	临沂大青山省级自然保护区
414	母草	*Lindernia crustacea*	玄参科	母草属	青岛崂山省级自然保护区
415	泰山母草※	*Lindernia taishanensis*	玄参科	母草属	泰山省级自然保护区

续表

序号	中文名	学名	科名	属名	分布的自然保护区
416	白兔儿尾苗	*Pseudolysimachion incanum*	玄参科	穗花属	青州仰天山省级自然保护区
417	短梗耳挖草	*Utricularia caerulea*	狸藻科	狸藻属	徂徕山省级自然保护区
418	爵床	*Rostellularia procumbens*	爵床科	爵床属	青岛崂山省级自然保护区、泰山省级自然保护区
419	陕西荚蒾※	*Viburnum schensianum*	忍冬科	荚蒾属	山东昆嵛山国家级自然保护区、鲁山省级自然保护区、泰山省级自然保护区
420	欧洲荚蒾	*Viburnum opulus*	忍冬科	荚蒾属	鲁山省级自然保护区、青岛崂山省级自然保护区
421	郁香忍冬※	*Lonicera fragrantissima*	忍冬科	忍冬属	鲁山省级自然保护区、泰山省级自然保护区
422	长梗金花忍冬	*Lonicera chrysantha* var. *longipes.*	忍冬科	忍冬属	蓬莱艾山省级自然保护区
423	苦糖果	*Lonicera standishii*	忍冬科	忍冬属	蓬莱艾山省级自然保护区、徂徕山省级自然保护区、泰山省级自然保护区
424	岩败酱※	*Patrinia rupestris*	败酱科	败酱属	泰山省级自然保护区
425	窄叶败酱※	*Patrinia heterophylla.* subsp. *angustifolia*	败酱科	败酱属	徂徕山省级自然保护区
426	糙叶败酱※	*Patrinia scabra*	败酱科	败酱属	泰山省级自然保护区
427	黑水缬草	*Valeriana amurensis*	败酱科	缬草属	莱山围子山省级自然保护区、大泽山省级自然保护区、莱阳老寨山省级自然保护区
428	假贝母※	*Bolbostemma paniculatum*	葫芦科	假贝母属	泰山省级自然保护区
429	薄叶荠苨	*Adenophora remotiflora*	桔梗科	沙参属	莱山围子山省级自然保护区、青岛崂山省级自然保护区
430	狭叶沙参	*Adenophora gmelinii*	桔梗科	沙参属	青岛崂山省级自然保护区、泰山省级自然保护区
431	蒙古马兰※	*Kalimeris mongolica*	菊科	马兰属	徂徕山省级自然保护区、泰山省级自然保护区、莱山围子山省级自然保护区

续表

序号	中文名	学名	科名	属名	分布的自然保护区
432	碱菀※	*Tripolium vulgare*	菊科	碱菀属	烟台沿海防护林省级自然保护区
433	钻形紫菀	*Aster subulatus*	菊科	紫菀属	山东昆嵛山国家级自然保护区、栖霞牙山省级自然保护区、栖霞崮山市级自然保护区
434	紫花野菊	*Dendranthema zawadskii*	菊科	菊属	青岛崂山省级自然保护区、鲁山省级自然保护区、泰山省级自然保护区
435	毛叶甘菊	*Dendranthema lavandulifolium* var. *tomentellum*	菊科	菊属	泰山省级自然保护区
436	委陵菊※	*Dendranthema potentilloides*	菊科	菊属	泰山省级自然保护区
437	莳萝蒿	*Artemisia anethoides*	菊科	蒿属	莱山围子山省级自然保护区
438	海州蒿	*Artemisia fauriei*	菊科	蒿属	青岛崂山省级自然保护区
439	魁蒿	*Artemisia princeps*	菊科	蒿属	莱山围子山省级自然保护区、青岛崂山省级自然保护区
440	圆叶南牡蒿※	*Artemisia eriopoda* var. *rotundifolia*	菊科	蒿属	徂徕山省级自然保护区
441	密毛白莲蒿	*Artemisia sacrorum* var. *messerschmidtiana*	菊科	蒿属	徂徕山省级自然保护区
442	朝鲜艾	*Artemisia argyi* var. *gracilis*	菊科	蒿属	徂徕山省级自然保护区
443	毛莲蒿	*Artemisia vestita*	菊科	蒿属	泰山省级自然保护区
444	蜂斗菜	*Petasites japonicus*	菊科	蜂斗菜属	青岛崂山省级自然保护区、徂徕山省级自然保护区
445	窄头橐吾	*Ligularia stenocephala*	菊科	橐吾属	莱山围子山省级自然保护区
446	蓝刺头	*Echinops latifolius*	菊科	蓝刺头属	峄山市级自然保护区、青州仰天山省级自然保护区
447	北苍术	*Atractylodes chinensis*	菊科	苍术属	青州仰天山省级自然保护区

续表

序号	中文名	学名	科名	属名	分布的自然保护区
448	关苍术	*Atractylodes japonica*	菊科	苍术属	青州仰天山省级自然保护区、泰山省级自然保护区
449	蝟菊	*Olgaea lomonossowii*	菊科	蝟菊属	青州仰天山省级自然保护区
450	大刺儿菜	*Cirsium setosum*	菊科	蓟属	蓬莱艾山省级自然保护区、青州仰天山省级自然保护区、徂徕山省级自然保护区
451	线叶蓟	*Cirsium lineare*	菊科	蓟属	泰山省级自然保护区
452	篦苞风毛菊※	*Saussurea pectinata*	菊科	风毛菊属	莱山围子山省级自然保护区
453	纤细风毛菊※	*Saussurea graciliformis*	菊科	风毛菊属	泰山省级自然保护区
454	翼茎风毛菊	*Saussurea japonica* var. *alata*	菊科	风毛菊属	泰山省级自然保护区
455	伪泥胡菜	*Serratula coronata*	菊科	麻花头属	莱山围子山省级自然保护区
456	毛莲菜	*Picris hieracioides* ssp. *japonica*	菊科	毛连菜属	泰山省级自然保护区
457	蒙古鸦葱	*Scorzonera mongolica*	菊科	鸦葱属	烟台沿海防护林省级自然保护区
458	福王草	*Prenanthes tatarinowii*	菊科	福王草属	青岛崂山省级自然保护区、青州仰天山省级自然保护区、泰山省级自然保护区
459	禾叶苦荬菜	*Ixeris graminea*	菊科	苦荬菜属	栖霞崮山市级自然保护区、栖霞牙山省级自然保护区
460	秋苦荬菜	*Ixeris denticulata*	菊科	苦荬菜属	山东昆嵛山国家级自然保护区、蓬莱艾山省级自然保护区、泰山省级自然保护区
461	中华山苦荬	*Ixeris chinensis*	菊科	苦荬菜属	栖霞牙山省级自然保护区、泰山省级自然保护区、栖霞崮山市级自然保护区
462	窄叶小苦荬	*Ixeridium gramineum*	菊科	小苦荬属	青岛崂山省级自然保护区
463	并齿小苦荬※	*Ixeridium biparum*	菊科	小苦荬属	莱山围子山省级自然保护区、青岛崂山省级自然保护区

续表

序号	中文名	学名	科名	属名	分布的自然保护区
464	沙苦荬菜	*Chorisis repens*	菊科	沙苦荬菜属	烟台沿海防护林省级自然保护区
465	羽裂黄瓜菜	*Paraixeris pinnatipartita*	菊科	黄瓜菜属	青岛崂山省级自然保护区、泰山省级自然保护区、大泽山省级自然保护区
466	尖裂黄瓜菜	*Paraixeris serotina*	菊科	黄瓜菜属	青岛崂山省级自然保护区
467	白缘蒲公英	*Taraxacum platypecidum*	菊科	蒲公英属	青岛崂山省级自然保护区、蓬莱艾山省级自然保护区、泰山省级自然保护区
468	东北蒲公英	*Taraxacum ohwianum*	菊科	蒲公英属	徂徕山省级自然保护区、泰山省级自然保护区
469	华蒲公英	*Taraxacum borealisinense*	菊科	蒲公英属	青岛崂山省级自然保护区、泰山省级自然保护区
470	祁州漏芦	*Rhaponticum uniflorum*	菊科	漏芦属	青州仰天山省级自然保护区
471	一枝黄花※	*Solidago decurrens*	菊科	一枝黄花属	泰山省级自然保护区

注：表中物种中文名后标注“#”为受威胁物种，标注“※”为中国特有物种。

3. 野生维管束植物丰富度

森林生态类自然保护区野生维管束植物丰富程度差别较大。泰山省级自然保护区野生维管束植物丰富度最高，为 922 种；山东昆嵛山国家级自然保护区和徂徕山省级自然保护区等 2 个自然保护区野生维管束植物种类数分别为 800 种和 836 种；柳埠市级自然保护区、蓬莱艾山省级自然保护区、海阳招虎山省级自然保护区等 11 个自然保护区野生维管束植物种类数为 601～800 种；苍山县文峰山县级自然保护区、莱山围子山省级自然保护区、招远罗山省级自然保护区等 8 个自然保护区野生维管束植物种类数为 400～600 种，临沂大青山省级自然保护区、青州仰天山省级自然保护区、平阴大寨山省级自然保护区等 7 个自然保护区野生维管束植物种类数均低于 400 种。山东省森林生态类自然保护区野生维管束植物丰富度状况如图 2-3-2 所示。

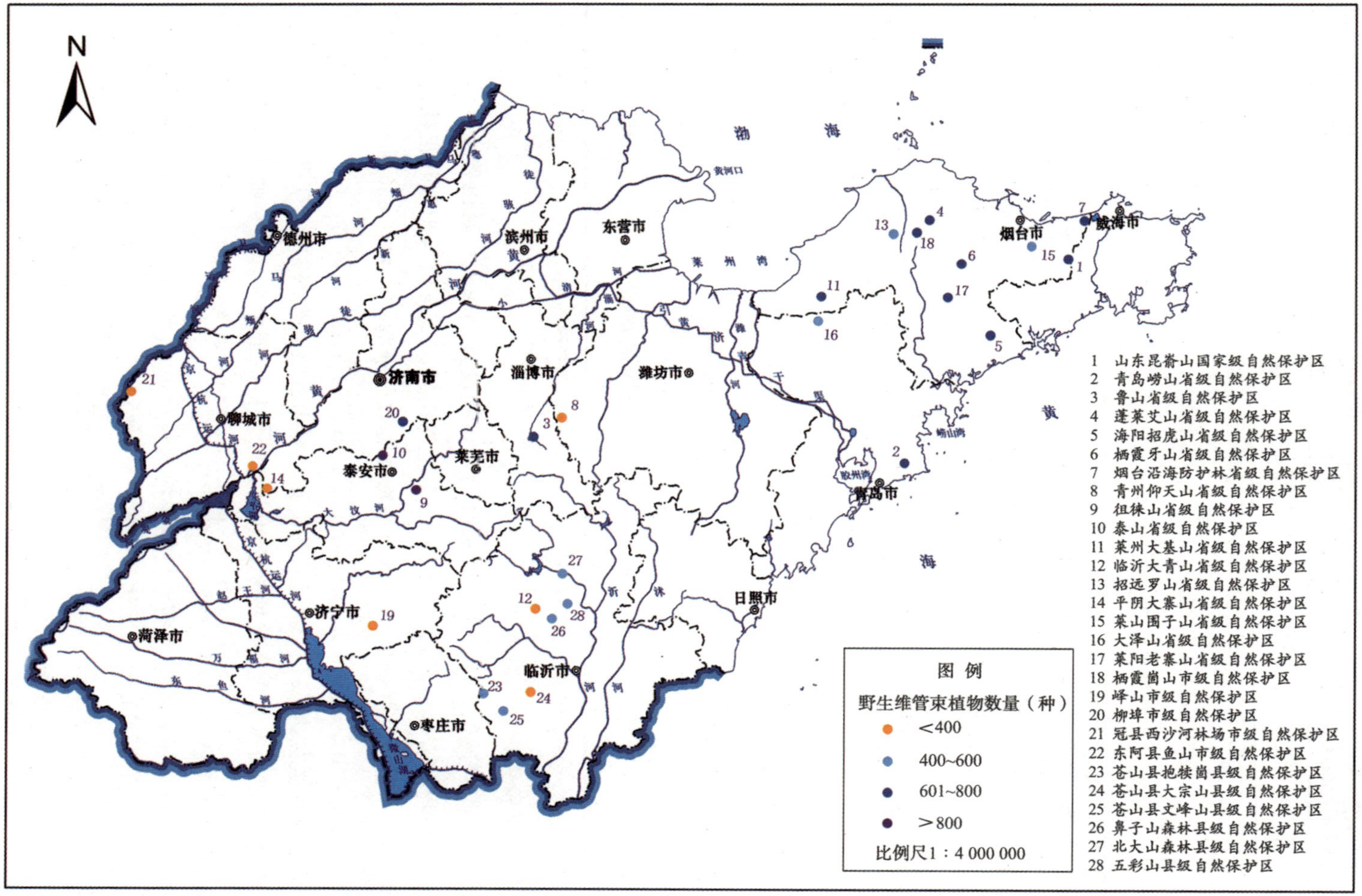

审图号：鲁SG（2018）068号

图2-3-2 山东省森林生态类自然保护区野生维管束植物物种丰富度

三、中国特有物种

1. 中国特有野生脊椎动物

山东省 28 个森林生态类自然保护区生物多样性调查结果表明(见表 2-3-3),山东省森林生态类自然保护区分布有中国特有野生脊椎动物 24 种。其中,鱼类 10 种,包括短吻间银鱼、团头鲂(*Megalobrama amblycephala*)、鮠(*Leiocassis longirostris*)等;两栖类 2 种,分别为无斑雨蛙和金线侧褶蛙;爬行类 8 种,包括蓝尾石龙子、无蹼壁虎、双斑锦蛇(*Elaphe bimaculata*)等;哺乳类 2 种,分别为麝鼹和中华鼢鼠;鸟类 2 种,分别为宝兴歌鸫和黄腹山雀。

表 2-3-3 森林生态类自然保护区中国特有野生脊椎动物种类

序号	中文名	学名	科名	属名
1	短吻间银鱼	*Hemisalanx brachyrostralis*	银鱼科	间银鱼属
2	团头鲂	*Megalobrama amblycephala*	鲤科	鲂属
3	须拟鱊	*Paracheilognathus shibatuea*	鲤科	副鱊属
4	巨口鱊	*Acheilognathus tabiro*	鲤科	鱊属
5	多鳞铲颌鱼	*Varicorhinus macolepis*	鲤科	白甲鱼属
6	大鳞副泥鳅	*Paramisgurnus dabryanus*	鳅科	副泥鳅属
7	鮠	*Leiocassis longirostris*	鮠科	鮠属
8	圆尾斗鱼	*Macropodus chinensis*	斗鱼科	斗鱼属
9	乌鳢	*Channa argus*	鳢科	鳢属
10	刺鳅	*Mastacembelus aculeatus*	刺鳅科	刺鳅属
11	金线侧褶蛙	*Pelophylax plancyi*	蛙科	侧褶蛙属
12	无斑雨蛙	*Hyla immaculata*	雨蛙科	雨蛙属
13	黄纹石龙子	*Eumeces capito*	石龙子科	石龙子属
14	蓝尾石龙子	*Eumeces elegans*	石龙子科	石龙子属
15	中国石龙子(*formosensis* 亚种)	*Eumeces chinensis formosensis*	石龙子科	石龙子属

续表

序号	中文名	学名	科名	属名
16	无蹼壁虎	*Gekko swinhonis*	壁虎科	壁虎属
17	北草蜥	*Takydromus septentrionalis*	蜥蜴科	草蜥属
18	团花锦蛇	*Elaphe davidi*	游蛇科	锦蛇属
19	双斑锦蛇	*Elaphe bimaculata*	游蛇科	锦蛇属
20	乌梢蛇	*Zaocys dhumnades*	游蛇科	乌梢蛇属
21	麝鼹	*Scaptochirus moschatus*	鼹科	麝鼹属
22	中华鼢鼠	*Myospalax fontanieri*	鼹形鼠科	凸颅鼠属
23	宝兴歌鸫	*Turdus mupinensis*	鸫科	鸫属
24	黄腹山雀	*Parus venustulus*	山雀科	山雀属

山东省森林生态类自然保护区中国特有野生脊椎动物分布范围为1～22个自然保护区。在中国特有野生脊椎动物中，以无蹼壁虎分布最为广泛，在22个自然保护区内有分布；麝鼹、北草蜥、黄腹山雀和金线侧褶蛙(*Rana plancyi*)分布范围均大于10个自然保护区，分布于11个、12个、14个和18个自然保护区；圆尾斗鱼(*Macropodus chinensis*)、黄纹石龙子、团花锦蛇等8个物种分布范围为4～9个自然保护区；巨口鱊(*Acheilognathus tabiro*)、无斑雨蛙、宝兴歌鸫等11个物种分布范围仅为1～3个自然保护区。部分中国特有野牛脊椎动物物种在森林生态类自然保护区内的分布情况如表2-3-1所示。

山东省森林生态类自然保护区中国特有野生脊椎动物丰富度为1～14种。青岛崂山省级自然保护区中国特有野生脊椎动物种类最为丰富，为14种；莱山围子山省级自然保护区、栖霞牙山省级自然保护区、栖霞崮山市级自然保护区3个自然保护区中国特有野生脊椎动物种类多于10种；青州仰天山省级自然保护区、柳埠市级自然保护区、大泽山省级自然保护区等12个自然保护区中国特有野生脊椎动物种类为5～10种；苍山县抱犊崮县级自然保护区、临沂大青山省级自然保护区、海阳招虎山省级自然保护区等10个自然保护区中国特有野生脊椎动物种类为1～4种；北大山森林县级自然保护区和峄山市级自然保护区等2个自然保护区未发现有中国特有野生脊椎动物分布。山东省森林生态类自然保护区中国特有野生脊椎动物物种丰富度如图2-3-3所示。

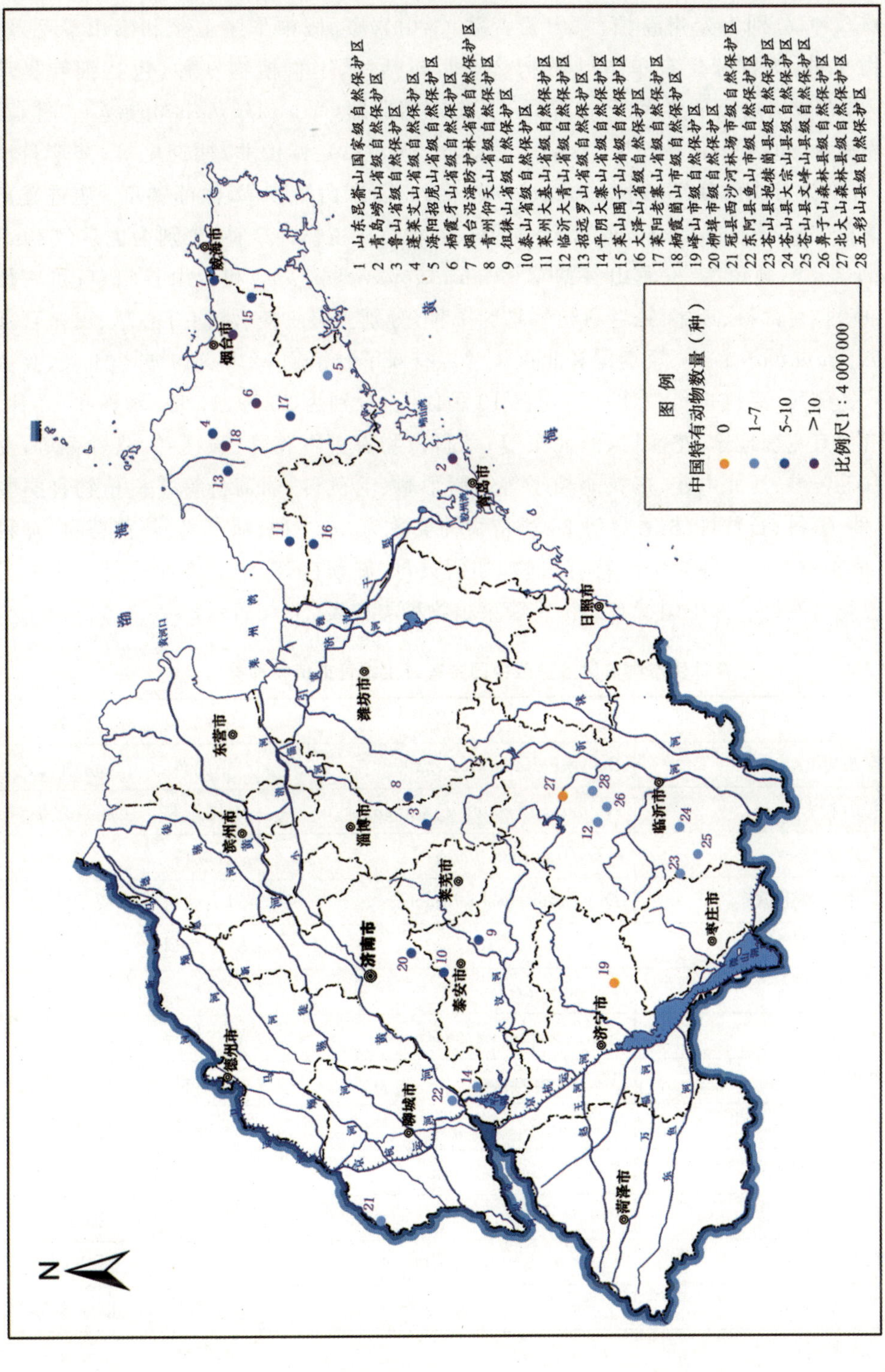

图2-3-3　山东省森林生态类自然保护区中国特有野生脊椎动物物种丰富度

审图号：鲁SG（2018）068号

2. 中国特有野生维管束植物

山东省森林生态类自然保护区分布有中国特有野生维管束植物67科147属236种。蕨类植物5种，分别为兖州卷柏、蒙山粉背蕨、泰山岩蕨、假中华鳞毛蕨和泰山鳞毛蕨。裸子植物1种，为油松。有单子叶植物29种，包括：禾本科植物9种，包括细叶臭草(*Melica radula*)、法氏早熟禾(*Poa faberi*)、山东剪股颖(*Agrostis shandongensis*)等；百合科植物6种，包括长花天门冬(*Asparagus longiflorus*)、泰山韭、矮鸢尾等；莎草科植物5种，分别为荣成藨草(*Scirpus rongchengensis*)、山东白鳞莎草、江苏薹草、唐进薹草和胶东薹草(*Carex jiaodongensis*)；天南星科、谷精草科植物各2种，分别为虎掌(*Pinellia pedatisecta*)、独角莲、玉龙山谷精草(*Eriocaulon rockianum*)和泰山谷精草；黑三棱科、灯心草科、百部科、鸢尾科、兰科植物均为1种，分别为黑三棱、洮南灯心草、山东百部(*Stemona shandongensis*)、矮鸢尾和北火烧兰。有双子叶植物52科119属201种，蔷薇科、菊科、杨柳科、豆科4科植物种类均在10种以上，分别为23种、17种14种和13种。蔷薇科植物有宽蕊地榆、花楸树、河北梨等；菊科植物有蒙古苍耳、腺梗豨莶、甘菊等；豆科植物有毛苦参、河北木蓝、多花胡枝子等。唇形科、毛茛科、葡萄科等9科植物种类数为5～9种；蓼科、石竹科、檀香科等20科植物种类数为2～4种；葫芦科、苦苣苔科、茄科等19科植物均仅有1种为中国特有植物，如假贝母、旋蒴苣苔、华北散血丹等。山东省森林生态类自然保护区中国特有野生维管束植物种类如表2-3-4所示。

表2-3-4　森林生态类自然保护区中国特有野生维管束植物种类

序号	中文名	学名	科名	属名
1	兖州卷柏	*Selaginella caulescens*	卷柏科	卷柏属
2	蒙山粉背蕨	*Aleuritopteris mengshanensis*	中国蕨科	粉背蕨属
3	泰山岩蕨	*Woodsia taishanensis*	岩蕨科	岩蕨属
4	假中华鳞毛蕨	*Dryopteris parachinensis*	鳞毛蕨科	鳞毛蕨属
5	泰山鳞毛蕨	*Dryopteris taishanensis*	鳞毛蕨科	鳞毛蕨属
6	油松	*Pinus tabuliformis*	松科	松属
7	黑三棱	*Sparganium stoloniferum*	黑三棱科	黑三棱属
8	细叶臭草	*Melica radula*	禾本科	臭草属
9	法氏早熟禾	*Poa faberi*	禾本科	早熟禾属
10	山东剪股颖	*Agrostis shandongensis*	禾本科	剪股颖属
11	獐毛	*Aeluropus sinensis*	禾本科	獐毛属
12	秋画眉草	*Eragrostis autumnalis*	禾本科	画眉草属
13	多叶隐子草	*Cleistogenes polyphylla*	禾本科	隐子草属
14	丛生隐子草	*Cleistogenes caespitosa*	禾本科	隐子草属

续表

序号	中文名	学名	科名	属名
15	中华隐子草	*Cleistogenes chinensis*	禾本科	隐子草属
16	金色狗尾草	*Setaria glauca*	禾本科	狗尾草属
17	荣成藨草	*Scirpus rongchengensis*	莎草科	藨草属
18	山东白鳞莎草	*Cyperus shandongense*	莎草科	莎草属
19	江苏薹草	*Carex kiangsuensis*	莎草科	薹草属
20	唐进薹草	*Carex tangiana*	莎草科	薹草属
21	胶东薹草	*Carex jiaodongensis*	莎草科	薹草属
22	虎掌	*Pinellia pedatisecta*	天南星科	半夏属
23	独角莲	*Typhonium giganteum*	天南星科	犁头尖属
24	玉龙山谷精草	*Eriocaulon rockianum*	谷精草科	谷精草属
25	泰山谷精草	*Eriocaulon taishanense*	谷精草科	谷精草属
26	洮南灯心草	*Juncus taonanensis*	灯心草科	灯心草属
27	山东百部	*Stemona shandongensis*	百部科	百部属
28	长花天门冬	*Asparagus longiflorus*	百合科	天门冬属
29	禾叶山麦冬	*Liriope graminifolia*	百合科	山麦冬属
30	热河黄精	*Polygonatum macropodium*	百合科	黄精属
31	矮齿韭	*Allium brevidentatum*	百合科	葱属
32	泰山韭	*Allium taishanense*	百合科	葱属
33	野百合	*Lilium brownii*	百合科	百合属
34	矮鸢尾	*Iris kobayashii*	鸢尾科	鸢尾属
35	北火烧兰	*Epipactis xanthophaea*	兰科	火烧兰属
36	丝穗金粟兰	*Chloranthus fortunei*	金粟兰科	金粟兰属
37	河北杨	*Populus hopeiensis*	杨柳科	杨属
38	毛白杨	*Populus tomentosa*	杨柳科	杨属
39	五莲杨	*Populus wulianensis*	杨柳科	杨属
40	响毛杨	*Populus pseudo-tomentosa*	杨柳科	杨属
41	小钻杨	*Populus xiaozhuanica*	杨柳科	杨属
42	旱柳	*Salix matsudana*	杨柳科	柳属
43	垂柳	*Salix babylonica*	杨柳科	柳属
44	簸箕柳	*Salix suchowensis*	杨柳科	柳属

续表

序号	中文名	学名	科名	属名
45	黄龙柳	*Salix liouana*	杨柳科	柳属
46	小叶山毛柳	*Salix pseudopermollis*	杨柳科	柳属
47	鲁中柳	*Salix luzhongensis*	杨柳科	柳属
48	泰山柳	*Salix taishanensis*	杨柳科	柳属
49	中国黄花柳	*Salix sinica*	杨柳科	柳属
50	山东柳	*Salix koreensis* var. *shandongensis*	杨柳科	柳属
51	胶东桦	*Betula jiaodongensis*	桦木科	桦木属
52	房山栎	*Quercus fangshanensis*	壳斗科	栎属
53	河北栎	*Quercus hopeiensis*	壳斗科	栎属
54	旱榆	*Ulmus glaucescens*	榆科	榆属
55	青檀	*Pteroceltis tatarinowii*	榆科	青檀属
56	华北百蕊草	*Thesium cathaicum*	檀香科	百蕊草属
57	长梗百蕊草	*Thesium chinense*. var. *longipedunculatum*	檀香科	百蕊草属
58	寻骨风	*Aristolochia mollissima*	马兜铃科	马兜铃属
59	愉悦蓼	*Polygonum jucundum*	蓼科	蓼属
60	木藤蓼	*Fallopia aubertii*	蓼科	何首乌属
61	细穗藜	*Chenopodium gracilispicum*	藜科	藜属
62	东亚市藜	*Chenopodium urbicum* subsp. *sinicum*	藜科	藜属
63	软毛虫实	*Corispermum puberulum*	藜科	虫实属
64	细苞虫实	*Corispermum stenolepis*	藜科	虫实属
65	烛台虫实	*Corispermum candelabrum*	藜科	虫实属
66	毛果虫实	*Corispermum chinganicum* var. *steilipile*	藜科	虫实属
67	泰山苋	*Amaranthus taishanensis*	苋科	苋属
68	中国繁缕	*Stellaria chinensis*	石竹科	繁缕属
69	鹤草	*Silene fortunei*	石竹科	蝇子草属
70	拟两色乌头	*Aconitum loczyonum*	毛茛科	乌头属
71	展毛乌头	*Aconitum carmichaeli* var. *truppellinum*	毛茛科	乌头属
72	烟台翠雀花	*Delphinium chefoense*	毛茛科	翠雀属
73	华北耧斗菜	*Aquilegia yabeana*	毛茛科	耧斗菜属

续表

序号	中文名	学名	科名	属名
74	长冬草	*Clematis haxapetala* var. *tchefoueusis*	毛茛科	铁线莲属
75	太行铁线莲	*Clematis kirilowii*	毛茛科	铁线莲属
76	毛果扬子铁线莲	*Clematis ganpiniana*	毛茛科	铁线莲属
77	狭裂太行铁线莲	*Clematis kirilowii* var. *chanetii*	毛茛科	铁线莲属
78	盾叶唐松草	*Thalictrum ichangense*	毛茛科	唐松草属
79	阜平黄堇	*Corydalis chanetii*	罂粟科	紫堇属
80	多花景天	*Sedum floriferum*	景天科	景天属
81	胶东景天	*Sedum jiaodongense*	景天科	景天属
82	火焰草	*Sedum stellariifolium*	景天科	景天属
83	塔花瓦松	*Orostachys chanetii*	景天科	瓦松属
84	山东瓦松	*Orostachys fimbriatus* var. *shandongensis*	景天科	瓦松属
85	大花瓦松	*Orostachys fimbriatus* var. *grandiflorus*	景天科	瓦松属
86	大花溲疏	*Deutzia grandiflora*	虎耳草科	溲疏属
87	华北绣线菊	*Spiraea fritschiana*	蔷薇科	绣线菊属
88	金州绣线菊	*Spiraea nishimurae*	蔷薇科	绣线菊属
89	疏毛绣线菊	*Spiraea hirsula*	蔷薇科	绣线菊属
90	中华绣线菊	*Spiraea chinensis*	蔷薇科	绣线菊属
91	华北绣线菊大叶变种	*Spiraea fritschiana* var. *angulata*	蔷薇科	绣线菊属
92	华北绣线菊小叶变种	*Spiraea fritschiana* var. *parvifolia*	蔷薇科	绣线菊属
93	刺毛白叶莓	*Rubus spinulosoides*	蔷薇科	悬钩子属
94	柔毛路边青	*Geum japonicum*	蔷薇科	路边青属
95	宽蕊地榆	*Sanguisorba applanata*	蔷薇科	地榆属
96	花楸树	*Sorbus pohuashanensis*	蔷薇科	花楸属
97	北京花楸	*Sorbus discolor*	蔷薇科	花楸属
98	湖北花楸	*Sorbus hupehensis*	蔷薇科	花楸属
99	泰山花楸	*Sorbus taishanensis*	蔷薇科	花楸属
100	河北梨	*Pyrus hopeiensis*	蔷薇科	梨属
101	褐梨	*Pyrus phaeocarpa*	蔷薇科	梨属
102	湖北海棠	*Malus hupehensis*	蔷薇科	苹果属

续表

序号	中文名	学名	科名	属名
103	楸子	*Malus prunifolia*	蔷薇科	苹果属
104	西北栒子	*Cotoneaster zabelii*	蔷薇科	栒子属
105	山东栒子	*Cotoneaster schantungensis*	蔷薇科	栒子属
106	山东山楂	*Crataegus shandongensis*	蔷薇科	山楂属
107	山桃	*Amygdalus davidiana*	蔷薇科	桃属
108	毛樱桃	*Cerasus tomentosa*	蔷薇科	樱属
109	欧李	*Cerasus humilis*	蔷薇科	樱属
110	野皂荚	*Gleditsia microphylla*	豆科	皂荚属
111	皂荚	*Gleditsia sinensis*	豆科	皂荚属
112	白刺花	*Sophora davidii*	豆科	槐属
113	毛苦参	*Sophora flavescens* var. *kronei*	豆科	槐属
114	河北木蓝	*Indigofera bungeana*	豆科	木蓝属
115	多花胡枝子	*Lespedeza floribunda*	豆科	胡枝子属
116	长叶胡枝子	*Lespedeza caraganae*	豆科	胡枝子属
117	锦鸡儿	*Caragana sinica*	豆科	锦鸡儿属
118	红花锦鸡儿	*Caragana rosea*	豆科	锦鸡儿属
119	毛掌叶锦鸡儿	*Caragana leveillei*	豆科	锦鸡儿属
120	鸡峰山黄芪	*Astragalus kifonsanicus*	豆科	黄芪属
121	确山野豌豆	*Vicia kioshanica*	豆科	野豌豆属
122	中华山黧豆	*Lathyrus dielsianus*	豆科	山黧豆属
123	地构叶	*Speranskia tuberculata*	大戟科	地构叶属
124	山麻杆	*Alchornea davidii*	大戟科	山麻杆属
125	花椒	*Zanthoxylum bungeanum*	芸香科	花椒属
126	野花椒	*Zanthoxylum simulans*	芸香科	花椒属
127	臭椿	*Ailanthus altissima*	苦木科	臭椿属
128	刺臭椿	*Ailanthus vilmoriniana*	苦木科	臭椿属
129	泰山盐肤木	*Rhus taishanensis*	漆树科	盐肤木属
130	元宝槭	*Acer truncatum*	槭树科	槭属
131	茶条槭	*Acer ginnala*	槭树科	槭属
132	青榨槭	*Acer davidii*	槭树科	槭属
133	长裂葛萝槭	*Acer grosseri*	槭树科	槭属

续表

序号	中文名	学名	科名	属名
134	栓翅卫矛	*Euonymus phellomanus*	卫矛科	卫矛属
135	胶州卫矛	*Euonymus kiautschovicus*	卫矛科	卫矛属
136	卵叶鼠李	*Rhamnus bungeana*	鼠李科	鼠李属
137	小叶鼠李	*Rhamnus parvifolia*	鼠李科	鼠李属
138	锐齿鼠李	*Rhamnus arguta*	鼠李科	鼠李属
139	圆叶鼠李	*Rhamnus globosa*	鼠李科	鼠李属
140	薄叶鼠李	*Rhamnus leptophylla*	鼠李科	鼠李属
141	毛冻绿	*Rhamnus utilis* var. *hypochrysa*	鼠李科	鼠李属
142	山葡萄	*Vitis amurensis*	葡萄科	葡萄属
143	蘡薁	*Vitis bryoniaefolia*	葡萄科	葡萄属
144	变叶葡萄	*Vitis piasezkii Maxim*	葡萄科	葡萄属
145	葎叶蛇葡萄	*Ampelopsis humulifolia*	葡萄科	蛇葡萄属
146	三裂叶蛇葡萄	*Ampelopsis delavayana*	葡萄科	蛇葡萄属
147	乌头叶蛇葡萄	*Ampelopsis aconitifolia*	葡萄科	蛇葡萄属
148	掌裂草葡萄	*Ampelopsis aconitifolia* var. *glabra*	葡萄科	蛇葡萄属
149	异叶爬山虎	*Parthenocissus dalzielii*	葡萄科	地锦属
150	大叶乌蔹莓	*Cayratia oligocarpa*	葡萄科	乌蔹莓属
151	泰山椴	*Tilia taishanensis*	椴树科	椴树属
152	胶东椴	*Tilia jiaodongensis*	椴树科	椴树属
153	小花扁担杆	*Grewia biloba*	椴树科	扁担杆属
154	柽柳	*Tamarix chinensis*	柽柳科	柽柳属
155	维西堇菜	*Viola monbeigii*	堇菜科	堇菜属
156	西山堇菜	*Viola hancockii*	堇菜科	堇菜属
157	蒙古堇菜	*Viola mongolica*	堇菜科	堇菜属
158	泰山堇菜	*Viola taishanensis*	堇菜科	堇菜属
159	中华秋海棠	*Begonia grandis* var. *sinensis*	秋海棠科	秋海棠属
160	黄毛楤木	*Aralia chinensis*	五加科	楤木属
161	北柴胡	*Bupleurum chinense*	伞形科	柴胡属
162	中华水芹	*Oenanthe sinensis*	伞形科	水芹属
163	辽藁本	*Ligusticum jeholens*	伞形科	藁本属

续表

序号	中文名	学名	科名	属名
164	铜山阿魏	*Ferula licentiana*	伞形科	阿魏属
165	泰山前胡	*Peucedanum wawrae*	伞形科	前胡属
166	前胡	*Peucedanum praeruptorm*	伞形科	前胡属
167	毛梾	*Cornus walteri*	山茱萸科	山茱萸属
168	鹿蹄草	*Pyrola calliantha*	鹿蹄草科	鹿蹄草属
169	轮叶过路黄	*Lysimachia klattiana*	报春花科	珍珠菜属
170	狭叶珍珠菜	*Lysimachia pentapetala*	报春花科	珍珠菜属
171	小叶珍珠菜	*Lysimachia parvifolia*	报春花科	珍珠菜属
172	烟台补血草	*Limonium franchetii*	白花丹科	补血草属
173	毛萼野茉莉	*Styrax japonicus* var. *calycothrix*	安息香科	安息香属
174	小叶梣	*Fraxinus bungeana*	木犀科	梣属
175	雪柳	*Fontanesia phillyreoides* subsp. *fortunei*	木犀科	雪柳属
176	连翘	*Forsythia suspensa*	木犀科	连翘属
177	秦连翘	*Forsythia giraldiana*	木犀科	连翘属
178	辽东水蜡树	*Ligustrum obtusifolium*	木犀科	女贞属
179	迎春花	*Jasminum nudiflorum*	木犀科	素馨属
180	杠柳	*Periploca sepium*	萝藦科	杠柳属
181	华北白前	*Cynanchum mongolicum*	萝藦科	鹅绒藤属
182	变色白前	*Cynanchum versicolor*	萝藦科	鹅绒藤属
183	毛鸡矢藤	*Paederia scandens*	茜草科	鸡矢藤属
184	山东茜草	*Rubia truppeliana*	茜草科	茜草属
185	山东丰花草	*Borreria shandongensis*	茜草科	丰花草属
186	斑种草	*Bothriospermum chinense*	紫草科	斑种草属
187	多苞斑种草	*Bothriospermum secundum*	紫草科	斑种草属
188	蒙山附地菜	*Trigonotis tenera*	紫草科	附地菜属
189	钝萼附地菜	*Trigonotis peduncularis* var. *amblyosepala*	紫草科	附地菜属
190	老鸦糊	*Callicarpa giraldii*	马鞭草科	紫珠属
191	筋骨草	*Ajuga ciliata*	唇形科	筋骨草属
192	线叶筋骨草	*Ajuga linearifolia*	唇形科	筋骨草属
193	大叶黄芩	*Scutellaria megaphylla*	唇形科	黄芩属

续表

序号	中文名	学名	科名	属名
194	粘毛黄芩	*Scutellaria viscidula*	唇形科	黄芩属
195	喜荫黄芩	*Scutellaria sciaphila*	唇形科	黄芩属
196	糙苏	*Phlomis umbrosa*	唇形科	糙苏属
197	辽宁香茶菜	*Rabdosia websteri*	唇形科	香茶菜属
198	錾菜	*Leonurus pseudomacranthus*	唇形科	益母草属
199	单叶丹参(变种)	*Salvia miltiorrhiza* Bunge	唇形科	鼠尾草属
200	华北散血丹	*Physaliastrum sinicum*	茄科	散血丹属
201	楸叶泡桐	*Paulownia catalpifolia*	玄参科	泡桐属
202	地黄	*Rehmannia glutinosa*	玄参科	地黄属
203	泰山母草	*Lindernia taishanensis*	玄参科	母草属
204	灰楸	*Catalpa fargesii*	紫葳科	梓属
205	角蒿	*Incarvillea sinensis*	紫葳科	角蒿属
206	中华列当	*Orobanche mongolica*	列当科	列当属
207	旋蒴苣苔	*Boea hygrometrica*	苦苣苔科	旋蒴苣苔属
208	接骨木	*Sambucus williamsii*	忍冬科	接骨木属
209	陕西荚蒾	*Viburnum schensianum*	忍冬科	荚蒾属
210	华北忍冬	*Lonicera tatarinowii*	忍冬科	忍冬属
211	郁香忍冬	*Lonicera fragrantissima*	忍冬科	忍冬属
212	岩败酱	*Patrinia rupestris*	败酱科	败酱属
213	少蕊败酱	*Patrinia monandra*	败酱科	败酱属
214	墓头回	*Patrinia heterophylla*	败酱科	败酱属
215	窄叶败酱	*Patrinia heterophylla*	败酱科	败酱属
216	糙叶败酱	*Patrinia scabra*	败酱科	败酱属
217	假贝母	*Bolbostemma paniculatum*	葫芦科	假贝母属
218	细叶沙参	*Adenophora capillaria* subsp. *paniculata*	桔梗科	沙参属
219	荠苨	*Adenophora trachelioides*	桔梗科	沙参属
220	山马兰	*Kalimeris lautureana*	菊科	马兰属
221	蒙古马兰	*Kalimeris mongolica*	菊科	马兰属
222	碱菀	*Tripolium vulgare*	菊科	碱菀属
223	蒙古苍耳	*Xanthium mongolicum*	菊科	苍耳属

续表

序号	中文名	学名	科名	属名
224	腺梗豨莶	*Siegesbeckia pubescens*	菊科	豨莶属
225	甘菊	*Dendranthema lavandulifolium*	菊科	菊属
226	委陵菊	*Chrysanthemum potentilloides*	菊科	茼蒿属
227	歧茎蒿	*Artemisia igniaria*	菊科	蒿属
228	圆叶南牡蒿	*Artemisia eriopoda* var. *rotundifolia*	菊科	蒿属
229	华东蓝刺头	*Echinops grijsii*	菊科	蓝刺头属
230	刺疙瘩	*Olgaea tangutica*	菊科	蝟菊属
231	绿蓟	*Cirsium chinense*	菊科	蓟属
232	篦苞风毛菊	*Saussurea pectinata*	菊科	风毛菊属
233	纤细风毛菊	*Saussurea graciliformis*	菊科	风毛菊属
234	桃叶鸦葱	*Scorzonera sinensis*	菊科	鸦葱属
235	并齿小苦荬	*Ixeridium biparum*	菊科	小苦荬属
236	一枝黄花	*Solidago decurrens*	菊科	一枝黄花属

中国特有野生维管束植物分布范围为1～28个自然保护区。旱柳(*Salix matsudana*)、山葡萄(*Vitis amurensis*)、毛株(*Cornus walteri*)等22种中国特有野生维管束植物分布较为广泛,其分布范围为20～28个自然保护区;宽蕊地榆、野皂荚(*Gleditsia microphylla*)、山马兰(*Kalimeris lautureana*)等60种中国特有野生维管束植物分布范围为10～19个自然保护区;太行铁线莲(*Clematis kirilowii*)、多花景天(*Sedum floriferum*)、疏毛绣线菊(*Spiraea hirsula*)等59种中国特有野生维管束植物分布范围为4～9个自然保护区;房山栎(*Quercus fangshanensis*)、拟两色乌头(*Aconitum loczyonum*)、毛果扬子铁线莲(*Clematis ganpiniana*)等94种中国特有野生维管束植物分布范围局限在1～3个自然保护区。部分中国特有野生维管束植物物种在森林生态类自然保护区的分布情况如表2-3-2所示。

森林生态类自然保护区中国特有野生维管束植物丰富度分布不均一。泰山省级自然保护区中国特有野生维管束植物种类最多,为148种;山东昆嵛山国家级自然保护区和徂徕山省级自然保护区2个自然保护区中国特有野生维管束植物种类分别为102种和116种;招远罗山省级自然保护区、莱山围子山省级自然保护区、蓬莱艾山省级自然保护区等19个自然保护区中国特有野生维管束植物丰富度为50～100种;冠县西沙河林场市级自然保护区、峄山市级自然保护区、临沂大青山省级自然保护区等6个自然保护区中国特有野生维管束植物种类较少,均在50种以下。山东省森林生态类自然保护区中国特有野生维管束植物物种丰富度状况如图2-3-4所示。

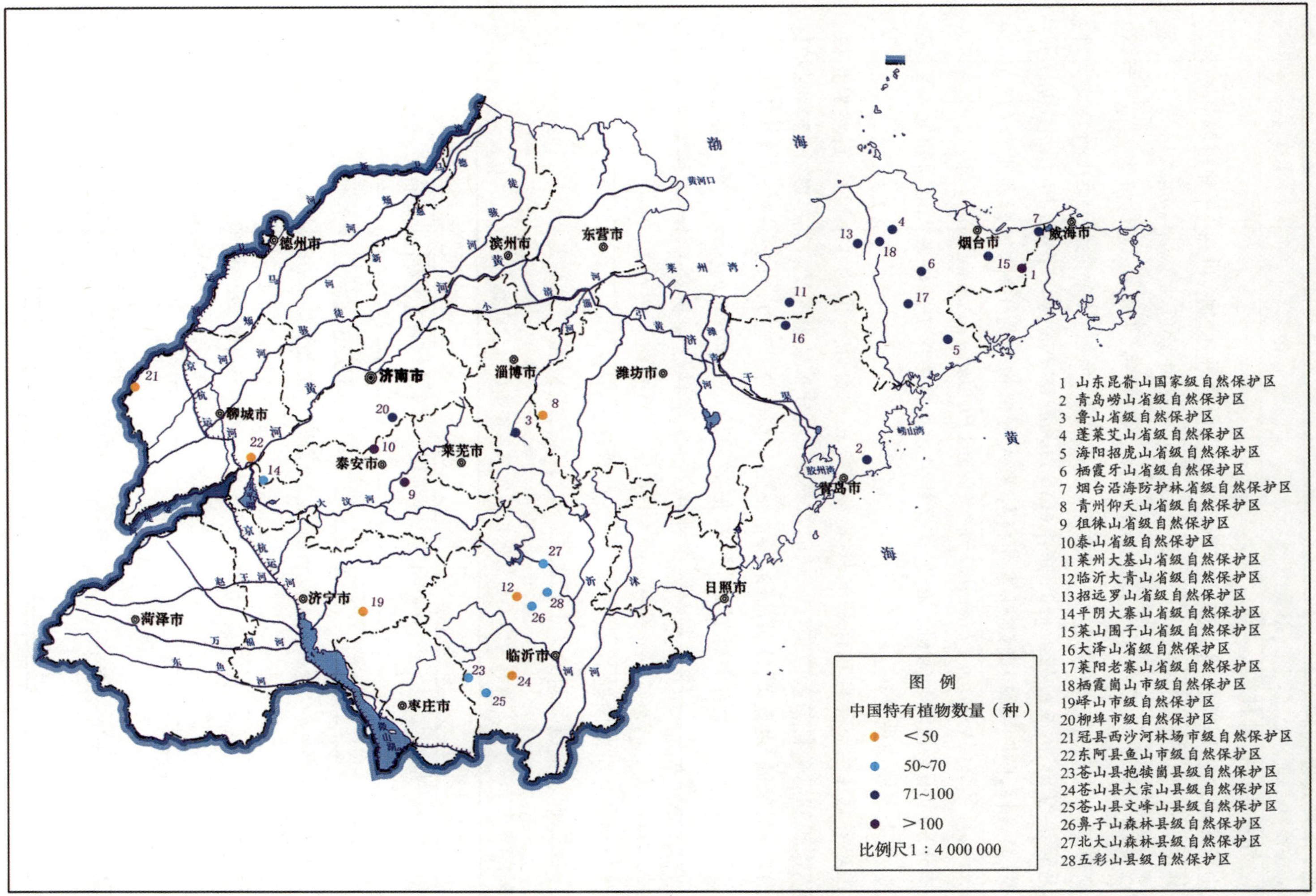

审图号：鲁SG（2018）068号

图2-3-4　山东省森林生态类自然保护区中国特有野生维管束植物物种丰富度

四、外来入侵物种

1. 外来入侵物种种类

山东省森林生态类自然保护区分布有外来入侵物种 41 种，包括 39 种植物和 2 种动物。外来入侵植物以菊科植物为主，共 13 种，包括钻叶紫菀（*Aster subulatus*）、一年蓬（*Erigeron annuus*）、小蓬草（*Conyza canadensis*）等；豆科、禾本科、苋科植物各有 4 种，包括红车轴草（*Trifolium pratense*）、大米草、反枝苋等；茄科、十字花科、旋花科均为 2 种，包括毛酸浆（*Physalis pubescens*）、臭荠（*Coronopus didymus*）、牵牛（*Pharbitis hederacea*）等；锦葵科、柳叶菜科、商陆科等 8 科外来入侵植物均为 1 种，如野西瓜苗（*Hibiscus trionum*）、月见草（*Oenothera biennis*）、垂序商陆（*Phylolacca americana*）等。2 种外来入侵动物分别为褐家鼠和小家鼠。山东省森林生态类自然保护区外来入侵物种见表 2-3-5。

2. 外来入侵物种分布

山东省森林生态类自然保护区外来入侵物种的分布范围为 1～14 个自然保护区。外来入侵植物以菊科的苦苣菜（*Sonchus oleraceus*）分布最为广泛，已在 14 个自然保护区广泛分布；褐家鼠、麦蓝菜（*Vaccaria segetalis*）、裂叶牵牛（*Pharbitis nil*）等 10 种外来入侵物种见于 10～11 个自然保护区；阿拉伯婆婆纳（*Veronica persica*）、香丝草（*Conyza bonariensis*）、臭荠等 14 种外来入侵物种在 5～9 个自然保护区有分布；加拿大早熟禾（*Poa compressa*）、北美苋（*Amaranthus blitoides*）、白花草木犀（*Melilotus alba*）等 16 种外来入侵物种分布范围较小，仅在 1～4 个自然保护区有分布。森林生态类自然保护区外来入侵物种分布情况如表 2-3-5 所示。

表 2-3-5 森林生态类自然保护区外来入侵物种及分布状况

序号	中文名	学名	科名	属名	分布的自然保护区
1	长叶车前	*Plantago lanceolata*	车前科	车前属	青岛崂山省级自然保护区、鲁山省级自然保护区、栖霞崮山市级自然保护区、栖霞牙山省级自然保护区、海阳招虎山省级自然保护区、蓬莱艾山省级自然保护区、山东昆嵛山国家级自然保护区、莱山围子山省级自然保护区、招远罗山省级自然保护区、峄山市级自然保护区
2	大麻	*Cannabis sativa*	大麻科	大麻属	青岛崂山省级自然保护区、烟台沿海防护林省级自然保护区、徂徕山省级自然保护区、泰山省级自然保护区、青州仰天山省级自然保护区

续表

序号	中文名	学名	科名	属名	有分布的自然保护区
3	白车轴草	*Trifolium repens*	豆科	车轴草属	青岛崂山省级自然保护区、鲁山省级自然保护区、海阳招虎山省级自然保护区、徂徕山省级自然保护区、泰山省级自然保护区
4	白花草木犀	*Melilotus alba*	豆科	草木犀属	烟台沿海防护林省级自然保护区、徂徕山省级自然保护区、泰山省级自然保护区
5	红车轴草	*Trifolium pratense*	豆科	车轴草属	烟台沿海防护林省级自然保护区、海阳招虎山省级自然保护区、徂徕山省级自然保护区、泰山省级自然保护区
6	南苜蓿	*Medicago polymorpha*	豆科	苜蓿属	徂徕山省级自然保护区、泰山省级自然保护区
7	大米草	*Spartina anglica*	禾本科	米草属	青岛崂山省级自然保护区、莱山围子山省级自然保护区
8	毒麦	*Lonium temulentum*	禾本科	黑麦草属	莱山围子山省级自然保护区
9	加拿大早熟禾	*Poa compressa*	禾本科	早熟禾属	青岛崂山省级自然保护区、鲁山省级自然保护区、蓬莱艾山省级自然保护区
10	梯牧草	*Phleum pratense*	禾本科	梯牧草属	青岛崂山省级自然保护区
11	野西瓜苗	*Hibiscus trionum*	锦葵科	木槿属	青岛崂山省级自然保护区、鲁山省级自然保护区、栖霞崮山市级自然保护区、栖霞牙山省级自然保护区、蓬莱艾山省级自然保护区、徂徕山省级自然保护区、泰山省级自然保护区、青州仰天山省级自然保护区
12	大花金鸡菊	*Coreopsis grandiflora*	菊科	金鸡菊属	青岛崂山省级自然保护区、鲁山省级自然保护区、栖霞崮山市级自然保护区、栖霞牙山省级自然保护区、山东昆嵛山国家级自然保护区、泰山省级自然保护区
13	大狼杷草	*Bidens frondosa*	菊科	鬼针草属	青岛崂山省级自然保护区、鲁山省级自然保护区、海阳招虎山省级自然保护区、莱山围子山省级自然保护区

续表

序号	中文名	学名	科名	属名	分布的自然保护区
14	花叶滇苦菜	*Sonchus asper*	菊科	苦苣菜属	青岛崂山省级自然保护区、鲁山省级自然保护区、栖霞崮山市级自然保护区、栖霞牙山省级自然保护区、海阳招虎山省级自然保护区、蓬莱艾山省级自然保护区、山东昆嵛山国家级自然保护区、徂徕山省级自然保护区、泰山省级自然保护区
15	剑叶金鸡菊	*Coreopsis lanceolata*	菊科	金鸡菊属	青岛崂山省级自然保护区、烟台沿海防护林省级自然保护区
16	菊芋	*Helianthus tuberosus*	菊科	向日葵属	青岛崂山省级自然保护区、鲁山省级自然保护区、烟台沿海防护林省级自然保护区、泰山省级自然保护区、峄山市级自然保护区
17	苦苣菜	*Sonchus oleraceus*	菊科	苦苣菜属	青岛崂山省级自然保护区、鲁山省级自然保护区、栖霞崮山市级自然保护区、栖霞牙山省级自然保护区、烟台沿海防护林省级自然保护区、海阳招虎山省级自然保护区、蓬莱艾山省级自然保护区、山东昆嵛山国家级自然保护区、莱山围子山省级自然保护区、徂徕山省级自然保护区、泰山省级自然保护区、临沂大青山省级自然保护区、东阿县鱼山市级自然保护区、高唐县清平林场市级自然保护区
18	牛膝菊	*Galinsoga parviflora*	菊科	牛膝菊属	青岛崂山省级自然保护区、鲁山省级自然保护区、栖霞崮山市级自然保护区、栖霞牙山省级自然保护区、海阳招虎山省级自然保护区、蓬莱艾山省级自然保护区、山东昆嵛山国家级自然保护区、莱山围子山省级自然保护区、招远罗山省级自然保护区、徂徕山省级自然保护区、泰山省级自然保护区
19	欧洲千里光	*Senecio vulgaris*	菊科	千里光属	青岛崂山省级自然保护区
20	豚草	*Ambrosia artemisiifolia*	菊科	豚草属	青岛崂山省级自然保护区、海阳招虎山省级自然保护区、招远罗山省级自然保护区

续表

序号	中文名	学名	科名	属名	分布的自然保护区
21	香丝草	*Conyza bonariensis*	菊科	白酒草属	青岛崂山省级自然保护区、栖霞崮山市级自然保护区、栖霞牙山省级自然保护区、蓬莱艾山省级自然保护区、山东昆嵛山国家级自然保护区、莱山围子山省级自然保护区、泰山省级自然保护区
22	小蓬草	*Conyza canadensis*	菊科	白酒草属	青岛崂山省级自然保护区、鲁山省级自然保护区、栖霞崮山市级自然保护区、栖霞牙山省级自然保护区、海阳招虎山省级自然保护区、蓬莱艾山省级自然保护区、山东昆嵛山国家级自然保护区、莱山围子山省级自然保护区、泰山省级自然保护区
23	一年蓬	*Erigeron annuus*	菊科	飞蓬属	青岛崂山省级自然保护区、鲁山省级自然保护区、栖霞崮山市级自然保护区、栖霞牙山省级自然保护区、海阳招虎山省级自然保护区、蓬莱艾山省级自然保护区、山东昆嵛山国家级自然保护区、莱山围子山省级自然保护区
24	钻叶紫菀	*Aster subulatus*	菊科	紫菀属	青岛崂山省级自然保护区、栖霞崮山市级自然保护区、栖霞牙山省级自然保护区、海阳招虎山省级自然保护区、山东昆嵛山国家级自然保护区、徂徕山省级自然保护区
25	土荆芥	*Chenopodium ambrosioides*	藜科	黎属	青岛崂山省级自然保护区
26	月见草	*Oenothera biennis*	柳叶菜科	月见草属	青岛崂山省级自然保护区、鲁山省级自然保护区、栖霞崮山市级自然保护区、栖霞牙山省级自然保护区、烟台沿海防护林省级自然保护区、海阳招虎山省级自然保护区、蓬莱艾山省级自然保护区、山东昆嵛山国家级自然保护区、徂徕山省级自然保护区、泰山省级自然保护区
27	毛酸浆	*Physalis pubescens*	茄科	酸浆属	莱山围子山省级自然保护区、徂徕山省级自然保护区、泰山省级自然保护区

续表

序号	中文名	学名	科名	属名	分布的自然保护区
28	洋金花	*Datura metel*	茄科	曼陀罗属	鲁山省级自然保护区、栖霞崮山市级自然保护区、栖霞牙山省级自然保护区、蓬莱艾山省级自然保护区、山东昆嵛山国家级自然保护区、莱山围子山省级自然保护区、徂徕山省级自然保护区、泰山省级自然保护区
29	垂序商陆	*Phylolacca americana*	商陆科	商陆属	青岛崂山省级自然保护区、鲁山省级自然保护区、徂徕山省级自然保护区、临沂大青山省级自然保护区
30	北美独行菜	*Lepidium virginicum*	十字花科	独行菜属	青岛崂山省级自然保护区、鲁山省级自然保护区、栖霞崮山市级自然保护区、栖霞牙山省级自然保护区、烟台沿海防护林省级自然保护区、蓬莱艾山省级自然保护区、山东昆嵛山国家级自然保护区、徂徕山省级自然保护区、泰山省级自然保护区、青州仰天山省级自然保护区
31	臭荠	*Coronopus didymus*	十字花科	臭荠属	青岛崂山省级自然保护区、栖霞崮山市级自然保护区、栖霞牙山省级自然保护区、烟台沿海防护林省级自然保护区、蓬莱艾山省级自然保护区、山东昆嵛山国家级自然保护区、徂徕山省级自然保护区、泰山省级自然保护区
32	麦蓝菜	*Vaccaria segetalis*	石竹科	麦蓝菜属	青岛崂山省级自然保护区、鲁山省级自然保护区、栖霞崮山市级自然保护区、栖霞牙山省级自然保护区、蓬莱艾山省级自然保护区、山东昆嵛山国家级自然保护区、莱山围子山省级自然保护区、徂徕山省级自然保护区、泰山省级自然保护区、临沂大青山省级自然保护区、青州仰天山省级自然保护区
33	北美苋	*Amaranthus blitoides*	苋科	苋属	青岛崂山省级自然保护区、徂徕山省级自然保护区、泰山省级自然保护区
34	刺苋	*Amaranthus spinosus*	苋科	苋属	青岛崂山省级自然保护区、蓬莱艾山省级自然保护区、徂徕山省级自然保护区、泰山省级自然保护区

续表

序号	中文名	学名	科名	属名	分布的自然保护区
35	反枝苋	*Amaranthus retroflexus*	苋科	苋属	青岛崂山省级自然保护区、鲁山省级自然保护区、栖霞崮山市级自然保护区、栖霞牙山省级自然保护区、蓬莱艾山省级自然保护区、山东昆嵛山国家级自然保护区、徂徕山省级自然保护区、泰山省级自然保护区、临沂大青山省级自然保护区、青州仰天山省级自然保护区
36	皱果苋	*Amaranthus viridis*	苋科	苋属	青岛崂山省级自然保护区、鲁山省级自然保护区、栖霞崮山市级自然保护区、栖霞牙山省级自然保护区、海阳招虎山省级自然保护区、蓬莱艾山省级自然保护区、山东昆嵛山国家级自然保护区、徂徕山省级自然保护区、泰山省级自然保护区
37	阿拉伯婆婆纳	*Veronica persica*	玄参科	婆婆纳属	青岛崂山省级自然保护区、鲁山省级自然保护区、栖霞崮山市级自然保护区、栖霞牙山省级自然保护区、山东昆嵛山国家级自然保护区、徂徕山省级自然保护区、泰山省级自然保护区
38	裂叶牵牛	*Pharbitis nil*	旋花科	牵牛属	青岛崂山省级自然保护区、鲁山省级自然保护区、栖霞崮山市级自然保护区、栖霞牙山省级自然保护区、蓬莱艾山省级自然保护区、山东昆嵛山国家级自然保护区、招远罗山省级自然保护区、徂徕山省级自然保护区、泰山省级自然保护区、青州仰天山省级自然保护区、峄山市级自然保护区
39	牵牛	*Pharbitis hederacea*	旋花科	牵牛属	青岛崂山省级自然保护区、鲁山省级自然保护区、栖霞崮山市级自然保护区、栖霞牙山省级自然保护区、山东昆嵛山国家级自然保护区、莱山围子山省级自然保护区、招远罗山省级自然保护区、徂徕山省级自然保护区、泰山省级自然保护区、苍山县大宗山县级自然保护区、临沂大青山省级自然保护区、冠县西沙河林场市级自然保护区

续表

序号	中文名	学名	科名	属名	分布的自然保护区
40	褐家鼠	*Rattus novegicus*	鼠科	家鼠属	栖霞崮山市级自然保护区、栖霞牙山省级自然保护区、蓬莱艾山省级自然保护区、山东昆嵛山国家级自然保护区、莱山围子山省级自然保护区、招远罗山省级自然保护区、徂徕山省级自然保护区、泰山省级自然保护区、临沂大青山省级自然保护区、青州仰天山省级自然保护区
41	小家鼠	*Mus musculus*	鼠科	家鼠属	栖霞崮山市级自然保护区、栖霞牙山省级自然保护区、海阳招虎山省级自然保护区、蓬莱艾山省级自然保护区、山东昆嵛山国家级自然保护区、莱山围子山省级自然保护区、招远罗山省级自然保护区、徂徕山省级自然保护区、泰山省级自然保护区、苍山县大宗山县级自然保护区、青州仰天山省级自然保护区

自然保护区外来入侵物种入侵现状调查表明：外来入侵物种在森林生态类自然保护区的生存现状多为不常见种，种群数量极少或很少；部分物种较为常见，种群数量较多，但尚未达到对其他物种构成严重威胁的程度。

3. 外来入侵物种分布广度

外来入侵物种在自然保护区分布广度差别较大。青岛崂山省级自然保护区外来入侵物种最多，有 33 种；栖霞牙山省级自然保护区、徂徕山省级自然保护区、泰山省级自然保护区等 6 个自然保护区外来入侵物种有 21～30 种；海阳招虎山省级自然保护区和莱山围子山省级自然保护区等 3 个自然保护区外来入侵物种有 11～20 种；峄山市级自然保护区、临沂大青山省级自然保护区、招远罗山省级自然保护区等 9 个自然保护区外来入侵物种为 1～10 种；鼻子山森林县级自然保护区、柳埠市级自然保护区、平阴大寨山省级自然保护区等 9 个自然保护区内无外来入侵物种分布。山东省森林生态类自然保护区外来入侵物种丰富度状况如图 2-3-5 所示。

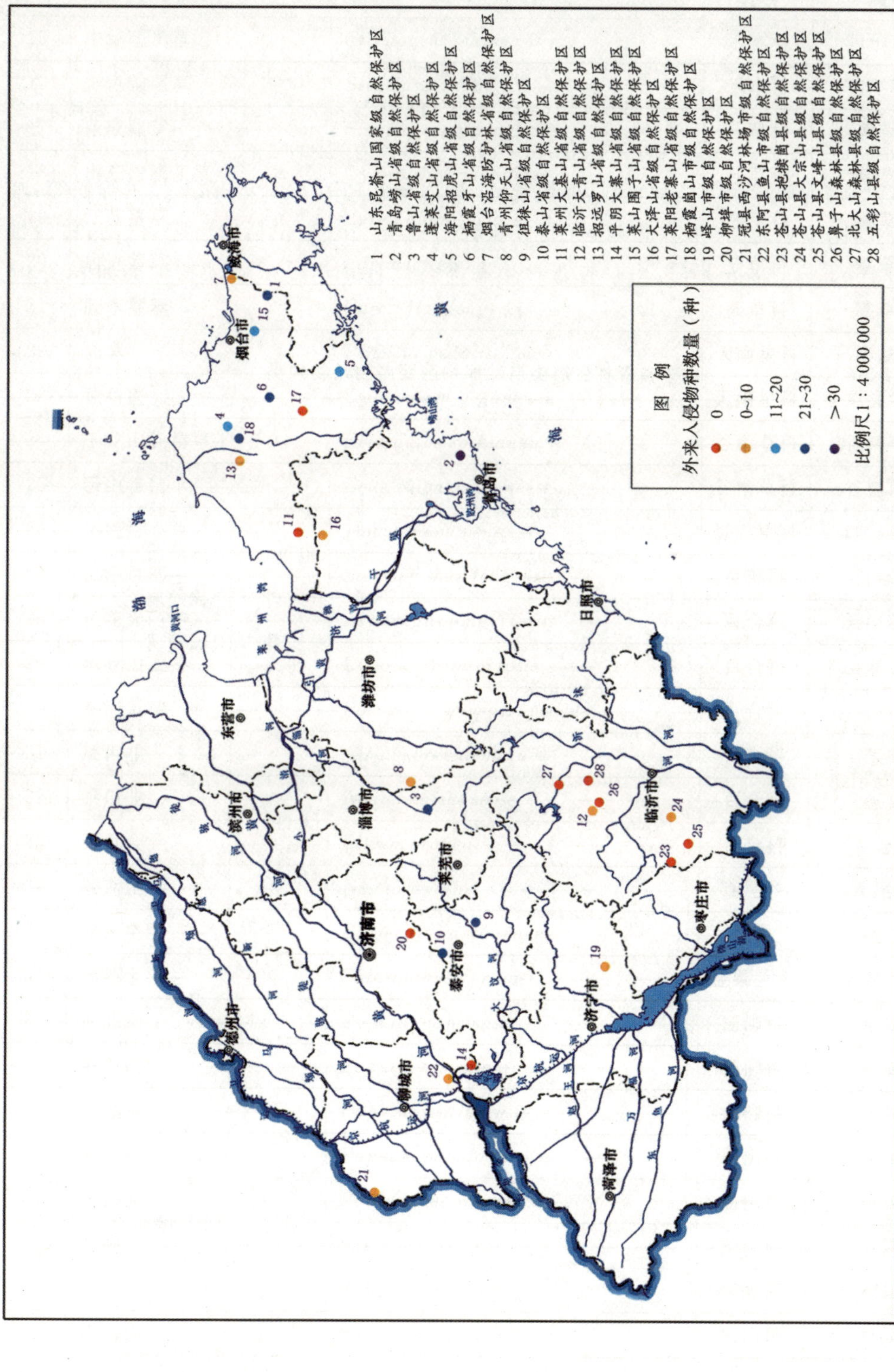

图2-3-5　山东省森林生态类自然保护区外来人侵物种丰富度

审图号：鲁SG（2018）068号

五、受威胁物种

1. 受威胁动物

山东省森林生态类自然保护区分布有受威胁动物 31 种，包括极危 2 种，为青头潜鸭和白鹤；濒危 10 种，包括黑脸琵鹭、中华秋沙鸭、猎隼等；易危 19 种，包括貉、黄嘴白鹭(*Egretta eulophotes*)、小绒鸭(*Polysticta stelleri*)等。在 31 种受威胁动物中，鱼类 1 种，即多鳞铲颌鱼；爬行动物 7 种，包括棕黑锦蛇、黑眉锦蛇(*Elaphe taeniura*)、王锦蛇等；哺乳动物 3 种，分别为貉、猪獾和豹猫(北方亚种)；鸟类 20 种，包括白肩雕、白鹤、林沙锥(*Gallinago nemoricola*)等。山东省森林生态类自然保护区受威胁动物种类如表 2-3-6 所示。

表 2-3-6　　山东省森林生态类自然保护区受威胁动物种类

序号	中文名	学名	科名	属名	受威胁程度
1	多鳞铲颌鱼	*Varicorhinus macolepis*	鲤科	白甲鱼属	EN
2	鳖(中华鳖)	*Trionyx sinensis*	鳖科	鳖属	VU
3	乌龟	*Chinemys reevesii*	龟科	乌龟属	EN
4	团花锦蛇	*Elaphe davidi*	游蛇科	锦蛇属	VU
5	棕黑锦蛇	*Elaphe schrenckii*	游蛇科	锦蛇属	VU
6	黑眉锦蛇	*Elaphe taeniura*	游蛇科	锦蛇属	VU
7	王锦蛇	*Elaphe carinata*	游蛇科	锦蛇属	VU
8	乌梢蛇	*Zaocys dhumnades*	游蛇科	乌梢蛇属	VU
9	貉	*Nyctereutes procyonoides*	犬科	貉属	VU
10	猪獾	*Arctonyx collaris*	鼬科	猪獾属	VU
11	豹猫(北方亚种)	*Prionailurus bengalensis euptilurua*	猫科	豹猫属	VU
12	短尾信天翁	*Phoebastria albatrus*	信天翁科	信天翁属	VU
13	黄嘴白鹭	*Egretta eulophotes*	鹭科	白鹭属	VU
14	东方白鹳	*Ciconia boyciana*	鹳科	鹳属	EN
15	黑脸琵鹭	*Platalea minor*	鹮科	琵鹭属	EN
16	鸿雁	*Anser cygnoides*	鸭科	雁属	VU
17	青头潜鸭	*Aythya baeri*	鸭科	潜鸭属	CR
18	小绒鸭	*Polysticta stelleri*	鸭科	小绒鸭属	VU

续表

序号	中文名	学名	科名	属名	受威胁程度
19	中华秋沙鸭	*Mergus squamatus*	鸭科	秋沙鸭属	EN
20	长尾鸭	*Clangula hyemalis*	鸭科	长尾鸭属	VU
21	白肩雕	*Aquila heliaca*	鹰科	雕属	VU
22	乌雕	*Clanga clanga*	鹰科	乌雕属	VU
23	猎隼	*Falco cherrug*	隼科	隼属	EN
24	丹顶鹤	*Grus japonensis*	鹤科	鹤属	EN
25	白枕鹤	*Grus vipio*	鹤科	鹤属	VU
26	白鹤	*Grus leucogeranus*	鹤科	鹤属	CR
27	花田鸡	*Coturnicops exquisitus*	秧鸡科	田鸡属	VU
28	林沙锥	*Gallinago nemoricola*	鹬科	沙锥属	VU
29	黄胸鹀(指名亚种)	*Emberiza aureola aureola*	鹀科	鹀属	EN
30	黄胸鹀(*ornate* 亚种)	*Emberiza aureola ornate*	鹀科	鹀属	EN
31	黄喉鹀(*ticehursti* 亚种)	*Emberiza elegans ticehursti*	鹀科	鹀属	EN

注:“CR”“EN”“VU”指在 IUCN 物种名录中的“极危”“濒危”“易危”三种物种濒危等级。

山东省森林生态类自然保护区受威胁动物分布于 1～16 个自然保护区。棕黑锦蛇分布范围最广,分布在 16 个自然保护区;黄嘴白鹭、黄喉鹀(*ticehursti* 亚种)(*Emberiza elegans ticehursti*)、鸿雁等 9 个物种分布于 10～15 个自然保护区;黄胸鹀(*ornate* 亚种)(*Emberiza aureola ornate*)、团花锦蛇、丹顶鹤等 6 个物种分布在 4～9 个自然保护区;长尾鸭、白枕鹤(*Grus vipio*)、王锦蛇等 15 个物种分布范围较为狭窄,均仅分布于 1～3 个自然保护区。森林生态类自然保护区受威胁动物物种分布情况如表 2-3-1 所示。

山东省森林生态类自然保护区受威胁动物丰富度差异较大。青岛崂山省级自然保护区受威胁动物种类最丰富,为 24 种;栖霞牙山省级自然保护区、山东昆嵛山国家级自然保护区、大泽山省级自然保护区等 8 个自然保护区内受威胁动物种类数为 11～20 种;海阳招虎山省级自然保护区、莱山围子山省级自然保护区、鲁山省级自然保护区等 5 个自然保护区受威胁动物种类数为 6～10 种;东阿县鱼山市级自然保护区、鼻子山森林县级自然保护区、临沂大青山省级自然保护区等 11 个自然保护区受威胁动物种类较少,为 1～5 种,五彩山县级自然保护区、北大山森林县级自然保护区和峄山市级自然保护区等 3 个自然保护区无受威胁动物分布。山东省森林生态类自然保护区受威胁野生脊椎动物物种丰富度状况如图 2-3-6 所示。

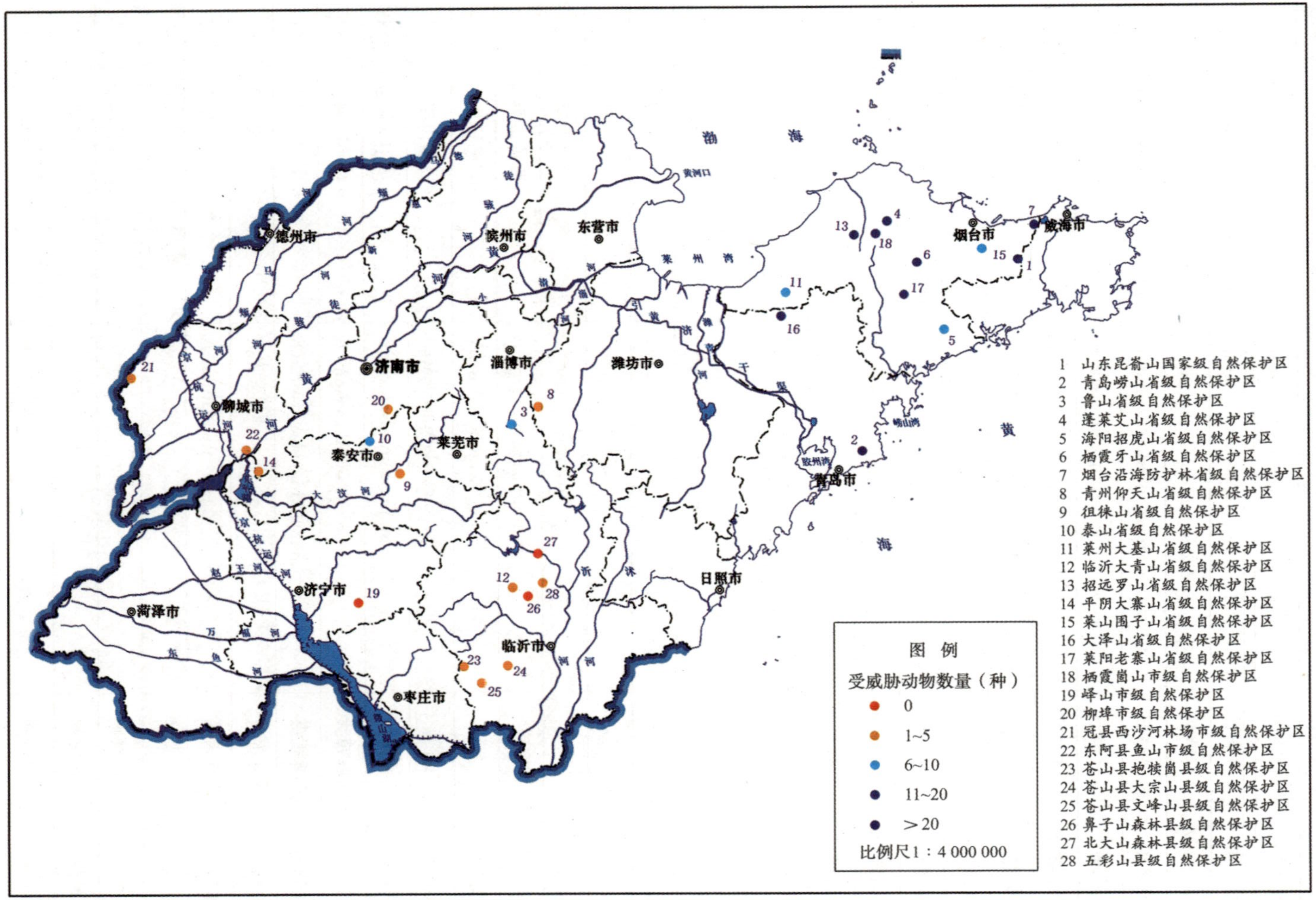

审图号：鲁SG（2018）068号

图2-3-6 山东省森林生态类自然保护区受威胁野生脊椎动物物种丰富度

2. 受威胁植物

山东省森林生态类自然保护区分布有受威胁植物 9 种，包括极危 1 种，为矮鸢尾；易危 8 种，包括天麻、玫瑰（*Rosa rugosa*）、黄芪（*Astragalus membranaceu*）等。山东省森林生态类自然保护区受威胁植物种类如表 2-3-7 所示。

山东省森林生态类自然保护区受威胁植物分布范围为 1～14 个自然保护区。玫瑰和黄芪分布范围较广，分布在 14 个自然保护区；水曲柳（*Fraxinus mandshurica*）、黄檗（*Phellodendron amurense*）和泰山韭分布范围为 5～10 个自然保护区；天麻、矮鸢尾 、山东万寿竹（*Disporum smilacinum*）和珊瑚菜（*Glehnia littoralis*）分布范围为1～3个自然保护区。森林生态类自然保护区受威胁植物分布状况如表 2-3-2 所示。

表 2-3-7　　森林生态类自然保护区受威胁植物种类

序号	中文名	学名	科名	属名	受威胁程度
1	山东万寿竹	*Disporum smilacinum*	百合科	万寿竹属	VU
2	泰山韭	*Allium taishanense*	百合科	葱属	VU
3	矮鸢尾	*Iris kobayashii*	鸢尾科	鸢尾属	CR
4	天麻	*Gastrodia elata*	兰科	天麻属	VU
5	玫瑰	*Rosa rugosa*	蔷薇科	蔷薇属	VU
6	黄芪	*Astragalus membranaceus*	豆科	黄芪属	VU
7	黄檗	*Phellodendron amurense*	芸香科	黄檗属	VU
8	珊瑚菜	*Glehnia littoralis*	伞形科	珊瑚菜属	VU
9	水曲柳	*Fraxinus mandshurica*	木犀科	梣属	VU

注："CR""VU"指在 IUCN 物种名录中的"极危""易危"等级。

山东省森林生态类自然保护区受威胁植物丰富度较小。山东昆嵛山国家级自然保护区和青岛崂山省级自然保护区受威胁植物均为 6 种；栖霞牙山省级自然保护区、蓬莱艾山省级自然保护区、烟台沿海防护林省级自然保护区等 7 个自然保护区受威胁植物种类数为 3～5 种；莱山围子山省级自然保护区、柳埠市级自然保护区、莱阳老寨山省级自然保护区等 15 个自然保护区受威胁植物种类数仅为 1～2 种；冠县西沙河林场市级自然保护区、东阿县鱼山市级自然保护区和苍山县大宗山县级自然保护区等 3 个自然保护区无受威胁植物分布。

六、植被群系类型

1. 植被群系类型

山东省森林生态类自然保护区分布有植被群系类型 79 种，包括针叶林、阔叶林、竹林、灌丛、灌草丛、草甸、砂生植被、水生植被和沼泽植被 9 种植被型。针叶林有赤松林、油松林、侧柏林等 13 种群系类型；阔叶林包括麻栎林、刺槐林、毛白杨林等 15 种群系类型；竹林为刚竹林和毛竹林；灌丛包括大叶胡颓子灌丛、盐肤木灌丛、胡枝子灌丛等 11 种；灌草丛 4 种，包括荆条、酸枣、黄背草灌草丛等；草甸 15 种，包括结缕草草甸、狗牙根草甸、芦苇草甸等；水生植被 14 种，包括莲群落、空心莲子草群落、节节菜群落等；沼泽植被 4 种，包括芦苇沼泽、菰沼泽、水葱沼泽和香蒲沼泽等；砂生植被 1 种。山东省森林生态类自然保护区植被群系类型如表 2-3-8 所示。

表 2-3-8 森林生态类自然保护区植被群系类型

序号	植被型组	群系
1	针叶林	赤松林
2		油松林
3		黑松林
4		侧柏林
5		落叶松林
6		白皮松林
7		华山松林
8		水杉林
9		杉木林
10		红松林
11		樟子松林
12		日本花柏林
13		马尾松林
14	阔叶林	麻栎林
15		栓皮栎林
16		落叶阔叶杂木林
17		刺槐林
18		毛白杨林
19		旱柳林
20		枫杨林
21		赤杨林
22		榆林
23		欧美杨林
24		蒙古栎林
25		短柄枹林
26		槲树林
27		白桦林
28		泡桐林
29	竹林	淡竹林
30		毛竹林

续表

序号	植被型组	群系
31	灌丛	山茶灌丛
32		大叶胡颓子灌丛
33		盐肤木灌丛
34		白檀灌丛
35		胡枝子灌丛
36		绣线菊灌丛
37		黄栌灌丛
38		鹅耳枥灌丛
39		柽柳灌丛
40		白刺灌丛
41		其他灌丛
42	灌草丛	荆条、酸枣、黄被草灌草丛
43		荆条、酸枣、白羊草灌草丛
44		白茅灌草丛
45		黄被草、细柄草灌草丛
46	草甸	结缕草草甸
47		狗牙根草甸
48		野青茅草甸
49		芦苇草甸
50		星星草草甸
51		白茅草甸
52		獐毛草甸
53		碱蓬草甸
54		罗布麻草甸
55		茵陈蒿草甸
56		含有耐盐植物的芦苇草甸
57		飘拂草、肾叶打碗花草甸
58		马蔺草甸
59		盐角草草甸
60		其他草甸

续表

序号	植被型组	群系
61	砂生植被	砂生植被
62	水生植被	金鱼藻、黑藻、狐尾藻群落
63		浮萍、品藻群落
64		紫萍、浮萍群落
65		野菱、芡实群落
66		莲群落
67		菹草、苦草、茨藻群落
68		竹叶眼子菜群落
69		满江红、槐叶萍群落
70		荇菜、水鳖群落
71		萍蓬草、睡莲群落
72		眼子菜、浮叶眼子菜群落
73		空心莲子草群落
74		节节菜群落
75		大米草群落
76	沼泽植被	芦苇沼泽
77		菰沼泽
78		水葱沼泽
79		香蒲沼泽

2. 植被群系类型分布

山东省森林生态类自然保护区植被群系类型分布范围较广。刺槐林、落叶阔叶杂木林分布最为广泛，分别在 27 个和 26 个自然保护区有分布；胡枝子灌丛、黑松林、麻栎林等 11 种群系类型分布范围为 20～25 个自然保护区；白茅灌草丛、油松林、短柄枹林等 36 种群系类型分布范围为 10～19 个自然保护区；马尾松林、山茶灌丛、大叶胡颓子灌丛等 29 种群系类型分布范围低于 10 个自然保护区。分布范围在 10 个自然保护区以内的植被群系类型分布状况如表 2-3-9 所示。

山东省森林生态类自然保护区植被群系类型分布丰富度不一。青岛崂山省级自然保护区群系类型最为丰富，有 60 种；临沂大青山省级自然保护区、泰山省级自然保护区、山东昆嵛山国家级自然保护区等 8 个自然保护区群系类型数为 51～60 种；蓬莱艾山省级自然保护区、招远罗山省级自然保护区、青州仰天山省级自然保护区等 15 个自然保护区群系类型数为 40～50 种；烟台沿海防护林省级自然保护区、五彩山县级自然保护区、平阴大寨山省级自然保护区等 5 个自然保护区群系类型数均在 40 种以下。山东省森林生态类自然保护区植被群系类型分布状况如图 2-3-7 所示。

表 2-3-9　　分布范围在 10 个自然保护区以内的植被群系类型分布状况

序号	植被型组	群系类型	有分布的自然保护区
针叶林	1	落叶松林	山东昆嵛山国家级自然保护区、青岛崂山省级自然保护区、鲁山省级自然保护区、徂徕山省级自然保护区、海阳招虎山省级自然保护区、招远罗山省级自然保护区、临沂大青山省级自然保护区、泰山省级自然保护区、苍山县大宗山县级自然保护区
	2	白皮松林	山东昆嵛山国家级自然保护区、青岛崂山省级自然保护区、鲁山省级自然保护区、临沂大青山省级自然保护区、泰山省级自然保护区
	3	华山松林	山东昆嵛山国家级自然保护区、青岛崂山省级自然保护区、鲁山省级自然保护区、徂徕山省级自然保护区、临沂大青山省级自然保护区、泰山省级自然保护区
	4	水杉林	山东昆嵛山国家级自然保护区、青岛崂山省级自然保护区、鲁山省级自然保护区、莱山围子山省级自然保护区、临沂大青山省级自然保护区、泰山省级自然保护区、柳埠市级自然保护区
	5	杉木林	山东昆嵛山国家级自然保护区、青岛崂山省级自然保护区、苍山县大宗山县级自然保护区
	6	红松林	山东昆嵛山国家级自然保护区、青岛崂山省级自然保护区、临沂大青山省级自然保护区、泰山省级自然保护区
	7	樟子松林	山东昆嵛山国家级自然保护区、青岛崂山省级自然保护区、临沂大青山省级自然保护区、泰山省级自然保护区
	8	日本花柏林	山东昆嵛山国家级自然保护区、青岛崂山省级自然保护区
	9	马尾松林	山东昆嵛山国家级自然保护区、临沂大青山省级自然保护区、泰山省级自然保护区、苍山县大宗山县级自然保护区
阔叶林	10	赤扬林	山东昆嵛山国家级自然保护区、青岛崂山省级自然保护区、徂徕山省级自然保护区、海阳招虎山省级自然保护区、临沂大青山省级自然保护区
	11	白桦林	海阳招虎山省级自然保护区、泰山省级自然保护区、柳埠市级自然保护区
竹林	12	毛竹林	青岛崂山省级自然保护区、徂徕山省级自然保护区、栖霞牙山省级自然保护区、海阳招虎山省级自然保护区、泰山省级自然保护区、栖霞崮山市级自然保护区

续表

序号	植被型组	群系类型	有分布的自然保护区
灌丛	13	山茶灌丛	青岛崂山省级自然保护区、徂徕山省级自然保护区、海阳招虎山省级自然保护区、苍山县大宗山县级自然保护区
	14	大叶胡颓子灌丛	青岛崂山省级自然保护区、徂徕山省级自然保护区、栖霞牙山省级自然保护区、栖霞崮山市级自然保护区
	15	黄栌灌丛	鲁山省级自然保护区、徂徕山省级自然保护区、莱山围子山省级自然保护区、青州仰天山省级自然保护区、平阴大寨山省级自然保护区、柳埠市级自然保护区、栖霞崮山市级自然保护区
	16	鹅耳枥灌丛	鲁山省级自然保护区、徂徕山省级自然保护区、青州仰天山省级自然保护区、平阴大寨山省级自然保护区
	17	柽柳灌丛	徂徕山省级自然保护区
	18	白刺灌丛	徂徕山省级自然保护区
草甸	19	碱蓬草甸	青岛崂山省级自然保护区、莱山围子山省级自然保护区、东阿县鱼山市级自然保护区
	20	罗布麻草甸	山东昆嵛山国家级自然保护区、青岛崂山省级自然保护区、海阳招虎山省级自然保护区、蓬莱艾山省级自然保护区、莱山围子山省级自然保护区、莱阳老寨山省级自然保护区、莱州大基山省级自然保护区、招远罗山省级自然保护区、临沂大青山省级自然保护区
	21	茵陈蒿草甸	栖霞牙山省级自然保护区、海阳招虎山省级自然保护区、柳埠市级自然保护区、栖霞崮山市级自然保护区
	22	飘拂草、肾叶打碗花草甸	山东昆嵛山国家级自然保护区、青岛崂山省级自然保护区、海阳招虎山省级自然保护区、蓬莱艾山省级自然保护区、莱山围子山省级自然保护区、招远罗山省级自然保护区
	23	盐角草草甸	青岛崂山省级自然保护区
水生植被	24	野菱、芡实群落	柳埠市级自然保护区
	25	竹叶眼子菜群落	柳埠市级自然保护区
	26	荇菜、水鳖群落	柳埠市级自然保护区
	27	空心莲子草群落	柳埠市级自然保护区
	28	节节菜群落	苍山县大宗山县级自然保护区
沼泽植被	29	水葱沼泽	柳埠市级自然保护区

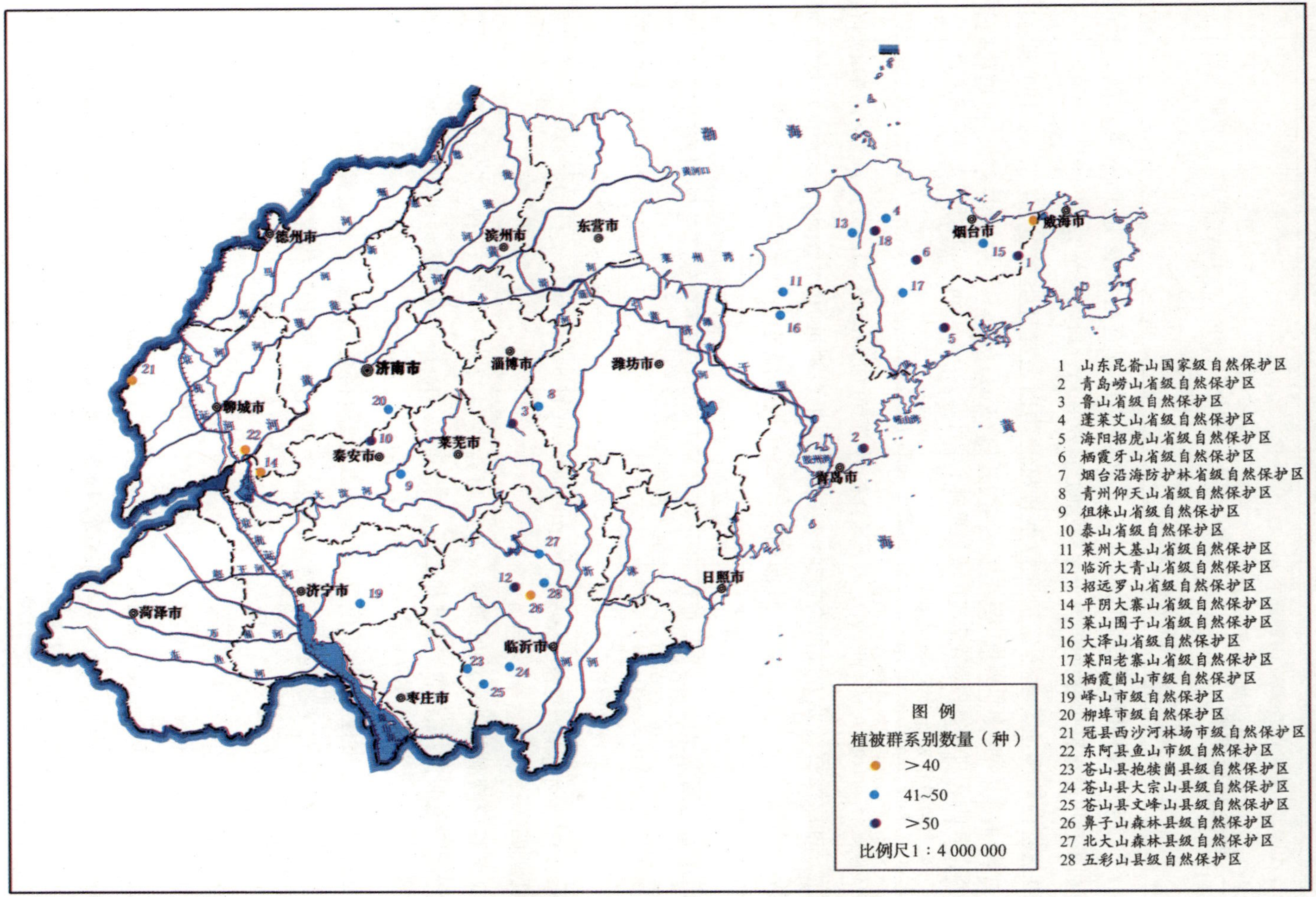

审图号：鲁SG（2018）068号

图2-3-7　山东省森林生态类自然保护区植被群系类型分布状况

第四节 内陆湿地类自然保护区生物多样性

一、野生脊椎动物

1. 野生脊椎动物种类

山东省10个内陆湿地类自然保护区生物多样性调查结果表明,山东省内陆湿地类自然保护区分布有野生脊椎动物163科361属676种,隶属于54目。

山东省内陆湿地类自然保护区野生脊椎动物以鱼类种类较多,有59科129属198种。其中,有6种属软骨鱼纲,包括皱唇鲨、孔鳐(*Raja porosa*)、赤魟等;192种均属硬骨鱼纲,鲤形目和鲈形目鱼类分别有79种和43种,鲤形目有银飘鱼(*Pseudolaubuca sinensis*)、似鲚(*Toxabramis swinhonis*)、翘嘴红鲌(*Erythroculter ilishaeformis*)等,鲈形目有棘头梅童(*Collichthys fragilis*)、黄姑鱼、小黄鱼(*Pseudosciaena polyactis*)等,刺鱼目、合鳃鱼目、鳗鲡目等7目鱼类为1～2种,如中华多刺鱼(*Pungitius sinensis*)、黄鳝、海鳗(*Muraenesox cinereus*)等。9种两栖类动物在内陆湿地类自然保护区中均有发现,具体物种已在第二章第二节中描述。

山东省内陆湿地类自然保护区内分布有爬行动物22种,分属龟鳖目和有鳞目。龟鳖目物种有2种,分别为乌龟和鳖(中华鳖);有鳞目物种20种,包括:虎斑游蛇、赤链蛇、黄脊游蛇(*Coluber spinalis*)等蛇类12种;丽斑麻蜥、山地麻蜥和北草蜥3种蜥蜴,黄纹石龙子、蓝尾石龙子和中国石龙子(*formosensis*亚种)3种石龙子科动物以及无蹼壁虎和多疣壁虎2物种。

山东省内陆湿地类自然保护区分布有哺乳动物18科33属47种,隶属食虫目、翼手目、食肉目、兔形目、啮齿目、鲸目和鳍足目等7目。翼手目物种数最多,有17种,包括蝙蝠(*Vespertilio superans*)、伏翼(*Pipistrellus pipistrellus*)、绒山蝠等;啮齿目有11种,包括黑线仓鼠、东方田鼠、东北鼢鼠等;食肉目8种,包括貉、黄鼬(华北亚种)、猪獾等;食虫目5种,包括刺猬、普通鼩鼱、小麝鼩等;鲸目4种,包括小须鲸、伪虎鲸(*Pseudorca crassidens*)、宽吻海豚(*Tursiops truncatus*)等;兔形目和鳍足目各1种,为草兔和斑海豹(*Phoca vitulina Linnaeus*)。

山东省内陆湿地类自然保护区分布有鸟类73科179属400种,隶属雀形目、鸻形目、鸮形目等23目。其中以雀形目种类数最多,有163种,如斑鸫(*Turdus eunomus*)、棕头鸦雀(*Paradoxornis webbianus*)、画眉等;鸻形目种类数次之,有71种,如鹤鹬(*Tringa erythropus*)、红胸鸻(*Charadrius asiaticus*)、灰背鸥(*Larus schistisagus*)等;雁形目、鹰形目和鹈形目鸟类分别为38种、26种和20种,包括青头潜鸭、赤腹鹰(*Accipiter soloensis*)、黄苇鳽(*Ixobrychus sinensis*)等;鸮形目、鹤形目鸟类分别为10种和15种,如纵纹腹小鸮(*plumipes*亚种)(*Athene noctua plumipes*)、蓑羽鹤(*Grus virgo*)等;䴙形目、潜鸟目、佛法僧目等 12 目鸟类种类为 2～8 种，包括蓝翡翠、黑叉尾海燕（*Oceanodroma monorhis*）、红喉潜鸟等；鸨形目、沙鸡目、犀鸟目、夜鹰目 4 目种类均为 1 种，分别为大鸨（*dybowskii* 亚种）、毛腿沙鸡、戴胜（指名亚种）和普通夜鹰。

2. 野生脊椎动物分布

多数鱼类分布范围相对狭窄。在 198 种鱼类中，草鱼、鲤和鲫（*Carassius auratus*）3 个物种在 10 个自然保护区内有分布；青鱼、鲢、泥鳅（*Misgurnus anguillicaudatus*）和黄鳝 4 个物种分布范围均为 9 个自然保护区；棒花鱼（*Abbottina rivularis*）、鳜（*Siniperca chuatsi*）、乌鳢等 21 种鱼类分布范围为 4～8 个自然保护区；多鳞鱊、华鳈（指名亚种）（*Sarcocheilichthys sinensis sinensis*）、多纹颌须鮈（*Gnathopogon polytaenia*）等 56 个物种分布范围在 2～3 个自然保护区；其余 114 种鱼类分布范围均为 1 个自然保护区，如多鳞鱊、华鳈（指名亚种）、多纹颌须鮈等 92 种鱼类仅见于山东黄河三角洲国家级自然保护区，黑龙江鳑鲏（*Rhodeus sericeus*）、白河鱊（*Acheilognathuspeihoensis*）、似鮈（*Pseudogobio vaillanti*）等 7 种鱼类仅在山东南四湖省级自然保护区有分布。

两栖类动物分布于 1～10 个自然保护区。泽蛙分布最广，在10 个内陆湿地类自然保护区均有分布；花背蟾蜍、中华蟾蜍和黑斑蛙等 6 物种分布于 6～9 个自然保护区；中国林蛙和无斑雨蛙分别在山东莱州湾湿地市级自然保护区和东平湖湿地市级自然保护区有分布。

爬行动物的分布范围为 1～8 个自然保护区。丽斑麻蜥、赤链蛇、白条锦蛇（*Elaphe dione*）等 6 种爬行动物分布范围均为 8 个自然保护区；山地麻蜥、北草蜥、无蹼壁虎等 6 物种分布范围为 5～7 个自然保护区；多疣壁虎、团花锦蛇、黑眉锦蛇等 10 种爬行动物分布于1～3个自然保护区，如棱皮龟仅分布于山东黄河三角洲国家级自然保护区，黄纹石龙子仅见于烟台福山银湖湿地省级自然保护区，北滑蜥（*septentrionalis* 亚种）和双斑锦蛇则仅在东平湖湿地市级自然保护区有分布。

多数哺乳动物分布范围局限在 1～3 个自然保护区。黄鼬（华北亚种）和草兔 2 个物种在 10 个内陆湿地类自然保护区均有分布；小麝鼩、狗獾（北方亚种）、黑线仓鼠等 12 个物种分布范围为 4～9 个自然保护区；有 28 种哺乳动物分布范围为 1～3 个自然保护区，如小鼩鼱（*Sorex minutus*）和大菊头蝠（*Rhinolophus luctus*）仅见于烟台福山银湖湿地省级自然保护区，大耳蝠（*Plecotus auritus*）和东方田鼠仅分布于山东南四湖省级自然保护区，小须鲸、伪虎鲸、江豚等仅在山东黄河三角洲国家级自然保护区有分布。

多数鸟类分布范围在 6 个自然保护区以内。大山雀（*minor* 亚种）（*Parus major minor*）是分布最广的鸟类，在 10 个内陆湿地类自然保护区广泛分布；大杜鹃（*bakeri* 亚种）（*Cuculus canorus bakeri*）、大斑啄木鸟（*Dendrocopos major*）、小田鸡（指名亚种）（*Porzana pusilla pusilla*）等 116 种鸟类分布范围为 7～9 个自然保护区；秃鹫（*Aegypius monachus*）、白鹤、灰斑鸻（指名亚种）（*Pluvialis squatarola squatarola*）等 251 种鸟类分布范围均为 4～6 个自然保护区；其余 132 种鸟类分布范围均为 1～3 个自然保护区，如黑叉尾海燕、暗绿背鸬鹚(*Phalacrocorax capillatus*)、白斑军舰鸟等 13 种鸟类仅见于烟台市大沽夹河湿地市级自然保护区,乌灰鹞(*Circus pygargus*)和大杓鹬(*Numenius madagascariensis*)仅分布于烟台福山银湖湿地省级自然保护区。

341 种分布范围较为狭窄(分布范围小于等于 3 个自然保护区)的脊椎动物在内陆湿地类自然保护区的分布情况如表 2-4-1 所示。

表 2-4-1　　内陆湿地类自然保护区部分野生脊椎动物物种分布状况

序号	中文名	学名	科名	属名	分布的自然保护区
1	青鳞小沙丁鱼	*Sardinella zunasi*	鲱科	小沙丁鱼属	东平湖湿地市级自然保护区
2	青鳞鱼	*Harengula zunasi*	鲱科	小沙丁鱼属	山东黄河三角洲国家级自然保护区
3	鳓	*Ilisha elongata*	鲱科	鳓属	山东黄河三角洲国家级自然保护区
4	斑鰶	*Clupanodon punctatus*	鲱科	鰶属	山东黄河三角洲国家级自然保护区
5	刀鲚	*Coilia ectenes*	鳀科	鲚属	山东黄河三角洲国家级自然保护区、山东南四湖省级自然保护区
6	凤尾鲚(凤鲚)	*Coilia mystus*	鳀科	鲚属	山东黄河三角洲国家级自然保护区
7	黄鲫	*Setipinna gilberti*	鳀科	黄鲫属	山东黄河三角洲国家级自然保护区
8	鳀	*Engraulis japonicus*	鳀科	鳀属	山东黄河三角洲国家级自然保护区
9	中颌棱鳀	*Thrissa mystax*	鳀科	棱鳀属	山东黄河三角洲国家级自然保护区
10	赤鼻棱鳀	*Thrissa kammalensis*	鳀科	棱鳀属	山东黄河三角洲国家级自然保护区
11	哲罗鲑	*Hucho taimen*	鲑科	哲罗鱼属	泉林水体县级自然保护区
12	香鱼#	*Plecoglossus altivelis*	香鱼科	香鱼属	山东黄河三角洲国家级自然保护区
13	大银鱼	*Protosalanx hyalocranius*	银鱼科	大银鱼属	会宝岭水库县级自然保护区、莱阳五龙河湿地省级自然保护区、山东黄河三角洲国家级自然保护区
14	太湖新银鱼	*Neosalanx taihuensis*	银鱼科	新银鱼属	山东黄河三角洲国家级自然保护区
15	安氏新银鱼	*Neosalanx anderssoni*	银鱼科	新银鱼属	山东黄河三角洲国家级自然保护区

续表

序号	中文名	学名	科名	属名	分布的自然保护区
16	前颌间银鱼	*Hemisalanx prognathus*	银鱼科	间银鱼属	莱阳五龙河湿地省级自然保护区、山东南四湖省级自然保护区
17	尖头银鱼#	*Salanx acuticeps*	银鱼科	银鱼属	莱阳五龙河湿地省级自然保护区、山东黄河三角洲国家级自然保护区
18	长鳍银鱼#	*Salanx longianalis*	银鱼科	银鱼属	莱阳五龙河湿地省级自然保护区、山东黄河三角洲国家级自然保护区
19	有明银鱼	*Salanx ariakensis*	银鱼科	银鱼属	山东黄河三角洲国家级自然保护区
20	海鳗	*Muraenesox cinereus*	海鳗科	海鳗属	山东黄河三角洲国家级自然保护区
21	拟原银鱼#	*Paraprotosalanx andersoni*	爬鳅科	拟原吸鳅属	山东黄河三角洲国家级自然保护区
22	中华细鲫	*Aphyocypris chinensis*	鲤科	细鲫属	山东黄河三角洲国家级自然保护区
23	鳡鱼	*Elopichthys bambusa*	鲤科	鳡属	莱阳五龙河湿地省级自然保护区、山东黄河三角洲国家级自然保护区
24	南方马口鱼	*Opsriichtys uncirostris bidens*	鲤科	马口鱼属	山东黄河三角洲国家级自然保护区
25	鳤	*Ochetobius elongatus*	鲤科	鳤属	莱阳五龙河湿地省级自然保护区、山东黄河三角洲国家级自然保护区
26	寡鳞飘鱼	*Pseudolaubuca engraulis*	鲤科	飘鱼属	山东黄河三角洲国家级自然保护区、山东南四湖省级自然保护区
27	银飘鱼	*Pseudolaubuca sinensis*	鲤科	飘鱼属	东平湖湿地市级自然保护区、烟台福山银湖湿地省级自然保护区
28	似鲚	*Toxabramis swinhonis*	鲤科	似鲚属	山东黄河三角洲国家级自然保护区
29	贝氏餐条	*Hemiculter bleekeri bleekeri*	鲤科	餐条属	山东黄河三角洲国家级自然保护区

续表

序号	中文名	学名	科名	属名	分布的自然保护区
30	餐条	*Hemiculter leucisculus*	鲤科	餐条属	烟台福山银湖湿地省级自然保护区、山东黄河三角洲国家级自然保护区、山东南四湖省级自然保护区
31	青梢红鲌	*Erythroculter dabryi dabryi*	鲤科	红鲌属	山东黄河三角洲国家级自然保护区、山东南四湖省级自然保护区
32	尖头红鲌	*Erythroculter oxycephalus*	鲤科	红鲌属	东平湖湿地市级自然保护区、莱阳五龙河湿地省级自然保护区、山东黄河三角洲国家级自然保护区
33	长春鳊	*Parabramis pekinensis*	鲤科	鳊属	东平湖湿地市级自然保护区、烟台福山银湖湿地省级自然保护区、烟台市大沽夹河湿地市级自然保护区
34	黄尾鲴	*Xenocypris davidi*	鲤科	鲴属	东平湖湿地市级自然保护区、莱阳五龙河湿地省级自然保护区、山东黄河三角洲国家级自然保护区
35	细鳞斜颌鲴	*Plagiognathops microlepis*	鲤科	鲴属	东平湖湿地市级自然保护区、莱阳五龙河湿地省级自然保护区
36	湖北圆吻鲴#※	*Distoechodon hupeinensis*	鲤科	圆吻鲴属	山东黄河三角洲国家级自然保护区
37	逆鱼	*Acanthobrama simoni*	鲤科	逆鱼属	山东黄河三角洲国家级自然保护区、山东南四湖省级自然保护区
38	彩石鲋	*Pseudoperilampus lighti*	鲤科	鳑鲏属	山东黄河三角洲国家级自然保护区、山东南四湖省级自然保护区
39	彩副鱊※	*Paracheilognathus imberbis*	鲤科	副鱊属	山东黄河三角洲国家级自然保护区、山东南四湖省级自然保护区
40	须拟鱊※	*Paracheilognathus shibatuea*	鲤科	副鱊属	东平湖湿地市级自然保护区、山东黄河三角洲国家级自然保护区

续表

序号	中文名	学名	科名	属名	分布的自然保护区
41	高体鳑鲏	*Rhodeus ocellatus*	鲤科	鳑鲏属	山东黄河三角洲国家级自然保护区
42	黑龙江鳑鲏	*Rhodeus sericeus*	鲤科	鳑鲏属	山东南四湖省级自然保护区
43	须鱊※	*Acheilognathus barbatus*	鲤科	鱊属	东平湖湿地市级自然保护区、山东黄河三角洲国家级自然保护区、山东南四湖省级自然保护区
44	越南鱊	*Acheilognathus tonkinensis*	鲤科	鱊属	山东黄河三角洲国家级自然保护区、山东南四湖省级自然保护区
45	短须鱊	*Acheilognathus barbatulus*	鲤科	鱊属	东平湖湿地市级自然保护区、山东黄河三角洲国家级自然保护区、山东南四湖省级自然保护区
46	兴凯鱊	*Acheilognathus chankaensis*	鲤科	鱊属	莱阳五龙河湿地省级自然保护区、山东南四湖省级自然保护区
47	斑条鱊（斑臀刺）	*Acheilognathus taenianalis*	鲤科	鱊属	山东黄河三角洲国家级自然保护区、山东南四湖省级自然保护区
48	巨口鱊※	*Acheilognathus tabiro*	鲤科	鱊属	东平湖湿地市级自然保护区、山东南四湖省级自然保护区
49	多鳞鱊※	*Acheilognathus polylepis*	鲤科	鱊属	东平湖湿地市级自然保护区、山东南四湖省级自然保护区
50	白河鱊	*Acheilognathuspeihoensis*	鲤科	鱊属	山东南四湖省级自然保护区
51	唇䱻	*Hemibarbus labeo*	鲤科	䱻属	东平湖湿地市级自然保护区、山东莱州湾湿地市级自然保护区、山东黄河三角洲国家级自然保护区
52	花䱻	*Hemibarbus maculatus*	鲤科	䱻属	东平湖湿地市级自然保护区、山东莱州湾湿地市级自然保护区、山东黄河三角洲国家级自然保护区

续表

序号	中文名	学名	科名	属名	分布的自然保护区
53	麦穗鱼	*Pseudorasbora parva*	鲤科	麦穗鱼属	烟台福山银湖湿地省级自然保护区、烟台市大沽夹河湿地市级自然保护区、山东黄河三角洲国家级自然保护区
54	华鳈（指名亚种）	*Sarcocheilichthys sinensis sinensis*	鲤科	鳈属	莱阳五龙河湿地省级自然保护区、山东黄河三角洲国家级自然保护区
55	短须颌须鮈※	*Gnathopogon imberbis*	鲤科	颌须鮈属	东平湖湿地市级自然保护区、莱阳五龙河湿地省级自然保护区、山东黄河三角洲国家级自然保护区
56	点纹颌须鮈※	*Gnathopogon wolterstorffi*	鲤科	颌须鮈属	莱阳五龙河湿地省级自然保护区、山东黄河三角洲国家级自然保护区、山东南四湖省级自然保护区
57	多纹颌须鮈※	*Gnathopogon polytaenia*	鲤科	颌须鮈属	莱阳五龙河湿地省级自然保护区、山东黄河三角洲国家级自然保护区
58	银色颌须鮈	*Gnathopogon argentatus*	鲤科	颌须鮈属	莱阳五龙河湿地省级自然保护区
59	中间颌须鮈	*Gnathopogon intermedius*	鲤科	颌须鮈属	莱阳五龙河湿地省级自然保护区、山东黄河三角洲国家级自然保护区、山东南四湖省级自然保护区
60	西湖颌须鮈※	*Gnathopogon sihuensis*	鲤科	颌须鮈属	山东黄河三角洲国家级自然保护区
61	似铜鮈※	*Gobio coriparoides*	鲤科	鮈属	东平湖湿地市级自然保护区
62	蛇鮈	*Saurogobio dabryi*	鲤科	蛇鮈属	莱阳五龙河湿地省级自然保护区、山东黄河三角洲国家级自然保护区、山东南四湖省级自然保护区
63	光唇蛇鮈※	*Saurogobio gymnocheilus*	鲤科	蛇鮈属	东平湖湿地市级自然保护区、山东黄河三角洲国家级自然保护区、山东南四湖省级自然保护区
64	特氏蛇鮈	*Saurogobio drakei*	鲤科	蛇鮈属	东平湖湿地市级自然保护区

续表

序号	中文名	学名	科名	属名	分布的自然保护区
65	平口鮈	*Ladislavia taczanowskii*	鲤科	平口鮈属	东平湖湿地市级自然保护区、山东南四湖省级自然保护区
66	似鮈	*Pseudogobio vaillanti*	鲤科	似鮈属	山东南四湖省级自然保护区
67	铜鱼※	*Coreius heterodon*	鲤科	铜鱼属	山东南四湖省级自然保护区
68	北方铜鱼※	*Coreius septentrionalis*	鲤科	铜鱼属	山东黄河三角洲国家级自然保护区
69	中间鳅鮀※	*Gobiobotia intermedia*	鲤科	鳅鮀属	东平湖湿地市级自然保护区、山东南四湖省级自然保护区
70	平鳍鳅鮀#※	*Gobiobotia homalopteroidea*	鲤科	鳅鮀属	东平湖湿地市级自然保护区、莱阳五龙河湿地省级自然保护区
71	宜昌鳅鮀※	*Gobiobotia ichangensis*	鲤科	鳅鮀属	东平湖湿地市级自然保护区、山东黄河三角洲国家级自然保护区、山东南四湖省级自然保护区
72	短吻鳅鮀※	*Gobiobotia brevirostris*	鲤科	鳅鮀属	东平湖湿地市级自然保护区
73	中华花鳅	*Cobitis sinensis*	鳅科	花鳅属	东平湖湿地市级自然保护区
74	伍氏沙鳅	*Botia wui*	鳅科	沙鳅属	山东黄河三角洲国家级自然保护区、山东南四湖省级自然保护区
75	沙鳅	*Botia sp*	鳅科	沙鳅属	会宝岭水库县级自然保护区、山东南四湖省级自然保护区
76	黄沙鳅	*Botia xanthi*	鳅科	沙鳅属	东平湖湿地市级自然保护区、山东黄河三角洲国家级自然保护区、山东南四湖省级自然保护区
77	大鳞副泥鳅※	*Paramisgurnus dabryanus*	鳅科	副泥鳅属	东平湖湿地市级自然保护区
78	北鳅	*Lefua costata*	鳅科	北鳅属	烟台福山银湖湿地省级自然保护区、山东南四湖省级自然保护区
79	光泽黄颡鱼	*Pelteobagrus nitidus*	鲿科	黄颡鱼属	山东黄河三角洲国家级自然保护区

续表

序号	中文名	学名	科名	属名	分布的自然保护区
80	乌苏里鮠	*Leiocassis ussuriensis*	鲿科	鮠属	东平湖湿地市级自然保护区、山东南四湖省级自然保护区
81	短尾鮠	*Leiocassis brevicaudatus*	鲿科	鮠属	山东南四湖省级自然保护区
82	鮠※	*Leiocassis longirostris*	鲿科	鮠属	烟台福山银湖湿地省级自然保护区
83	纵带鮠	*Leiocassis argentivittatus*	鲿科	鮠属	山东南四湖省级自然保护区
84	开封鮠	*Leiocassis kaifenensis*	鲿科	鮠属	东平湖湿地市级自然保护区
85	鲇	*Silurus asotus*	鲇科	鲇属	烟台福山银湖湿地省级自然保护区
86	胡子鲇	*Clarias fuscus*	胡子鲇科	胡子鲇属	烟台福山银湖湿地省级自然保护区
87	中华青鳉#※	*Oryzias latipes sinensis*	大颌鳉科	青鳉属	山东黄河三角洲国家级自然保护区、山东南四湖省级自然保护区
88	久留米鱵	*Hemirhamphus kurumeus*	鱵科	鱵属	东平湖湿地市级自然保护区、山东黄河三角洲国家级自然保护区、山东南四湖省级自然保护区
89	间鳞鱵鱼	*Hemirhamphus sajori*	鱵科	鱵属	山东黄河三角洲国家级自然保护区
90	日本鱵	*Hemiramphus sajori*	鱵科	鱵属	山东黄河三角洲国家级自然保护区
91	细下鱵	*Hyporhamphus sajori*	鱵科	下鱵属	山东黄河三角洲国家级自然保护区
92	尖嘴颌针鱼（尖嘴扁颌针鱼）	*Ablennes anastomella*	颌针鱼科	扁颌针鱼属	山东黄河三角洲国家级自然保护区
93	鲻鱼	*Mugil cephalus*	鲻科	鲻属	东平湖湿地市级自然保护区、山东黄河三角洲国家级自然保护区
94	梭鱼	*Mugil soiuy*	鲻科	鲅属	会宝岭水库县级自然保护区、山东黄河三角洲国家级自然保护区
95	中华多刺鱼	*Pungitius sinensis*	刺鱼科	多刺鱼属	山东黄河三角洲国家级自然保护区

续表

序号	中文名	学名	科名	属名	分布的自然保护区
96	大眼鳜※	*Siniperca kneri*	鮨科	鳜属	山东黄河三角洲国家级自然保护区
97	斑鳜※	*Siniperca scherzeri*	鮨科	鳜属	山东南四湖省级自然保护区
98	翘嘴鳜	*Siniperca chuatsi*	鮨科	鳜属	东平湖湿地市级自然保护区、山东黄河三角洲国家级自然保护区
99	花鲈	*Lateolabrax japonicus*	鮨科	花鲈属	山东莱州湾湿地市级自然保护区、山东黄河三角洲国家级自然保护区
100	棘头梅童	*Collichthys fragilis*	石首鱼科	梅童鱼属	山东黄河三角洲国家级自然保护区
101	黑鳃梅童	*Collichthys niveatus*	石首鱼科	梅童鱼属	山东黄河三角洲国家级自然保护区
102	黄姑鱼	*Nibea albiflora*	石首鱼科	黄姑鱼属	山东黄河三角洲国家级自然保护区
103	白姑鱼	*Argyrosomus argentatus*	石首鱼科	白姑鱼属	山东黄河三角洲国家级自然保护区
104	皮氏叫姑鱼	*Johnius belengerii*	石首鱼科	叫姑鱼属	山东黄河三角洲国家级自然保护区
105	小黄鱼	*Pseudosciaena polyactis*	石首鱼科	黄鱼属	山东黄河三角洲国家级自然保护区
106	六丝矛尾鰕虎鱼	*Chaeturichthys hexanema*	鰕虎鱼科	矛尾鰕虎鱼属	山东黄河三角洲国家级自然保护区
107	矛尾鰕虎鱼	*Chaeturichthys stigmatias*	鰕虎鱼科	矛尾鰕虎鱼属	山东黄河三角洲国家级自然保护区
108	乳色刺鰕虎鱼	*Acanthogobius actipes*	鰕虎鱼科	刺鰕虎鱼属	山东黄河三角洲国家级自然保护区
109	红狼牙鰕虎鱼	*Odontamblyopus rubicundus*	鰕虎鱼科	狼牙鰕虎鱼属	山东黄河三角洲国家级自然保护区
110	波氏栉鰕虎鱼	*Ctenogobius cliffordpopei*	鰕虎鱼科	栉鰕虎鱼属	东平湖湿地市级自然保护区
111	栉鰕虎鱼	*Ctenogobius giurinus*	鰕虎鱼科	栉鰕虎鱼属	烟台福山银湖湿地省级自然保护区
112	普氏栉鰕虎鱼	*Ctenogobius pfkaumi*	鰕虎鱼科	栉鰕虎鱼属	山东黄河三角洲国家级自然保护区
113	中华栉孔鰕虎鱼	*Ctenotrypauchen chinensis*	虾虎鱼科	栉孔鰕虎鱼属	山东黄河三角洲国家级自然保护区
114	子陵吻鰕虎鱼	*Rhinogobius giurinus*	鰕虎鱼科	吻鰕虎鱼属	东平湖湿地市级自然保护区

续表

序号	中文名	学名	科名	属名	分布的自然保护区
115	弹涂鱼	*Periophthalmus cantonensis*	鰕虎鱼科	弹涂鱼属	山东黄河三角洲国家级自然保护区
116	长丝鰕虎鱼	*Cryptocentrus filifrer*	鰕虎鱼科	丝鰕虎鱼属	山东黄河三角洲国家级自然保护区
117	睛尾蝌蚪鰕虎鱼	*Lophiogobius ocellicauda*	鰕虎鱼科	蝌蚪鰕虎鱼属	山东黄河三角洲国家级自然保护区
118	矛尾复鰕虎鱼	*Synechogobius hasta*	鰕虎鱼科	复鰕虎鱼属	山东黄河三角洲国家级自然保护区
119	钟馗鰕虎鱼	*Triaenopogon barbatus*	鰕虎鱼科	钟馗鰕虎鱼属	山东黄河三角洲国家级自然保护区
120	银鲳鱼	*Pampus argenteus*	鲳科	鲳属	山东黄河三角洲国家级自然保护区
121	燕尾鲳	*Stromateoides nozawae*	鲳科	鲳属	山东黄河三角洲国家级自然保护区
122	沟鲹	*Atropus atropus*	鲹科	沟鲹属	山东黄河三角洲国家级自然保护区
123	黄黝鱼	*Hypseleotris swinhonis*	塘鳢科	黄黝鱼属	东平湖湿地市级自然保护区、山东黄河三角洲国家级自然保护区
124	刺鳅※	*Mastacembelus aculeatus*	刺鳅科	刺鳅属	莱阳五龙河湿地省级自然保护区、山东黄河三角洲国家级自然保护区
125	蓝点马鲛	*Scomberomorus niphonius*	鲭科	马鲛属	山东黄河三角洲国家级自然保护区
126	真鲷	*pagrosomus major*	鲷科	真鲷属	山东黄河三角洲国家级自然保护区
127	黑鲷	*Sparus macrocephlus*	鲷科	鲷属	山东黄河三角洲国家级自然保护区
128	方氏云鳚	*Enedrias fangi*	锦鳚科	云鳚属	山东黄河三角洲国家级自然保护区
129	长绵鳚	*Enchelyopus elongatus*	绵鳚科	长绵鳚属	山东黄河三角洲国家级自然保护区
130	鲐鱼	*Pneumatophorus japonicus*	鲭科	鲐属	山东黄河三角洲国家级自然保护区
131	细条天竺鱼	*Apogonichthys lineatus*	天竺鲷科	天竺鱼属	山东黄河三角洲国家级自然保护区
132	绯鱼衔	*Callionymus beniteguri*	鱼衔科	鱼衔属	山东黄河三角洲国家级自然保护区
133	短鳍鱼衔	*Callionymus kitaharae*	鱼衔科	鱼衔属	山东黄河三角洲国家级自然保护区

续表

序号	中文名	学名	科名	属名	分布的自然保护区
134	带鱼	*Trichiurus haumela*	带鱼科	带鱼属	山东黄河三角洲国家级自然保护区
135	多鳞鱚	*Sillago sihama*	鱚科	鱚属	山东黄河三角洲国家级自然保护区
136	松江鲈♯	*Trachidermus fasciatus*	杜父鱼科	松江鲈属	烟台市大沽夹河湿地市级自然保护区、山东黄河三角洲国家级自然保护区
137	大龙六线鱼	*Hexagrammos otakii*	六线鱼科	六线鱼属	山东黄河三角洲国家级自然保护区
138	绿鳍鱼	*Chelidonichthys kumu*	鲂鮄科	绿鳍鱼属	山东黄河三角洲国家级自然保护区
139	赵氏狮子鱼	*Liparis choanus*	狮子鱼科	狮子鱼属	山东黄河三角洲国家级自然保护区
140	细纹狮子鱼	*Liparis tanakae*	狮子鱼科	狮子鱼属	山东黄河三角洲国家级自然保护区
141	鲬鱼	*Platycephalus indicus*	鲬科	鲬属	山东黄河三角洲国家级自然保护区
142	窄体舌鳎	*Cynoglossus gracilis*	舌鳎科	舌鳎属	山东黄河三角洲国家级自然保护区
143	短吻红舌鳎	*Cynoglossus joyneri*	舌鳎科	舌鳎属	山东黄河三角洲国家级自然保护区
144	短吻三线舌鳎	*Cynoglossus abbreviatus*	舌鳎科	舌鳎属	山东黄河三角洲国家级自然保护区
145	高眼鲽	*Cleisthenes herzensteini*	鲽科	高眼鲽属	山东黄河三角洲国家级自然保护区
146	石鲽	*Kareius bicoloratus*	鲽科	石鲽属	山东黄河三角洲国家级自然保护区
147	钝吻黄盖鲽	*Pseudopleuronectes yokohamae*	鲽科	黄盖鲽属	山东黄河三角洲国家级自然保护区
148	角木叶鲽	*Pleuronichthys cornutus*	鲽科	木叶鲽属	山东黄河三角洲国家级自然保护区
149	圆斑星鲽	*Verasper variegatus*	鲽科	星鲽属	山东黄河三角洲国家级自然保护区
150	牙鲆	*Paralichthys olivaceus*	牙鲆科	牙鲆属	山东黄河三角洲国家级自然保护区
151	带纹条鳎	*Zebrias zebra*	鳎科	条鳎属	山东黄河三角洲国家级自然保护区
152	暗纹东方鲀	*Fugu obscurus*	鲀科	东方鲀属	山东黄河三角洲国家级自然保护区
153	红鳍东方鲀	*Fugu rubripes*	鲀科	东方鲀属	山东黄河三角洲国家级自然保护区

续表

序号	中文名	学名	科名	属名	分布的自然保护区
154	星点东方鲀	*Fugu niphobles*	鲀科	东方鲀属	东平湖湿地市级自然保护区、山东黄河三角洲国家级自然保护区
155	假睛东方鲀	*Fugu pseudommus*	鲀科	东方鲀属	山东黄河三角洲国家级自然保护区
156	网纹东方鲀	*Fugu reticularis*	鲀科	东方鲀属	山东黄河三角洲国家级自然保护区
157	虫纹东方鲀	*Fugu vermicularis*	鲀科	东方鲀属	山东黄河三角洲国家级自然保护区
158	菊黄东方鲀	*Fugu flavidus*	鲀科	东方鲀属	山东黄河三角洲国家级自然保护区
159	绿鳍马面鲀	*Thamnaconus modestus*	单角鲀科	马面鲀属	山东黄河三角洲国家级自然保护区
160	短吻三刺鲀	*Triacanthus brevirontris*	三刺鲀科	三刺鲀属	山东黄河三角洲国家级自然保护区
161	燕鳐	*Cypselurus agoo*	飞鱼科	燕鳐属	山东黄河三角洲国家级自然保护区
162	日本海龙	*Hippocampus japonicus*	海龙科	海马属	山东黄河三角洲国家级自然保护区
163	尖海龙	*Syngnathus acus*	海龙科	海龙属	山东黄河三角洲国家级自然保护区
164	玉筋鱼	*Ammodytes personatus*	玉筋鱼科	玉筋鱼属	山东黄河三角洲国家级自然保护区
165	锤头双髻鲨	*Sphyrna zygaena*	双髻鲨科	双髻鲨属	山东黄河三角洲国家级自然保护区
166	皱唇鲨	*Triakis scyllium*	皱唇鲨科	皱唇鲨属	山东黄河三角洲国家级自然保护区
167	孔鳐	*Raja porosa*	鳐科	鳐属	山东黄河三角洲国家级自然保护区
168	赤魟	*Dasyatis akajei*	魟科	魟属	山东黄河三角洲国家级自然保护区
169	奈氏魟	*Dasyatis navarrae*	魟科	魟属	山东黄河三角洲国家级自然保护区
170	光魟	*Dasyatis laevigatus*	魟科	魟属	山东黄河三角洲国家级自然保护区
171	中国林蛙	*Rana chensinensis*	蛙科	林蛙属	山东莱州湾湿地市级自然保护区
172	无斑雨蛙※	*Hyla immaculata*	雨蛙科	雨蛙属	东平湖湿地市级自然保护区

续表

序号	中文名	学名	科名	属名	分布的自然保护区
173	棱皮龟#	*Dermochelys coriacea*	棱皮龟科	棱皮龟属	山东黄河三角洲国家级自然保护区
174	中国石龙子（*formosonsis*亚种）※	*Eumeces chinensis formosensis*	石龙子科	石龙子属	龙口黄水河河口湿地省级自然保护区、烟台市大沽夹河湿地市级自然保护区
175	石龙子	*Eumeces chinensis*	石龙子科	石龙子属	烟台福山银湖湿地省级自然保护区
176	多疣壁虎	*Gekko japonicus*	壁虎科	壁虎属	东平湖湿地市级自然保护区、龙口黄水河河口湿地省级自然保护区
177	北滑蜥（*septentrionalis*亚种）※	*Scincella modesta septentrionalis*	石龙子科	滑蜥属	东平湖湿地市级自然保护区
178	黑眉蝮	*Agkistrodon saxatilis*	蝰科	腹属	烟台福山银湖湿地省级自然保护区、山东莱州湾湿地市级自然保护区、烟台市大沽夹河湿地市级自然保护区
179	团花锦蛇#※	*Elaphe davidi*	游蛇科	锦蛇属	东平湖湿地市级自然保护区、会宝岭水库县级自然保护区
180	双斑锦蛇※	*Elaphe bimaculata*	游蛇科	锦蛇属	东平湖湿地市级自然保护区
181	黑眉锦蛇#	*Elaphe taeniura*	游蛇科	锦蛇属	山东莱州湾湿地市级自然保护区、山东南四湖省级自然保护区
182	乌梢蛇#※	*Zaocys dhumnades*	游蛇科	乌梢蛇属	龙口黄水河河口湿地省级自然保护区、烟台市大沽夹河湿地市级自然保护区
183	小鼩鼱	*Sorex minutus*	鼩鼱科	鼩鼱属	烟台福山银湖湿地省级自然保护区
184	马铁菊头蝠（日本亚种）	*Rhinolophus ferrumequinum nippon*	菊头蝠科	菊头蝠属	东平湖湿地市级自然保护区、龙口黄水河河口湿地省级自然保护区、烟台市大沽夹河湿地市级自然保护区

续表

序号	中文名	学名	科名	属名	有分布的自然保护区
185	小菊头蝠	*Rhinolophus pusillus*	菊头蝠科	菊头蝠属	东平湖湿地市级自然保护区
186	大菊头蝠	*Rhinolophus luctus*	菊头蝠科	菊头蝠属	烟台福山银湖湿地省级自然保护区
187	须鼠耳蝠	*Myotis mystacinus*	蝙蝠科	鼠耳蝠属	东平湖湿地市级自然保护区、龙口黄水河河口湿地省级自然保护区、莱阳五龙河湿地省级自然保护区
188	水鼠耳蝠（华南亚种）	*Myotis daubentoni laniger*	蝙蝠科	鼠耳蝠属	东平湖湿地市级自然保护区
189	沼泽鼠耳蝠	*Myotis dasycneme*	蝙蝠科	鼠耳蝠属	东平湖湿地市级自然保护区
190	普通伏翼	*Pipistrellus abramus*	蝙蝠科	伏翼属	东平湖湿地市级自然保护区、烟台福山银湖湿地省级自然保护区
191	绒山蝠	*Nyctalus velutinus*	蝙蝠科	山蝠属	烟台福山银湖湿地省级自然保护区、山东莱州湾湿地市级自然保护区、烟台市大沽夹河湿地市级自然保护区
192	褐山蝠（夜蝠）	*Nyctalus noctula*	蝙蝠科	山蝠属	东平湖湿地市级自然保护区
193	北棕蝠（朝鲜亚种）	*Eptesicus nilssonii parvus*	蝙蝠科	棕蝠属	山东莱州湾湿地市级自然保护区、烟台市大沽夹河湿地市级自然保护区
194	大棕蝠（江北亚种）	*Eptesicus serotinus pallens*	蝙蝠科	棕蝠属	东平湖湿地市级自然保护区、烟台福山银湖湿地省级自然保护区、烟台市大沽夹河湿地市级自然保护区
195	棕蝠	*Eptesicus serotinus*	蝙蝠科	棕蝠属	东平湖湿地市级自然保护区、烟台福山银湖湿地省级自然保护区
196	大耳蝠	*Plecotus auritus*	蝙蝠科	大耳蝠属	山东南四湖省级自然保护区
197	果子狸	*Paguma lavata*	灵猫科	花面狸属	东平湖湿地市级自然保护区、烟台福山银湖湿地省级自然保护区
198	黄鼠	*Citellus dauricus*	松鼠科	黄鼠属	龙口黄水河河口湿地省级自然保护区、莱阳五龙河湿地省级自然保护区、山东黄河三角洲国家级自然保护区

续表

序号	中文名	学名	科名	属名	分布的自然保护区
199	东方田鼠	*Microtus fortis*	仓鼠科	田鼠属	山东南四湖省级自然保护区
200	棕色田鼠	*Microtus mandarinus*	仓鼠科	田鼠属	烟台福山银湖湿地省级自然保护区、山东莱州湾湿地市级自然保护区、烟台市大沽夹河湿地市级自然保护区
201	东北鼢鼠	*Myospalax psilurus*	鼹形鼠科	鼢鼠属	东平湖湿地市级自然保护区、龙口黄水河河口湿地省级自然保护区、烟台市大沽夹河湿地市级自然保护区
202	中华鼢鼠※	*Myospalax fontanieri*	鼹形鼠科	凸颅鼠属	东平湖湿地市级自然保护区
203	大林姬鼠（华北亚种）	*Apodemus peninsulae sowerbyi*	鼠科	姬鼠属	东平湖湿地市级自然保护区、烟台市大沽夹河湿地市级自然保护区
204	巢鼠	*Micromys minutus*	鼠科	巢鼠属	烟台市大沽夹河湿地市级自然保护区
205	小须鲸	*Balaenoptera acutorostrata*	须鲸科	须鲸属	山东黄河三角洲国家级自然保护区
206	伪虎鲸	*Pseudorca crassidens*	海豚科	伪虎鲸属	山东黄河三角洲国家级自然保护区
207	江豚#	*Neophocaena phoconoides*	鼠海豚科	江豚属	山东黄河三角洲国家级自然保护区
208	宽吻海豚	*Tursiops truncatus*	海豚科	宽吻海豚属	山东黄河三角洲国家级自然保护区
209	斑海豹	*Phoca largha*	海豹科	海豹属	山东黄河三角洲国家级自然保护区
210	红喉潜鸟	*Gavia stellata*	潜鸟科	潜鸟属	山东黄河三角洲国家级自然保护区
211	黑喉潜鸟（*viridigularis* 亚种）	*Gavia arctica viridigularis*	潜鸟科	潜鸟属	烟台市大沽夹河湿地市级自然保护区
212	赤颈䴙䴘（*holboellii* 亚种）	*Podiceps grisegena holboellii*	䴙䴘科	䴙䴘属	莱阳五龙河湿地省级自然保护区
213	短尾信天翁#	*Phoebastria albatrus*	信天翁科	信天翁属	山东莱州湾湿地市级自然保护区、烟台市大沽夹河湿地市级自然保护区、莱阳五龙河湿地省级自然保护区

续表

序号	中文名	学名	科名	属名	分布的自然保护区
214	黑叉尾海燕	*Oceanodroma monorhis*	海燕科	海燕属	烟台市大沽夹河湿地市级自然保护区
215	暗绿背鸬鹚	*Phalacrocorax capillatus*	鸬鹚科	鸬鹚属	烟台市大沽夹河湿地市级自然保护区
216	白斑军舰鸟	*Fregata ariel*	军舰鸟科	军舰鸟属	烟台市大沽夹河湿地市级自然保护区
217	卷羽鹈鹕#	*Pelecanus crispus*	鹈鹕科	鹈鹕属	山东黄河三角洲国家级自然保护区
218	小苇鳽	*Ixobrychus minutus*	鹭科	苇鳽属	烟台市大沽夹河湿地市级自然保护区
219	东方白鹳#	*Ciconia boyciana*	鹳科	鹳属	山东黄河三角洲国家级自然保护区、山东南四湖省级自然保护区
220	黑头白鹮	*Threskiornis melanocephalus*	鹮科	白鹮属	山东莱州湾湿地市级自然保护区
221	白琵鹭（指名亚种）	*Platalea leucorodia leucorodia*	鹮科	琵鹭属	山东莱州湾湿地市级自然保护区、山东黄河三角洲国家级自然保护区
222	黑脸琵鹭#	*Platalea minor*	鹮科	琵鹭属	山东黄河三角洲国家级自然保护区
223	黑雁（*nigricans* 亚种）	*Branta bernicla nigricans*	鸭科	黑雁属	山东黄河三角洲国家级自然保护区
224	斑头雁	*Anser indicus*	鸭科	雁属	龙口黄水河河口湿地省级自然保护区、莱阳五龙河湿地省级自然保护区、山东黄河三角洲国家级自然保护区
225	雪雁	*Chen caerulescens*	鸭科	雪雁属	山东黄河三角洲国家级自然保护区
226	疣鼻天鹅	*Cygnus olor*	鸭科	天鹅属	山东莱州湾湿地市级自然保护区、山东黄河三角洲国家级自然保护区、山东南四湖省级自然保护区
227	赤嘴潜鸭	*Netta rufina*	鸭科	狭嘴潜鸭属	东平湖湿地市级自然保护区、山东黄河三角洲国家级自然保护区
228	白眼潜鸭	*Aythya nyroca*	鸭科	潜鸭属	山东黄河三角洲国家级自然保护区、山东南四湖省级自然保护区

续表

序号	中文名	学名	科名	属名	分布的自然保护区
229	青头潜鸭＃	*Aythya baeri*	鸭科	潜鸭属	龙口黄水河河口湿地省级自然保护区、莱阳五龙河湿地省级自然保护区、山东黄河三角洲国家级自然保护区
230	黑海番鸭(*americana* 亚种)	*Melanitta nigra americana*	鸭科	海番鸭属	东平湖湿地市级自然保护区
231	斑脸海番鸭(*stejnegeri* 亚种)	*Melanitta deglandi*	鸭科	海番鸭属	东平湖湿地市级自然保护区、山东莱州湾湿地市级自然保护区、莱阳五龙河湿地省级自然保护区
232	红胸秋沙鸭	*Mergus serrator*	鸭科	秋沙鸭属	烟台福山银湖湿地省级自然保护区、烟台市大沽夹河湿地市级自然保护区
233	长尾鸭＃	*Clangula hyemalis*	鸭科	长尾鸭属	会宝岭水库县级自然保护区
234	黑鸢(*lineatus* 亚种)	*Milvus migrans lineatus*	鹰科	鸢属	龙口黄水河河口湿地省级自然保护区、莱阳五龙河湿地省级自然保护区、山东黄河三角洲国家级自然保护区
235	日本松雀鹰	*Accipiter gularis*	鹰科	鹰属	山东莱州湾湿地市级自然保护区
236	白头鹞(指名亚种)	*Circus aeruginosus aeruginosus*	鹰科	鹞属	烟台福山银湖湿地省级自然保护区、山东莱州湾湿地市级自然保护区、烟台市大沽夹河湿地市级自然保护区
237	乌灰鹞	*Circus pygargus*	鹰科	鹞属	烟台福山银湖湿地省级自然保护区
238	白腹鹞	*Circus spilonotus*	鹰科	鹞属	山东莱州湾湿地市级自然保护区、山东黄河三角洲国家级自然保护区
239	毛脚鵟(*kamtschatkensis* 亚种)	*Buteo lagopus kamtschatkensis*	鹰科	鵟属	烟台市大沽夹河湿地市级自然保护区、山东黄河三角洲国家级自然保护区
240	白肩雕＃	*Aquila heliaca*	鹰科	雕属	山东莱州湾湿地市级自然保护区、烟台市大沽夹河湿地市级自然保护区、莱阳五龙河湿地省级自然保护区

续表

序号	中文名	学名	科名	属名	分布的自然保护区
241	草原雕（指名亚种）	*Aquila nipalensis nipalensis*	鹰科	雕属	烟台市大沽夹河湿地市级自然保护区
242	兀鹫	*Gyps fulvus*	鹰科	兀鹫属	东平湖湿地市级自然保护区、山东莱州湾湿地市级自然保护区
243	黑翅鸢	*Elanus caeruleus*	鹰科	黑翅鸢属	山东黄河三角洲国家级自然保护区
244	鹗	*Pandion haliaetus*	鹗科	鹗属	山东莱州湾湿地市级自然保护区、山东黄河三角洲国家级自然保护区
245	猎隼#	*Falco cherrug*	隼科	隼属	烟台福山银湖湿地省级自然保护区、山东莱州湾湿地市级自然保护区、烟台市大沽夹河湿地市级自然保护区
246	白头鹤#	*Grus monacha*	鹤科	鹤属	龙口黄水河河口湿地省级自然保护区、莱阳五龙河湿地省级自然保护区、山东黄河三角洲国家级自然保护区
247	沙丘鹤	*Grus canadensis*	鹤科	鹤属	山东黄河三角洲国家级自然保护区
248	蓑羽鹤	*Grus virgo*	鹤科	鹤属	龙口黄水河河口湿地省级自然保护区、莱阳五龙河湿地省级自然保护区、山东黄河三角洲国家级自然保护区
249	斑胁田鸡	*Porzana paykullii*	秧鸡科	田鸡属	山东南四湖省级自然保护区
250	花田鸡#	*Coturnicops exquisitus*	秧鸡科	田鸡属	山东莱州湾湿地市级自然保护区
251	水雉	*Hydrophasianus chirurgus*	水雉科	水雉属	东平湖湿地市级自然保护区、龙口黄水河河口湿地省级自然保护区、山东黄河三角洲国家级自然保护区
252	彩鹬（指名亚种）	*Rostratula benghalensis benghalensis*	彩鹬科	彩鹬属	东平湖湿地市级自然保护区
253	欧石鸻（指名亚种）	*Burhinus oedicnemus oedicnemus*	石鸻科	石鸻属	烟台市大沽夹河湿地市级自然保护区

续表

序号	中文名	学名	科名	属名	分布的自然保护区
254	大杓鹬	*Numenius madagascariensis*	鹬科	杓鹬属	烟台福山银湖湿地省级自然保护区
255	黑尾塍鹬(*melanuroides* 亚种)	*Limosa limosa melanuroides*	鹬科	塍鹬属	龙口黄水河河口湿地省级自然保护区、山东黄河三角洲国家级自然保护区
256	斑尾塍鹬(*baueri* 亚种)	*Limosa lapponica baueri*	鹬科	塍鹬属	龙口黄水河河口湿地省级自然保护区、山东黄河三角洲国家级自然保护区
257	小青脚鹬#	*Tringa guttifer*	鹬科	鹬属	龙口黄水河河口湿地省级自然保护区、莱阳五龙河湿地省级自然保护区、山东黄河三角洲国家级自然保护区
258	半蹼鹬	*Limnodromus semipalmatus*	鹬科	半蹼鹬属	龙口黄水河河口湿地省级自然保护区、山东黄河三角洲国家级自然保护区
259	林沙锥#	*Gallinago nemoricola*	鹬科	沙锥属	烟台市大沽夹河湿地市级自然保护区
260	红腹滨鹬(*rogersi* 亚种)	*Calidris canutus rogersi*	鹬科	滨鹬属	龙口黄水河河口湿地省级自然保护区、烟台市大沽夹河湿地市级自然保护区、山东黄河三角洲国家级自然保护区
261	青脚滨鹬	*Calidris temminckii*	鹬科	滨鹬属	龙口黄水河河口湿地省级自然保护区、山东黄河三角洲国家级自然保护区
262	弯嘴滨鹬	*Calidris ferruginea*	鹬科	滨鹬属	龙口黄水河河口湿地省级自然保护区、山东黄河三角洲国家级自然保护区
263	阔嘴鹬(*sibirica* 亚种)	*Limicola falcinellus sibirica*	鹬科	阔嘴鹬属	龙口黄水河河口湿地省级自然保护区、山东黄河三角洲国家级自然保护区
264	红颈瓣蹼鹬	*Phalaropus lobatus*	鹬科	瓣蹼鹬属	龙口黄水河河口湿地省级自然保护区、山东黄河三角洲国家级自然保护区

续表

序号	中文名	学名	科名	属名	分布的自然保护区
265	流苏鹬	*Philomachus pugnax*	鹬科	流苏鹬属	山东黄河三角洲国家级自然保护区
266	反嘴鹬	*Recurvirostra avosetta*	反嘴鹬科	反嘴鹬属	龙口黄水河河口湿地省级自然保护区、山东黄河三角洲国家级自然保护区
267	灰背鸥	*Larus schistisagus*	鸥科	鸥属	山东莱州湾湿地市级自然保护区、烟台市大沽夹河湿地市级自然保护区
268	北极鸥(*barrovianus*亚种)	*Larus hyperboreus barrovianus*	鸥科	鸥属	烟台市大沽夹河湿地市级自然保护区
269	黄腿银鸥	*Larus cachinnans*	鸥科	鸥属	山东黄河三角洲国家级自然保护区
270	西伯利亚银鸥	*Larus vegae*	鸥科	鸥属	山东黄河三角洲国家级自然保护区
271	黑嘴鸥#	*Chroicocephalus saundersi*	鸥科	彩头鸥属	龙口黄水河河口湿地省级自然保护区、莱阳五龙河湿地省级自然保护区、山东黄河三角洲国家级自然保护区
272	棕头鸥	*Chroicocephalus brunnicephalus*	鸥科	彩头鸥属	山东黄河三角洲国家级自然保护区
273	遗鸥#	*Ichthyaetus relictus*	鸥科	渔鸥属	山东莱州湾湿地市级自然保护区、山东黄河三角洲国家级自然保护区
274	黑浮鸥(指名亚种)	*Chlidonias niger niger*	鸥科	浮鸥属	龙口黄水河河口湿地省级自然保护区、莱阳五龙河湿地省级自然保护区、山东黄河三角洲国家级自然保护区
275	鸥嘴噪鸥(*affinis*亚种)	*Gelochelidon nilotica affinis*	鸥科	噪鸥属	龙口黄水河河口湿地省级自然保护区、山东黄河三角洲国家级自然保护区、山东南四湖省级自然保护区
276	黑枕燕鸥(指名亚种)	*Sterna sumatrana sumatrana*	鸥科	燕鸥属	烟台市大沽夹河湿地市级自然保护区
277	扁嘴海雀(指名亚种)	*Synthliboramphus antiquus antiquus*	海雀科	扁嘴海雀属	烟台市大沽夹河湿地市级自然保护区

续表

序号	中文名	学名	科名	属名	分布的自然保护区
278	毛腿沙鸡	*Syrrhaptes paradoxus*	沙鸡科	毛腿沙鸡属	龙口黄水河河口湿地省级自然保护区、莱阳五龙河湿地省级自然保护区、山东黄河三角洲国家级自然保护区
279	黑林鸽（指名亚种）	*Columba janthina janthina*	鸠鸽科	鸽属	山东莱州湾湿地市级自然保护区、烟台市大沽夹河湿地市级自然保护区
280	霍氏鹰鹃	*Hierococcyx nisicolor*	杜鹃科	鹰鹃属	东平湖湿地市级自然保护区、山东莱州湾湿地市级自然保护区、烟台市大沽夹河湿地市级自然保护区
281	灰林鸮	*Strix aluco*	鸱鸮科	林鸮属	山东莱州湾湿地市级自然保护区、山东南四湖省级自然保护区
282	鳞喉绿啄木鸟	*Picus xanthopygaeus*	啄木鸟科	绿啄木鸟属	东平湖湿地市级自然保护区、烟台市大沽夹河湿地市级自然保护区、山东南四湖省级自然保护区
283	灰头绿啄木鸟（*guerini* 亚种）	*Picus canus guerini*	啄木鸟科	绿啄木鸟属	东平湖湿地市级自然保护区、烟台福山银湖湿地省级自然保护区
284	灰头绿啄木鸟（*kogo* 亚种）	*Picus canus kogo*	啄木鸟科	绿啄木鸟属	东平湖湿地市级自然保护区、烟台福山银湖湿地省级自然保护区
285	棕腹啄木鸟（*subrufinus* 亚种）	*Dendrocopos hyperythrus subrufinus*	啄木鸟科	啄木鸟属	东平湖湿地市级自然保护区、山东黄河三角洲国家级自然保护区、山东南四湖省级自然保护区
286	小星头啄木鸟（*wilderi* 亚种）	*Dendrocopos kizuki wilderi*	啄木鸟科	啄木鸟属	东平湖湿地市级自然保护区、山东黄河三角洲国家级自然保护区、山东南四湖省级自然保护区
287	仙八色鸫#	*Pitta nympha*	八色鸫科	八色鸫属	山东莱州湾湿地市级自然保护区

续表

序号	中文名	学名	科名	属名	分布的自然保护区
288	亚洲短趾百灵	*Calandrella cheleensis*	百灵科	短趾百灵属	烟台市大沽夹河湿地市级自然保护区
289	北鹨(指名亚种)	*Anthus gustavi gustavi*	鹡鸰科	鹨属	东平湖湿地市级自然保护区、烟台市大沽夹河湿地市级自然保护区、山东南四湖省级自然保护区
290	山鹨	*Anthus sylvanus*	鹡鸰科	鹨属	东平湖湿地市级自然保护区、烟台市大沽夹河湿地市级自然保护区
291	布氏鹨	*Anthus godlewskii*	鹡鸰科	鹨属	山东黄河三角洲国家级自然保护区
292	黄腹鹨	*Anthus rubescens*	鹡鸰科	鹨属	山东黄河三角洲国家级自然保护区
293	黄头鹡鸰(指名亚种)	*Motacilla citreola citreola*	鹡鸰科	鹡鸰属	东平湖湿地市级自然保护区、山东莱州湾湿地市级自然保护区
294	西黄鹡鸰(*macronyx*亚种)	*Motacilla flava macronyx*	鹡鸰科	鹡鸰属	东平湖湿地市级自然保护区、烟台福山银湖湿地省级自然保护区、烟台市大沽夹河湿地市级自然保护区
295	西黄鹡鸰(*taivana* 亚种)	*Motacilla flava taivana*	鹡鸰科	鹡鸰属	东平湖湿地市级自然保护区、龙口黄水河河口湿地省级自然保护区、山东黄河三角洲国家级自然保护区
296	暗灰鹃鵙	*Coracina melaschistos*	鹃鵙科	鹃鵙属	山东南四湖省级自然保护区
297	粉红山椒鸟	*Pericrocotus roseus*	鹃鵙科	山椒鸟属	山东南四湖省级自然保护区
298	长尾山椒鸟	*Pericrocotus ethologus*	鹃鵙科	山椒鸟属	东平湖湿地市级自然保护区、山东南四湖省级自然保护区
299	黑短脚鹎	*Hypsipetes leucocephalus*	鹎科	短脚鹎属	东平湖湿地市级自然保护区
300	灰伯劳	*Lanius excubitor*	伯劳科	伯劳属	烟台市大沽夹河湿地市级自然保护区、山东黄河三角洲国家级自然保护区、山东南四湖省级自然保护区

续表

序号	中文名	学名	科名	属名	分布的自然保护区
301	棕背伯劳（指名亚种）	*Lanius schach schach*	伯劳科	伯劳属	山东黄河三角洲国家级自然保护区、山东南四湖省级自然保护区
302	灰卷尾	*Dicrurus leucophaeus*	卷尾科	卷尾属	山东黄河三角洲国家级自然保护区
303	紫翅椋鸟（*poltaratskyi*亚种）	*Sturnus vulgaris poltaratskyi*	椋鸟科	椋鸟属	山东莱州湾湿地市级自然保护区
304	松鸦	*Garrulus glandarius*	鸦科	松鸦属	东平湖湿地市级自然保护区
305	寒鸦（*soemmerringii*亚种）	*Corvus monedula soemmerringii*	鸦科	鸦属	东平湖湿地市级自然保护区、烟台市大沽夹河湿地市级自然保护区、山东南四湖省级自然保护区
306	达乌里寒鸦	*Corvus dauuricus*	鸦科	鸦属	东平湖湿地市级自然保护区、山东黄河三角洲国家级自然保护区
307	赭红尾鸲（*rufiventris*亚种）	*Phoenicurus ochruros rufiventris*	鹟科	红尾鸲属	东平湖湿地市级自然保护区、山东南四湖省级自然保护区
308	红尾水鸲（指名亚种）	*Rhyacornis fuliginosus fuliginosus*	鹟科	水鸲属	东平湖湿地市级自然保护区、烟台福山银湖湿地省级自然保护区、山东莱州湾湿地市级自然保护区
309	灰头鸫	*Turdus rubrocanus*	鸫科	鸫属	山东黄河三角洲国家级自然保护区、山东南四湖省级自然保护区
310	白腹鸫	*Turdus pallidus*	鸫科	鸫属	山东莱州湾湿地市级自然保护区、山东黄河三角洲国家级自然保护区、山东南四湖省级自然保护区
311	赤颈鸫	*Turdus ruficollis*	鸫科	鸫属	东平湖湿地市级自然保护区、山东黄河三角洲国家级自然保护区
312	宝兴歌鸫※	*Turdus mupinensis*	鸫科	鸫属	东平湖湿地市级自然保护区

续表

序号	中文名	学名	科名	属名	分布的自然保护区
313	乌灰鸫	*Turdus cardis*	鸫科	鸫属	烟台市大沽夹河湿地市级自然保护区
314	震旦鸦雀	*Paradoxornis heudei*	莺鹛科	鸦雀属	东平湖湿地市级自然保护区、山东黄河三角洲国家级自然保护区
315	画眉	*Garrulax canorus*	噪鹛科	噪鹛属	东平湖湿地市级自然保护区
316	鳞头树莺	*Urosphena squameiceps*	树莺科	短尾莺属	烟台福山银湖湿地省级自然保护区、山东莱州湾湿地市级自然保护区、烟台市大沽夹河湿地市级自然保护区
317	日本树莺（*borealis* 亚种）	*Cettia diphone borealis*	树莺科	树莺属	东平湖湿地市级自然保护区、烟台福山银湖湿地省级自然保护区、烟台市大沽夹河湿地市级自然保护区
318	异色树莺	*Cettia flavolivaceus*	树莺科	树莺属	东平湖湿地市级自然保护区
319	北蝗莺	*Locustella ochotensis*	短翅莺科	蝗莺属	东平湖湿地市级自然保护区、烟台福山银湖湿地省级自然保护区、烟台市大沽夹河湿地市级自然保护区
320	矛斑蝗莺（指名亚种）	*Locustella lanceolata lanceolata*	短翅莺科	蝗莺属	烟台福山银湖湿地省级自然保护区、山东莱州湾湿地市级自然保护区、烟台市大沽夹河湿地市级自然保护区
321	苍眉蝗莺（指名亚种）	*Locustella fasciolata fasciolata*	短翅莺科	蝗莺属	东平湖湿地市级自然保护区、烟台福山银湖湿地省级自然保护区、烟台市大沽夹河湿地市级自然保护区
322	稻田苇莺（指名亚种）	*Acrocephalus agricola agricola*	苇莺科	苇莺属	东平湖湿地市级自然保护区、烟台市大沽夹河湿地市级自然保护区
323	芦苇莺（*fuscus* 亚种）	*Acrocephalus scirpaceus fuscus*	苇莺科	苇莺属	东平湖湿地市级自然保护区、山东黄河三角洲国家级自然保护区、山东南四湖省级自然保护区

续表

序号	中文名	学名	科名	属名	分布的自然保护区
324	厚嘴苇莺（*rufescens* 亚种）	*Acrocephalus aedon rufescens*	苇莺科	苇莺属	东平湖湿地市级自然保护区
325	棕腹柳莺	*Phylloscopus subaffinis*	柳莺科	柳莺属	烟台福山银湖湿地省级自然保护区、山东莱州湾湿地市级自然保护区
326	褐柳莺（指名亚种）	*Phylloscopus fuscatus fuscatus*	柳莺科	柳莺属	东平湖湿地市级自然保护区、山东黄河三角洲国家级自然保护区、山东南四湖省级自然保护区
327	棕眉柳莺	*Phylloscopus armandii*	柳莺科	柳莺属	东平湖湿地市级自然保护区、烟台福山银湖湿地省级自然保护区、山东莱州湾湿地市级自然保护区
328	巨嘴柳莺	*Phylloscopus schwarzi*	柳莺科	柳莺属	东平湖湿地市级自然保护区、山东黄河三角洲国家级自然保护区、山东南四湖省级自然保护区
329	极北柳莺（*xanthodryas* 亚种）	*Phylloscopus borealis xanthodryas*	柳莺科	柳莺属	东平湖湿地市级自然保护区、山东黄河三角洲国家级自然保护区、山东南四湖省级自然保护区
330	紫寿带（指名亚种）	*Terpsiphone atrocaudata atrocaudata*	王鹟科	寿带属	东平湖湿地市级自然保护区
331	煤山雀（*pekinensis* 亚种）	*Parus ater pekinensis*	山雀科	山雀属	东平湖湿地市级自然保护区、烟台市大沽夹河湿地市级自然保护区、山东南四湖省级自然保护区
332	北长尾山雀	*Aegithalos caudatus*	长尾山雀科	长尾山雀属	东平湖湿地市级自然保护区、山东黄河三角洲国家级自然保护区、山东南四湖省级自然保护区
333	旋木雀（*daurica* 亚种）	*Certhia familiaris daurica*	旋木雀科	旋木雀属	东平湖湿地市级自然保护区

续表

序号	中文名	学名	科名	属名	分布的自然保护区
334	中华攀雀（指名亚种）	*Remiz consobrinus consobrinus*	攀雀科	攀雀属	东平湖湿地市级自然保护区、山东黄河三角洲国家级自然保护区、山东南四湖省级自然保护区
335	白腰朱顶雀（指名亚种）	*Acanthis flammea flammea*	雀科	朱顶雀属	东平湖湿地市级自然保护区、山东莱州湾湿地市级自然保护区、烟台市大沽夹河湿地市级自然保护区
336	灰腹灰雀	*Pyrrhula griseiventris*	雀科	灰雀属	东平湖湿地市级自然保护区、山东莱州湾湿地市级自然保护区
337	黄胸鹀（*ornate* 亚种）#	*Emberiza aureola ornate*	鹀科	鹀属	东平湖湿地市级自然保护区、山东南四湖省级自然保护区
338	灰眉岩鹀	*Emberiza cia*	鹀科	鹀属	东平湖湿地市级自然保护区、山东南四湖省级自然保护区
339	红颈苇鹀（*continentalis* 亚种）	*Emberiza yessoensis continentalis*	鹀科	鹀属	东平湖湿地市级自然保护区、烟台福山银湖湿地省级自然保护区、烟台市大沽夹河湿地市级自然保护区
340	八哥	*Acridotheres cristatellus*	椋鸟科	八哥属	东平湖湿地市级自然保护区
341	东方大苇莺	*Acrocephalus orientalis*	苇莺科	苇莺属	东平湖湿地市级自然保护区

注：表中物种中文名后标注“#”为受威胁物种，标注“※”为中国特有物种。

3. 野生脊椎动物丰富度

山东省内陆湿地类自然保护区野生脊椎动物丰富度差异较大。山东黄河三角洲国家级自然保护区野生脊椎动物丰富度最高，有485种；山东南四湖省级自然保护区、山东莱州湾湿地市级自然保护区、烟台市大沽夹河湿地市级自然保护区和东平湖湿地市级自然保护区4个自然保护区野生脊椎动物种类为300～400种；莱阳五龙河湿地省级自然保护区、龙口黄水河河口湿地省级自然保护区、烟台福山银湖湿地省级自然保护区3个自然保护区生脊椎动物种类均为200～300种；泉林水体县级自然保护区和会宝岭水库县级自然保护区野生脊椎动物种类较少，分别为37种和45种。山东省内陆湿地类自然保护区野生脊椎动物物种丰富度分布状况如图2-4-1所示。

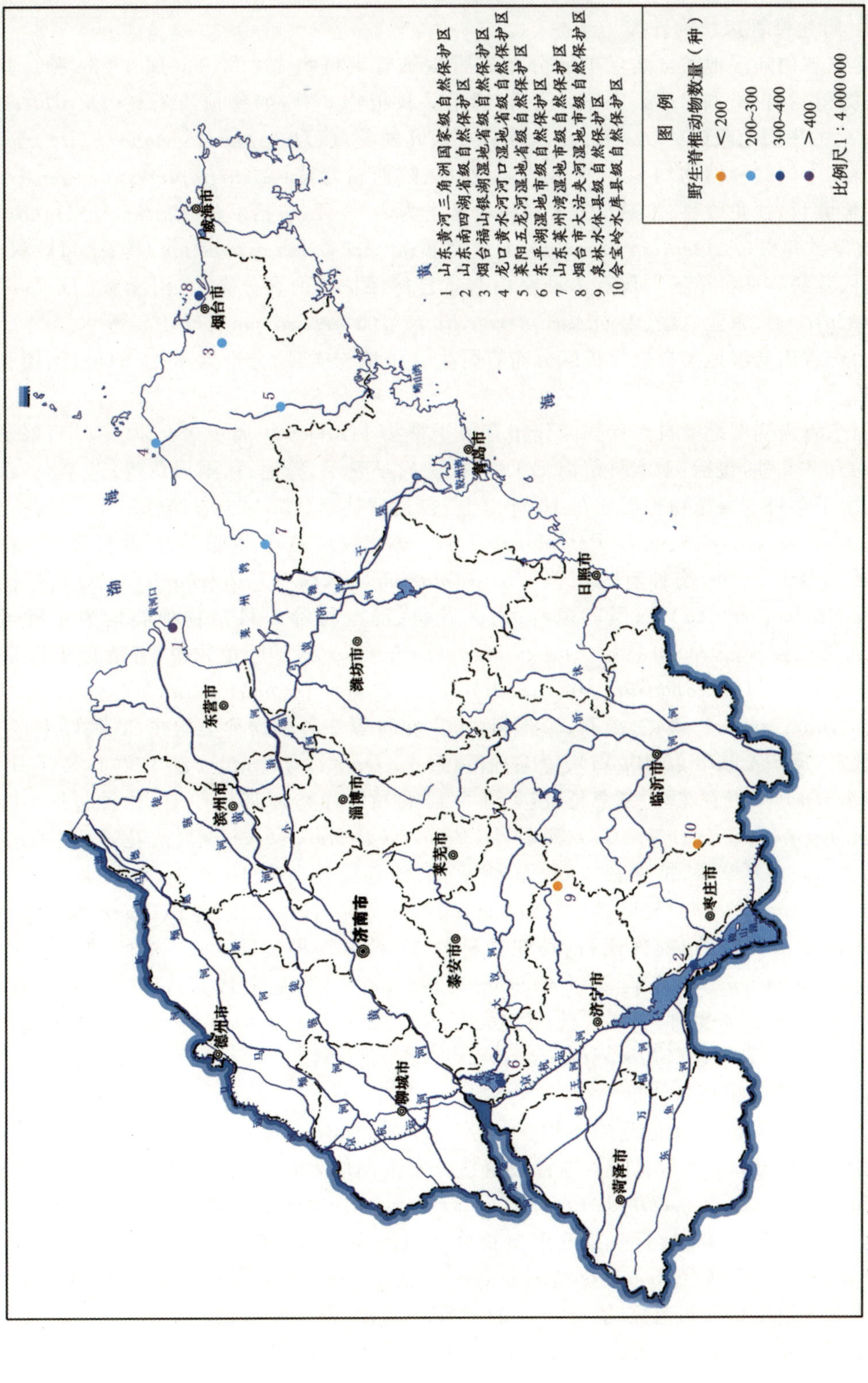

审图号：鲁SG（2018）068号

图2-4-1　山东省内陆湿地类自然保护区野生脊椎动物物种丰富度

二、野生维管束植物

1. 野生维管束植物种类

山东省内陆湿地类自然保护区分布有野生维管束植物132科530属1 064种。其中,蕨类植物有16科23属36种,包括:鳞毛蕨科植物8种,如狭顶鳞毛蕨(*Dryopteris lacera*)、中华鳞毛蕨(*Dryopteris chinensis*)、裸叶鳞毛蕨(*Dryopteris gymnophylla*)等,卷柏科和中国蕨科植物均为4种,有旱生卷柏、陕西粉背蕨(*Aleuritopteris shensiensis*)等;蹄盖蕨科、铁角蕨科、木贼科等4科植物种类为2~3种,包括木贼(*Radix Aucklandiae*)、虎尾铁角蕨(*Asplenium incisum*)、日本蹄盖蕨(*Athyrium niponicum*)等;金星蕨科、岩蕨科、苹科等9科植物均仅有1种在山东省自然保护区内有分布,有沼泽蕨(*Thelypteris palustris*)、东亚岩蕨(*Woodsia intermedia*)、苹(*Marsilea quadrifolia*)等。

山东省内陆湿地类自然保护区分布有野生裸子植物4种,分别为赤松、油松、侧柏和草麻黄。

山东省内陆湿地类自然保护区分布有被子植物112科504属1 024种。其中,单子叶植物有275种,包括:禾本科植物121种,如法氏早熟禾、獐毛、秋画眉草等;莎草科、百合科、眼子菜科3科植物种类均在10种以上,包括球柱草(*Bulbostylis barbata*)、黄花菜(*Hemerocallis citrina*)、菹草(*Potamogeton crispus*)等;茨藻科、水鳖科、浮萍科等9科植物种类均为3~9种,物种有大茨藻(*Najas marina*)、水鳖(*Hydrocharis dubia*)、紫萍(*Spirodela polyrrhiza*)等;黑三棱科、雨久花科、泽泻科等5科植物种类均为1种或2种,如黑三棱、鸭舌草、野慈姑(*Sagittaria trifolia*)等。双子叶植物中,有菊科植物99种,如火绒草(*Leontopodium leontopodioides*)、香青(*Anaphalis sinica*)、烟管头草(*Carpesium cernuum*)等;玄参科、伞形科、十字花科等7科植物种类均在20种以上,物种有地黄(*Rehmannia glutinosa*)、短毛独活(*Heracleum moellendorffii*)、群心菜(*Cardaria draba*)等;报春花科、紫草科、堇菜科等14科植物种类为10~19种,物种包括小叶珍珠菜(*Lysimachia parvifolia*)、斑种草(*Bothriospermum chinense*)、白花地丁(*Viola patrinii*)等;虎耳草科、桔梗科、马鞭草科等21科植物种类为5~9种,包括大花溲疏(*Deutzia grandiflora*)、轮叶沙参(*Adenophora tetraphylla*)、海州常山(*Clerodendrum trichotomum*)等;葫芦科、狸藻科、马兜铃科等31科植物种类数为2~4种,如盒子草(*Actinostemma tenerum*)、狸藻(*Utricularia vulgaris*)、短毛金线草(*Antenoron filiforme*)等物种;槲寄生科、金粟兰科、苦苣苔科等20科植物种类均为1种,如槲寄生(*Viseum coloratum*)、及己(*Chloranthus serratus*)、旋蒴苣苔等。

2. 野生维管束植物分布

野生维管束植物分布范围不均一。芦苇(*Phragmites australis*)、狗尾草(*Setaria viridis*)、蒲公英等7种常见野生维管束植物分布范围均为9个内陆湿地类自然保护区;毛马唐(*Digitaria chrysoblephara*)、荻(*Triarrhena sacchariflora*)、白羊草(*Bothriochloa ischaemum*)等188种野生维管束植物分布范围为6~8个自然保护区;角蒿(*Incarvillea sinensis*)、列当(*Orobanche coerulescens*)、桔梗(*Platycodon grandiflorus*)等337种野生维管束植物分布范围为4~5个自然保护区;大拂子茅(*Calamagrostis macrolepis*)、菵草(*Beckmannia syzigachne*)、远东芨芨草(*Achnatherum extremiorientale*)等314

种野生维管束植物分布范围为 2～3 个自然保护区；沟酸浆(*Mimulus tenellus*)、灰楸(*Catalpa fargesii*)、狸藻等 218 种野生维管束植物分布范围均为 1 个自然保护区。532 种分布范围在 3 个(含)自然保护区以内的野生维管束植物分布情况如表 2-4-2 所示。

表 2-4-2 内陆湿地类自然保护区部分野生维管束植物物种分布状况

序号	中文名	学名	科名	属名	分布的自然保护区
1	卷柏	*Selaginella tamariscina*	卷柏科	卷柏属	烟台福山银湖湿地省级自然保护区、莱阳五龙河湿地省级自然保护区、烟台市大沽夹河湿地市级自然保护区
2	旱生卷柏	*Selaginella stuntoniana*	卷柏科	卷柏属	烟台市大沽夹河湿地市级自然保护区
3	小卷柏	*Selaginella helvetica*	卷柏科	卷柏属	烟台市大沽夹河湿地市级自然保护区
4	木贼	*Radix Aucklandiae*	木贼科	木贼属	龙口黄水河河口湿地省级自然保护区
5	紫萁	*Osmunda japonica*	紫萁科	紫萁属	烟台市大沽夹河湿地市级自然保护区
6	细毛碗蕨	*Dennstaedtia pilosella*	碗蕨科	碗蕨属	烟台福山银湖湿地省级自然保护区、山东莱州湾湿地市级自然保护区、烟台市大沽夹河湿地市级自然保护区
7	欧洲蕨	*Pteridium aquilinum*	蕨科	蕨属	烟台福山银湖湿地省级自然保护区、山东莱州湾湿地市级自然保护区、烟台市大沽夹河湿地市级自然保护区
8	井栏边草	*Pteris multifida*	凤尾蕨科	凤尾蕨属	烟台市大沽夹河湿地市级自然保护区
9	陕西粉背蕨	*Aleuritopteris shensiensis*	中国蕨科	粉背蕨属	烟台市大沽夹河湿地市级自然保护区
10	蒙山粉背蕨※	*Aleuritopteris mengshanensis*	中国蕨科	粉背蕨属	烟台市大沽夹河湿地市级自然保护区
11	华北粉背蕨	*Leptolepidium kuhnii*	中国蕨科	粉背蕨属	烟台市大沽夹河湿地市级自然保护区
12	沼泽蕨	*Thelypteris palustris*	金星蕨科	沼泽蕨属	烟台福山银湖湿地省级自然保护区、山东莱州湾湿地市级自然保护区、烟台市大沽夹河湿地市级自然保护区

续表

序号	中文名	学名	科名	属名	分布的自然保护区
13	狭顶鳞毛蕨	*Dryopteris lacera*	鳞毛蕨科	鳞毛蕨属	烟台福山银湖湿地省级自然保护区、山东莱州湾湿地市级自然保护区
14	中华鳞毛蕨	*Dryopteris chinensis*	鳞毛蕨科	鳞毛蕨属	烟台福山银湖湿地省级自然保护区、山东莱州湾湿地市级自然保护区、烟台市大沽夹河湿地市级自然保护区
15	裸叶鳞毛蕨	*Dryopteris gymnophylla*	鳞毛蕨科	鳞毛蕨属	烟台福山银湖湿地省级自然保护区、山东莱州湾湿地市级自然保护区、烟台市大沽夹河湿地市级自然保护区
16	棕边鳞毛蕨	*Dryopteris sacrosancta*	鳞毛蕨科	鳞毛蕨属	烟台福山银湖湿地省级自然保护区、山东莱州湾湿地市级自然保护区、烟台市大沽夹河湿地市级自然保护区
17	两色鳞毛蕨	*Dryopteris setosa*	鳞毛蕨科	鳞毛蕨属	烟台福山银湖湿地省级自然保护区、山东莱州湾湿地市级自然保护区、烟台市大沽夹河湿地市级自然保护区
18	戟叶耳蕨	*Polystichum tripteron*	鳞毛蕨科	耳蕨属	烟台福山银湖湿地省级自然保护区、烟台市大沽夹河湿地市级自然保护区
19	全缘贯众	*Cyrtomium falcatum*	鳞毛蕨科	贯众属	龙口黄水河河口湿地省级自然保护区、莱阳五龙河湿地省级自然保护区
20	骨碎补	*Davallia mariesii*	骨碎补科	骨碎补属	烟台福山银湖湿地省级自然保护区、烟台市大沽夹河湿地市级自然保护区
21	瓦韦	*Lepisorus thunbergianus*	水龙骨科	瓦韦属	烟台福山银湖湿地省级自然保护区、烟台市大沽夹河湿地市级自然保护区
22	有柄石韦	*Pyrrosia petiolosa*	水龙骨科	石韦属	烟台福山银湖湿地省级自然保护区、东平湖湿地市级自然保护区、烟台市大沽夹河湿地市级自然保护区
23	金鸡脚假瘤蕨	*Phymatopteris hastate*	水龙骨科	假瘤蕨属	烟台福山银湖湿地省级自然保护区、烟台市大沽夹河湿地市级自然保护区
24	满江红	*Azolla imbricata*	满江红科	满江红属	山东南四湖省级自然保护区

续表

序号	中文名	学名	科名	属名	分布的自然保护区
25	赤松	*Pinus densiflora*	松科	松属	烟台福山银湖湿地省级自然保护区、山东莱州湾湿地市级自然保护区、烟台市大沽夹河湿地市级自然保护区
26	油松 ※	*Pinus tabuliformis*	松科	松属	山东莱州湾湿地市级自然保护区、烟台市大沽夹河湿地市级自然保护区
27	草麻黄	*Ephedra sinica*	麻黄科	麻黄属	山东黄河三角洲国家级自然保护区、龙口黄水河河口湿地省级自然保护区
28	无苞香蒲	*Typha laxmannii*	香蒲科	香蒲属	山东南四湖省级自然保护区、东平湖湿地市级自然保护区
29	水麦冬	*Triglochin palustre*	眼子菜科	水麦冬属	山东黄河三角洲国家级自然保护区、莱阳五龙河湿地省级自然保护区
30	鸡冠眼子菜	*Potamogeton cristatus*	眼子菜科	眼子菜属	山东南四湖省级自然保护区、龙口黄水河河口湿地省级自然保护区
31	光叶眼子菜	*Potamogeton lucens*	眼子菜科	眼子菜属	山东南四湖省级自然保护区、东平湖湿地市级自然保护区
32	微齿眼子菜	*Potamogeton maackianus*	眼子菜科	眼子菜属	山东南四湖省级自然保护区、东平湖湿地市级自然保护区
33	大叶藻	*Zostera marina*	眼子菜科	大叶藻属	烟台福山银湖湿地省级自然保护区、烟台市大沽夹河湿地市级自然保护区
34	花蔺	*Butomus umbellatus*	花蔺科	花蔺属	山东南四湖省级自然保护区、东平湖湿地市级自然保护区
35	假稻	*Leersia japonica*	禾本科	假稻属	山东南四湖省级自然保护区
36	菰	*Zizania latifolia*	禾本科	菰属	山东南四湖省级自然保护区、东平湖湿地市级自然保护区
37	龙常草	*Diarrhena manshurica*	禾本科	龙常草属	烟台福山银湖湿地省级自然保护区、山东莱州湾湿地市级自然保护区、烟台市大沽夹河湿地市级自然保护区
38	小颖羊茅	*Festuca parvigluma*	禾本科	羊茅属	烟台福山银湖湿地省级自然保护区、山东莱州湾湿地市级自然保护区、烟台市大沽夹河湿地市级自然保护区

续表

序号	中文名	学名	科名	属名	分布的自然保护区
39	坎博早熟禾	*Poa ranboensis*	禾本科	早熟禾属	烟台福山银湖湿地省级自然保护区、山东莱州湾湿地市级自然保护区、烟台市大沽夹河湿地市级自然保护区
40	星星草	*Puccinellia tenuiflora*	禾本科	碱茅属	烟台市大沽夹河湿地市级自然保护区
41	朝鲜碱茅	*Puccinellia chinampocnsis*	禾本科	碱茅属	龙口黄水河河口湿地省级自然保护区
42	疏花雀麦	*Bromus remotiflorus*	禾本科	雀麦属	烟台市大沽夹河湿地市级自然保护区
43	肥披碱草	*Elymus excelsus*	禾本科	披碱草属	山东莱州湾湿地市级自然保护区、烟台市大沽夹河湿地市级自然保护区
44	披碱草	*Elymus dahuricus*	禾本科	披碱草属	龙口黄水河河口湿地省级自然保护区、莱阳五龙河湿地省级自然保护区
45	羊草	*Leymus chinensis*	禾本科	赖草属	山东黄河三角洲国家级自然保护区
46	缘毛鹅观草	*Roegneria pendulina*	禾本科	鹅观草属	龙口黄水河河口湿地省级自然保护区、莱阳五龙河湿地省级自然保护区
47	三毛草	*Trisetum bifidum*	禾本科	二毛草属	山东南四湖省级自然保护区
48	虉草	*Phalaris arundinacea*	禾本科	虉草属	山东黄河三角洲国家级自然保护区
49	茅香	*Hierochloe odorata*	禾本科	茅香属	烟台福山银湖湿地省级自然保护区、山东莱州湾湿地市级自然保护区、烟台市大沽夹河湿地市级自然保护区
50	北方野青茅	*Deyeuxia arundinacea* var. *borealis*	禾本科	野青茅属	烟台市大沽夹河湿地市级自然保护区
51	纤毛野青茅	*Deyeuxia arundinacea* var. *ciliata*	禾本科	野青茅属	烟台市大沽夹河湿地市级自然保护区
52	疏花野青茅	*Deyeuxia arundinacea* var. *laxiflora*	禾本科	野青茅属	烟台市大沽夹河湿地市级自然保护区

续表

序号	中文名	学名	科名	属名	分布的自然保护区
53	大拂子茅	*Calamagrostis macrolepis*	禾本科	拂子茅属	龙口黄水河河口湿地省级自然保护区、莱阳五龙河湿地省级自然保护区
54	棒头草	*Polypogon fugax*	禾本科	棒头草属	烟台福山银湖湿地省级自然保护区、山东莱州湾湿地市级自然保护区、烟台市大沽夹河湿地市级自然保护区
55	菵草	*Beckmannia syzigachne*	禾本科	菵草属	山东南四湖省级自然保护区、东平湖湿地市级自然保护区
56	日本看麦娘	*Alopecurus japonicus*	禾本科	看麦娘属	山东南四湖省级自然保护区
57	长芒草	*Stipa bungeana*	禾本科	针茅属	山东南四湖省级自然保护区、龙口黄水河河口湿地省级自然保护区、莱阳五龙河湿地省级自然保护区
58	远东芨芨草	*Achnatherum extremiorientale*	禾本科	芨芨草属	山东南四湖省级自然保护区、烟台市大沽夹河湿地市级自然保护区
59	京芒草	*Achnatherum pekinense*	禾本科	芨芨草属	烟台福山银湖湿地省级自然保护区、山东莱州湾湿地市级自然保护区、烟台市大沽夹河湿地市级自然保护区
60	鸭茅	*Dactylis glomerata*	禾本科	鸭茅属	莱阳五龙河湿地省级自然保护区、烟台市大沽夹河湿地市级自然保护区
61	朝阳隐子草	*Cleistogenes hackeli*	禾本科	隐子草属	东平湖湿地市级自然保护区
62	隐花草	*Crypsis aculeata*	禾本科	隐花草属	龙口黄水河河口湿地省级自然保护区、莱阳五龙湿地河省级自然保护区
63	蔺状隐花草	*Crypsis schoenoides*	禾本科	隐花草属	山东南四湖省级自然保护区
64	日本乱子草	*Muhlenbergia japonica*	禾本科	乱子草属	烟台福山银湖湿地省级自然保护区、山东莱州湾湿地市级自然保护区、烟台市大沽夹河湿地市级自然保护区

续表

序号	中文名	学名	科名	属名	分布的自然保护区
65	大穗结缕草	*Zoysia macrostachya*	禾本科	结缕草属	龙口黄水河河口湿地省级自然保护区、莱阳五龙河湿地省级自然保护区
66	求米草	*Oplismenus undulatifolius*	禾本科	求米草属	山东黄河三角洲国家级自然保护区
67	无芒稗	*Echinochloa crusgalli* var. *mitis*	禾本科	稗属	山东南四湖省级自然保护区、烟台市大沽夹河湿地市级自然保护区
68	西来稗	*Echinochloa crusgalli* var. *zelayensis*	禾本科	稗属	烟台市大沽夹河湿地市级自然保护区
69	旱稗	*Echinochloa crusgallii* var. *hispidula*	禾本科	稗属	烟台福山银湖湿地省级自然保护区、龙口黄水河河口湿地省级自然保护区、烟台市大沽夹河湿地市级自然保护区
70	雀稗	*Paspalum thunbergii*	禾本科	雀稗属	山东黄河三角洲国家级自然保护区、山东南四湖省级自然保护区、东平湖湿地市级自然保护区
71	双穗雀稗	*Paspalum paspaloides*	禾本科	雀稗属	山东南四湖省级自然保护区、烟台福山银湖湿地省级自然保护区、烟台市大沽夹河湿地市级自然保护区
72	瘦脊伪针茅	*Pseudoraphis sordida*	禾本科	伪针茅属	山东南四湖省级自然保护区、山东莱州湾湿地市级自然保护区、烟台市大沽夹河湿地市级自然保护区
73	紫芒	*Miscanthus sinensis* var. *purpurascens*	禾本科	芒属	山东南四湖省级自然保护区、东平湖湿地市级自然保护区
74	油芒	*Eccoilopus cotulifer*	禾本科	油芒属	烟台市大沽夹河湿地市级自然保护区
75	莠竹	*Microstegium nodosum*	禾本科	莠竹属	烟台福山银湖湿地省级自然保护区、烟台市大沽夹河湿地市级自然保护区
76	多脉高粱	*Sorghum nervosum*	禾本科	高粱属	山东南四湖省级自然保护区、东平湖湿地市级自然保护区

续表

序号	中文名	学名	科名	属名	分布的自然保护区
77	束尾草	*Phacelurus latifolius*	禾本科	束尾草属	烟台市大沽夹河湿地市级自然保护区
78	芦竹	*Arundo donax*	禾本科	芦竹属	山东黄河三角洲国家级自然保护区
79	荆三棱	*Scirpus yalgara*	莎草科	藨草属	山东南四湖省级自然保护区、龙口黄水河河口湿地省级自然保护区、烟台市大沽夹河湿地市级自然保护区
80	荣成藨草※	*Scirpus rongchengensis*	莎草科	藨草属	烟台市大沽夹河湿地市级自然保护区
81	剑苞藨草	*Scirpus ehrenberglii*	莎草科	藨草属	东平湖湿地市级自然保护区
82	三棱水葱	*Schoenoplectus triqueter*	莎草科	水葱属	东平湖湿地市级自然保护区、山东莱州湾湿地市级自然保护区
83	水毛花	*Scirpus triangulatus*	莎草科	藨草属	山东南四湖省级自然保护区、龙口黄水河河口湿地省级自然保护区、莱阳五龙河湿地省级自然保护区
84	萤蔺	*Scirpus juncoides*	莎草科	藨草属	山东黄河三角洲国家级自然保护区、山东南四湖省级自然保护区、龙口黄水河河口湿地省级自然保护区
85	线状匍匐茎藨草	*Scirpus lineolatus*	莎草科	藨草属	山东南四湖省级自然保护区
86	毛芙兰草	*Fuirena ciliaris*	莎草科	芙兰草属	山东南四湖省级自然保护区
87	荸荠	*Heleocharis dulcis*	莎草科	荸荠属	山东黄河三角洲国家级自然保护区、山东南四湖省级自然保护区、东平湖湿地市级自然保护区
88	羽毛荸荠	*Heleocharis wichurai*	莎草科	荸荠属	山东黄河三角洲国家级自然保护区
89	龙师草	*Heleocharis tetraquetra*	莎草科	荸荠属	烟台福山银湖湿地省级自然保护区、山东莱州湾湿地市级自然保护区、烟台市大沽夹河湿地市级自然保护区
90	紫果蔺	*Heleocharis atropurpurea*	莎草科	荸荠属	山东南四湖省级自然保护区

续表

序号	中文名	学名	科名	属名	分布的自然保护区
91	丝叶球柱草	*Bulbostylis densa*	莎草科	球柱草属	山东南四湖省级自然保护区
92	球柱草	*Bulbostylis barbata*	莎草科	球柱草属	山东黄河三角洲国家级自然保护区、山东莱州湾湿地市级自然保护区
93	水虱草	*Fimbristylis miliacea*	莎草科	飘拂草属	山东黄河三角洲国家级自然保护区
94	两岐飘拂草	*Fimbristylis dichotoma*	莎草科	飘拂草属	山东南四湖省级自然保护区
95	弱锈鳞飘拂草	*Fimbristylis ferrugineae*	莎草科	飘拂草属	山东莱州湾湿地市级自然保护区、烟台市大沽夹河湿地市级自然保护区
96	畦畔飘拂草	*Fimbristylis squarrosa*	莎草科	飘拂草属	龙口黄水河河口湿地省级自然保护区、莱阳五龙河湿地省级自然保护区
97	华湖瓜草	*Lipocarpha chinensis*	莎草科	湖瓜草属	山东南四湖省级自然保护区
98	头状穗莎草	*Cyperus glomeratus*	莎草科	莎草属	山东南四湖省级自然保护区、东平湖湿地市级自然保护区
99	高秆莎草	*Cyperus exaltatus*	莎草科	莎草属	山东南四湖省级自然保护区
100	阿穆尔莎草	*Cyperus amuricus*	莎草科	莎草属	山东南四湖省级自然保护区
101	三轮草	*Cyperus orthostachyus*	莎草科	莎草属	山东黄河三角洲国家级自然保护区
102	褐穗莎草	*Cyperus fuscus*	莎草科	莎草属	山东南四湖省级自然保护区
103	白鳞莎草	*Cyperus nipponicus*	莎草科	莎草属	山东南四湖省级自然保护区、东平湖湿地市级自然保护区
104	风车草	*Cyperus alternifolium*	莎草科	莎草属	东平湖湿地市级自然保护区
105	水莎草	*Juncellus serotinus*	莎草科	水莎草属	山东黄河三角洲国家级自然保护区、东平湖湿地市级自然保护区
106	小球穗扁莎	*Pycreus flavidus* var. *nilagiricus*	莎草科	扁莎属	烟台市大沽夹河湿地市级自然保护区
107	直球穗扁莎	*Pycreus flavidus* var. *strictus*	莎草科	扁莎属	烟台市大沽夹河湿地市级自然保护区
108	球序断节莎	*Torulinium ferax*	莎草科	断节莎属	山东南四湖省级自然保护区

续表

序号	中文名	学名	科名	属名	分布的自然保护区
109	矮生薹草	*Carex pumila*	莎草科	薹草属	烟台福山银湖湿地省级自然保护区、山东莱州湾湿地市级自然保护区、烟台市大沽夹河湿地市级自然保护区
110	糙叶薹草	*Carex scabrifolia*	莎草科	薹草属	山东莱州湾湿地市级自然保护区、烟台市大沽夹河湿地市级自然保护区
111	唐进薹草 ※	*Carex tangiana*	莎草科	薹草属	烟台福山银湖湿地省级自然保护区、山东莱州湾湿地市级自然保护区、烟台市大沽夹河湿地市级自然保护区
112	异穗薹草	*Carex heterostachya*	莎草科	薹草属	烟台福山银湖湿地省级自然保护区、山东莱州湾湿地市级自然保护区、烟台市大沽夹河湿地市级自然保护区
113	胶东薹草※	*Carex jiaodongensis*	莎草科	薹草属	山东莱州湾湿地市级自然保护区、烟台市大沽夹河湿地市级自然保护区
114	天南星	*Arisaema heterophyllum*	天南星科	天南星属	莱阳五龙河湿地省级自然保护区
115	大薸	*Pistia stratiotes*	天南星科	大薸属	山东南四湖省级自然保护区
116	饭包草	*Commelina bengalensis*	鸭跖草科	鸭跖草属	山东南四湖省级自然保护区
117	小灯心草	*Juncus bufonius*	灯心草科	灯心草属	龙口黄水河河口湿地省级自然保护区、莱阳五龙河湿地省级自然保护区、泉林水体县级自然保护区
118	扁茎灯心草	*Juncus compressus*	灯心草科	灯心草属	东平湖湿地市级自然保护区、山东莱州湾湿地市级自然保护区、烟台市大沽夹河湿地市级自然保护区
119	坚被灯心草	*Juncus tenuis*	灯心草科	灯心草属	东平湖湿地市级自然保护区
120	翅茎灯心草	*Juncus alatus*	灯心草科	灯心草属	烟台福山银湖湿地省级自然保护区、山东莱州湾湿地市级自然保护区、烟台市大沽夹河湿地市级自然保护区

续表

序号	中文名	学名	科名	属名	分布的自然保护区
121	小花灯心草	*Juncus articulatus*	灯心草科	灯心草属	山东南四湖省级自然保护区
122	南玉带	*Asparagus oligoclonos*	百合科	天门冬属	烟台福山银湖湿地省级自然保护区、东平湖湿地市级自然保护区、烟台市大沽夹河湿地市级自然保护区
123	攀援天门冬	*Asparagus brachyphyllus*	百合科	天门冬属	烟台市大沽夹河湿地市级自然保护区
124	兴安天门冬	*Asparagus dauricus*	百合科	天门冬属	龙口黄水河河口湿地省级自然保护区、烟台市大沽夹河湿地市级自然保护区
125	菝葜	*Smilax china*	百合科	菝葜属	烟台福山银湖湿地省级自然保护区、山东莱州湾湿地市级自然保护区、烟台市大沽夹河湿地市级自然保护区
126	鞘柄菝葜	*Smilax stans*	百合科	菝葜属	山东莱州湾湿地市级自然保护区、烟台市大沽夹河湿地市级自然保护区
127	北黄花菜	*Hemerocallis lilioasphodelus*	百合科	萱草属	东平湖湿地市级自然保护区
128	萱草	*Hemerocallis fulva*	百合科	萱草属	山东莱州湾湿地市级自然保护区
129	知母	*Anemarrhena asphodeloides*	百合科	知母属	烟台市大沽夹河湿地市级自然保护区
130	矮韭	*Allium anisopodium*	百合科	葱属	烟台福山银湖湿地省级自然保护区、山东莱州湾湿地市级自然保护区、烟台市大沽夹河湿地市级自然保护区
131	矮齿韭 ※	*Allium brevidentatum*	百合科	葱属	莱阳五龙河湿地省级自然保护区
132	球序韭	*Allium thunbergii*	百合科	葱属	烟台福山银湖湿地省级自然保护区、山东莱州湾湿地市级自然保护区、烟台市大沽夹河湿地市级自然保护区
133	野百合※	*Lilium brownii*	百合科	百合属	烟台福山银湖湿地省级自然保护区
134	渥丹	*Lilium concolor*	百合科	百合属	东平湖湿地市级自然保护区、烟台市大沽夹河湿地市级自然保护区

续表

序号	中文名	学名	科名	属名	分布的自然保护区
135	山丹	*Lilium pumilum*	百合科	百合属	山东南四湖省级自然保护区
136	青岛百合	*Lilium tsingtauense*	百合科	百合属	烟台市大沽夹河湿地市级自然保护区
137	有斑百合	*Lilium concolor* var. *pulchellum*	百合科	百合属	烟台市大沽夹河湿地市级自然保护区
138	矮鸢尾＃※	*Iris kobayashii*	鸢尾科	鸢尾属	山东莱州湾湿地市级自然保护区
139	尾瓣舌唇兰	*Platanthera mandarinorum*	兰科	舌唇兰属	烟台市大沽夹河湿地市级自然保护区
140	蜈蚣兰	*Cleisostoma scolopendrifolium*	兰科	隔距兰属	山东莱州湾湿地市级自然保护区、烟台市大沽夹河湿地市级自然保护区
141	山胡椒	*Lindera glauca*	樟科	山胡椒属	莱阳五龙河湿地省级自然保护区、烟台市大沽夹河湿地市级自然保护区
142	三桠乌药	*Lindera obtusiloba*	樟科	山胡椒属	烟台市大沽夹河湿地市级自然保护区
143	五味子	*Schisandra chinensis*	五味子科	五味子属	山东莱州湾湿地市级自然保护区、烟台市大沽夹河湿地市级自然保护区
144	及己	*Chloranthus serratus*	金粟兰科	金粟兰属	烟台福山银湖湿地省级自然保护区
145	河北杨※	*Populus hopeiensis*	杨柳科	杨属	烟台市大沽夹河湿地市级自然保护区
146	青杨※	*Populus cathayana*	杨柳科	杨属	龙口黄水河河口湿地省级自然保护区
147	簸箕柳※	*Salix suchowensis*	杨柳科	柳属	山东黄河三角洲国家级自然保护区、山东南四湖省级自然保护区、莱阳五龙河湿地省级自然保护区
148	三蕊柳	*Salix triandra*	杨柳科	柳属	烟台市大沽夹河湿地市级自然保护区
149	腺柳	*Salix chaenomeloides*	杨柳科	柳属	东平湖湿地市级自然保护区、烟台市大沽夹河湿地市级自然保护区

续表

序号	中文名	学名	科名	属名	分布的自然保护区
150	龙爪柳	*Salix matsudana* f. *tortusoa*	杨柳科	柳属	烟台福山银湖湿地省级自然保护区、龙口黄水河河口湿地省级自然保护区、烟台市大沽夹河湿地市级自然保护区
151	胡桃楸	*Juglans mandshurica*	胡桃科	胡桃属	山东南四湖省级自然保护区、烟台福山银湖湿地省级自然保护区
152	野核桃	*Juglandaceae cathayensis*	胡桃科	胡桃属	烟台市大沽夹河湿地市级自然保护区
153	毛榛	*Corylus mandshurica*	桦木科	榛属	烟台市大沽夹河湿地市级自然保护区
154	千金榆	*Carpinus cordata*	桦木科	鹅耳枥属	烟台福山银湖湿地省级自然保护区、烟台市大沽夹河湿地市级自然保护区、泉林水体县级自然保护区
155	鹅耳枥	*Carpinus turczaninowii*	桦木科	鹅耳枥属	烟台福山银湖湿地省级自然保护区、东平湖湿地市级自然保护区、烟台市大沽夹河湿地市级自然保护区
156	日本桤木	*Alnus japonica*	桦木科	桤木属	烟台福山银湖湿地省级自然保护区
157	坚桦	*Betula chinensis*	桦木科	桦木属	烟台福山银湖湿地省级自然保护区、东平湖湿地市级自然保护区、烟台市大沽夹河湿地市级自然保护区
158	柞槲栎	*Quercus mongolica-dentata*	壳斗科	栎属	烟台市大沽夹河湿地市级自然保护区
159	槲栎	*Quercus aliena*	壳斗科	栎属	山东南四湖省级自然保护区、烟台福山银湖湿地省级自然保护区、烟台市大沽夹河湿地市级自然保护区
160	枹栎	*Quercus serrata*	壳斗科	栎属	烟台市大沽夹河湿地市级自然保护区
161	蒙古栎	*Quercus mongolica*	壳斗科	栎属	烟台市大沽夹河湿地市级自然保护区
162	锐齿槲栎	*Quercus aliena* var. *acutiserrata*	壳斗科	栎属	烟台市大沽夹河湿地市级自然保护区

续表

序号	中文名	学名	科名	属名	分布的自然保护区
163	北京槲栎	*Quercus aliena* var. *pekingensis*	壳斗科	栎属	烟台市大沽夹河湿地市级自然保护区
164	短柄枹栎（变种）	*Quercus glandulifera*	壳斗科	栎属	烟台市大沽夹河湿地市级自然保护区
165	大果榆	*Ulmus macrocarpa*	榆科	榆属	烟台福山银湖湿地省级自然保护区、东平湖湿地市级自然保护区、烟台市大沽夹河湿地市级自然保护区
166	榔榆	*Ulmus parvifolia*	榆科	榆属	烟台市大沽夹河湿地市级自然保护区
167	旱榆 ※	*Ulmus glaucescens*	榆科	榆属	莱阳五龙河湿地省级自然保护区、烟台市大沽夹河湿地市级自然保护区
168	黑榆	*Ulmus davidiana*	榆科	榆属	烟台福山银湖湿地省级自然保护区、烟台市大沽夹河湿地市级自然保护区
169	春榆	*Ulmus davidiana* var. *japonica*	榆科	榆属	烟台市大沽夹河湿地市级自然保护区
170	刺榆	*Hemiptelea davidii*	榆科	刺榆属	烟台福山银湖湿地省级自然保护区、烟台市大沽夹河湿地市级自然保护区
171	朴树	*Celtis sinensis*	榆科	朴属	山东南四湖省级自然保护区、烟台市大沽夹河湿地市级自然保护区
172	青檀 ※	*Pteroceltis tatarinowii*	榆科	青檀属	烟台市大沽夹河湿地市级自然保护区
173	蒙桑	*Morus mongolica*	桑科	桑属	东平湖湿地市级自然保护区、烟台市大沽夹河湿地市级自然保护区
174	鸡桑	*Morus australis*	桑科	桑属	东平湖湿地市级自然保护区
175	宽叶荨麻	*Urtica laetevirens*	荨麻科	荨麻属	烟台福山银湖湿地省级自然保护区、山东莱州湾湿地市级自然保护区、烟台市大沽夹河湿地市级自然保护区
176	透茎冷水花	*Pilea pumila*	荨麻科	冷水花属	烟台市大沽夹河湿地市级自然保护区

续表

序号	中文名	学名	科名	属名	分布的自然保护区
177	苎麻	*Boehmeria nivea*	荨麻科	苎麻属	烟台福山银湖湿地省级自然保护区、山东莱州湾湿地市级自然保护区、烟台市大沽夹河湿地市级自然保护区
178	悬铃木叶苎麻	*Boehmeria tricuspis*	荨麻科	苎麻属	烟台市大沽夹河湿地市级自然保护区
179	小赤麻	*Boehmeria spicata*	荨麻科	苎麻属	烟台福山银湖湿地省级自然保护区、烟台市大沽夹河湿地市级自然保护区
180	细野麻	*Boehmeria gracilis*	荨麻科	苎麻属	烟台福山银湖湿地省级自然保护区、烟台市大沽夹河湿地市级自然保护区
181	墙草	*Parietaria micrantha*	荨麻科	墙草属	烟台福山银湖湿地省级自然保护区、山东莱州湾湿地市级自然保护区、烟台市大沽夹河湿地市级自然保护区
182	北桑寄生	*Loranthus tanakae*	桑寄生科	桑寄生属	烟台市大沽夹河湿地市级自然保护区
183	槲寄生	*Viseum coloratum*	槲寄生科	槲寄生属	烟台市大沽夹河湿地市级自然保护区
184	短毛金线草	*Antenoron filiforme*	蓼科	金线草属	烟台福山银湖湿地省级自然保护区
185	粘蓼	*Polygonum viscoferum*	蓼科	蓼属	烟台福山银湖湿地省级自然保护区、烟台市大沽夹河湿地市级自然保护区
186	长鬃蓼	*Polygonum longisetum*	蓼科	蓼属	烟台福山银湖湿地省级自然保护区、东平湖湿地市级自然保护区、烟台市大沽夹河湿地市级自然保护区
187	拳参	*Polygonum bistorta*	蓼科	蓼属	烟台福山银湖湿地省级自然保护区、东平湖湿地市级自然保护区、烟台市大沽夹河湿地市级自然保护区
188	西伯利亚蓼	*Polygonum sibiricum*	蓼科	蓼属	龙口黄水河河口湿地省级自然保护区、烟台市大沽夹河湿地市级自然保护区

续表

序号	中文名	学名	科名	属名	分布的自然保护区
189	叉分蓼	*Polygonum divaricatum*	蓼科	蓼属	烟台福山银湖湿地省级自然保护区、烟台市大沽夹河湿地市级自然保护区
190	刺蓼	*Polygonum senticosum*	蓼科	蓼属	烟台福山银湖湿地省级自然保护区、烟台市大沽夹河湿地市级自然保护区
191	戟叶蓼	*Polygonum thunbergii*	蓼科	蓼属	烟台福山银湖湿地省级自然保护区、烟台市大沽夹河湿地市级自然保护区
192	辣蓼	*Polygonum flaccidum*	蓼科	蓼属	龙口黄水河河口湿地省级自然保护区
193	何首乌	*Fallopia multiflora*	蓼科	何首乌属	烟台市大沽夹河湿地市级自然保护区
194	卷茎蓼	*Fallopia convolvulus*	蓼科	何首乌属	烟台福山银湖湿地省级自然保护区、烟台市大沽夹河湿地市级自然保护区
195	齿翅蓼	*Fallopia dentato-alata*	蓼科	何首乌属	烟台福山银湖湿地省级自然保护区、东平湖湿地市级自然保护区、烟台市大沽夹河湿地市级自然保护区
196	篱蓼	*Fallopia dumetorum*	蓼科	何首乌属	烟台福山银湖湿地省级自然保护区、烟台市大沽夹河湿地市级自然保护区
197	羊蹄	*Rumex japonicus*	蓼科	酸模属	山东黄河三角洲国家级自然保护区、龙口黄水河河口湿地省级自然保护区、烟台市大沽夹河湿地市级自然保护区
198	黑龙江酸模	*Rumex amurensis*	蓼科	酸模属	东平湖湿地市级自然保护区
199	刺酸模	*Rumex maritimus*	蓼科	酸模属	山东南四湖省级自然保护区
200	盐角草	*Salicornia europaea*	藜科	盐角草属	山东黄河三角洲国家级自然保护区、龙口黄水河河口湿地省级自然保护区、烟台市大沽夹河湿地市级自然保护区

续表

序号	中文名	学名	科名	属名	分布的自然保护区
201	滨藜	*Atriplex patens*	藜科	滨藜属	山东黄河三角洲国家级自然保护区、龙口黄水河河口湿地省级自然保护区、烟台市大沽夹河湿地市级自然保护区
202	中亚滨藜	*Atriplex centralasiatica*	藜科	滨藜属	山东黄河三角洲国家级自然保护区、龙口黄水河河口湿地省级自然保护区
203	东亚市藜 ※	*Chenopodium urbicum* subsp. *sinicum*	藜科	藜属	龙口黄水河河口湿地省级自然保护区
204	扫帚菜	*Kochia scoparia* f. *trichophylla*	藜科	地肤属	烟台市大沽夹河湿地市级自然保护区
205	软毛虫实 ※	*Corispermum puberulum*	藜科	虫实属	山东莱州湾湿地市级自然保护区、烟台市大沽夹河湿地市级自然保护区
206	细苞虫实 ※	*Corispermum stenolepis*	藜科	虫实属	山东莱州湾湿地市级自然保护区、烟台市大沽夹河湿地市级自然保护区
207	刺沙蓬	*Salsola ruthenica*	藜科	猪毛菜属	山东莱州湾湿地市级自然保护区、烟台市大沽夹河湿地市级自然保护区
208	薄叶苋	*Amaranthus tenuifolius*	苋科	苋属	山东南四湖省级自然保护区、烟台市大沽夹河湿地市级自然保护区
209	繁穗苋	*Amaranthus cruentus*	苋科	苋属	龙口黄水河河口湿地省级自然保护区
210	莲子草	*Alternanthera sessilis*	苋科	莲子草属	山东南四湖省级自然保护区、龙口黄水河河口湿地省级自然保护区
211	拟漆姑	*Spergularia salina*	石竹科	拟漆姑属	龙口黄水河河口湿地省级自然保护区、东平湖湿地市级自然保护区
212	漆姑草	*Sagina japonica*	石竹科	漆姑草属	烟台福山银湖湿地省级自然保护区、山东莱州湾湿地市级自然保护区、烟台市大沽夹河湿地市级自然保护区

续表

序号	中文名	学名	科名	属名	分布的自然保护区
213	孩儿参	*Pseudostellaria heterophylla*	石竹科	孩儿参属	山东莱州湾湿地市级自然保护区、烟台市大沽夹河湿地市级自然保护区
214	球序卷耳	*Cerastium glomeratum*	石竹科	卷耳属	烟台福山银湖湿地省级自然保护区、山东莱州湾湿地市级自然保护区、烟台市大沽夹河湿地市级自然保护区
215	中国繁缕 ※	*Stellaria chinensis*	石竹科	繁缕属	烟台福山银湖湿地省级自然保护区、山东莱州湾湿地市级自然保护区、烟台市大沽夹河湿地市级自然保护区
216	老牛筋	*Arenaria juncea*	石竹科	无心菜属	烟台福山银湖湿地省级自然保护区、山东莱州湾湿地市级自然保护区
217	狗筋蔓	*Cucubalus baccifer*	石竹科	狗筋蔓属	山东莱州湾湿地市级自然保护区
218	坚硬女娄菜	*Silene firma*	石竹科	蝇子草属	烟台福山银湖湿地省级自然保护区、山东莱州湾湿地市级自然保护区
219	芡实	*Euryale ferox*	睡莲科	芡属	山东南四湖省级自然保护区、龙口黄水河河口湿地省级自然保护区、东平湖湿地市级自然保护区
220	白睡莲	*Nymphaea alba*	睡莲科	睡莲属	山东南四湖省级自然保护区、东平湖湿地市级自然保护区
221	睡莲	*Nymphaea tetragona*	睡莲科	睡莲属	山东南四湖省级自然保护区、龙口黄水河河口湿地省级自然保护区、东平湖湿地市级自然保护区
222	五刺金鱼藻	*Ceratophyllum oryzetorum*	金鱼藻科	金鱼藻属	山东南四湖省级自然保护区
223	乌头	*Aconitum carmichaeli*	毛茛科	乌头属	烟台福山银湖湿地省级自然保护区、山东莱州湾湿地市级自然保护区、烟台市大沽夹河湿地市级自然保护区

续表

序号	中文名	学名	科名	属名	分布的自然保护区
224	展毛乌头※	*Aconitum carmichaeli* var. *truppellinum*	毛茛科	乌头属	烟台市大沽夹河湿地市级自然保护区
225	烟台翠雀花※	*Delphinium chefoense*	毛茛科	翠雀属	山东莱州湾湿地市级自然保护区、烟台市大沽夹河湿地市级自然保护区
226	兴安升麻	*Cimicifuga dahurica*	毛茛科	升麻属	烟台福山银湖湿地省级自然保护区、山东莱州湾湿地市级自然保护区、烟台市大沽夹河湿地市级自然保护区
227	三角叶驴蹄草	*Caltha palustris*	毛茛科	驴蹄草属	山东莱州湾湿地市级自然保护区、烟台市大沽夹河湿地市级自然保护区
228	耧斗菜	*Aquilegia viridiflora*	毛茛科	耧斗菜属	烟台福山银湖湿地省级自然保护区、山东莱州湾湿地市级自然保护区、烟台市大沽夹河湿地市级自然保护区
229	紫花耧斗菜	*Aquilegia viridiflora* f. *atropurpurea*	毛茛科	耧斗菜属	烟台市大沽夹河湿地市级自然保护区
230	盾叶唐松草※	*Thalictrum ichangense*	毛茛科	唐松草属	烟台市大沽夹河湿地市级自然保护区
231	短梗箭头唐松草	*Thalictrum simplex*	毛茛科	唐松草属	山东莱州湾湿地市级自然保护区、烟台市大沽夹河湿地市级自然保护区
232	水毛茛	*Batrachium bungei*	毛茛科	水毛茛属	龙口黄水河河口湿地省级自然保护区
233	木通	*Akebia quinata*	木通科	木通属	烟台福山银湖湿地省级自然保护区、山东莱州湾湿地市级自然保护区、烟台市大沽夹河湿地市级自然保护区
234	黄芦木	*Berberis amurensis*	小檗科	小檗属	山东莱州湾湿地市级自然保护区、烟台市大沽夹河湿地市级自然保护区
235	细叶小檗	*Berberis poiretii*	小檗科	小檗属	东平湖湿地市级自然保护区
236	朝鲜淫羊藿	*Epimedium koreanum*	小檗科	淫羊藿属	东平湖湿地市级自然保护区
237	角茴香	*Hypecoum erectum*	罂粟科	角茴香属	山东南四湖省级自然保护区、东平湖湿地市级自然保护区

续表

序号	中文名	学名	科名	属名	分布的自然保护区
238	胶州延胡索	*Corydalis kiautschouensis*	罂粟科	紫堇属	烟台福山银湖湿地省级自然保护区、山东莱州湾湿地市级自然保护区、烟台市大沽夹河湿地市级自然保护区
239	齿瓣延胡索	*Corydalis turschaninovii*	罂粟科	紫堇属	山东莱州湾湿地市级自然保护区、烟台市大沽夹河湿地市级自然保护区
240	地丁草	*Corydalis bungeana*	罂粟科	紫堇属	龙口黄水河河口湿地省级自然保护区
241	黄堇	*Corydalis pallida*	罂粟科	紫堇属	烟台福山银湖湿地省级自然保护区、山东莱州湾湿地市级自然保护区、烟台市大沽夹河湿地市级自然保护区
242	水田碎米荠	*Cardamine lyrata*	十字花科	碎米荠属	烟台福山银湖湿地省级自然保护区、山东莱州湾湿地市级自然保护区、烟台市大沽夹河湿地市级自然保护区
243	弹裂碎米荠	*Cardamine impatiens*	十字花科	碎米荠属	烟台福山银湖湿地省级自然保护区、山东莱州湾湿地市级自然保护区、烟台市大沽夹河湿地市级自然保护区
244	毛果碎米荠	*Cardamine dasycarpa*	十字花科	碎米荠属	烟台市大沽夹河湿地市级自然保护区
245	翼果独行菜	*Lepidium campestre*	十字花科	独行菜属	烟台市大沽夹河湿地市级自然保护区
246	光果宽叶独行菜	*Lepidium latifolium*	十字花科	独行菜属	烟台福山银湖湿地省级自然保护区、龙口黄水河河口湿地省级自然保护区、烟台市大沽夹河湿地市级自然保护区
247	柱毛独行菜	*Lepidium ruderale*	十字花科	独行菜属	山东莱州湾湿地市级自然保护区、烟台市大沽夹河湿地市级自然保护区
248	全叶大蒜芥	*Sisymbrium luteum*	十字花科	大蒜芥属	烟台福山银湖湿地省级自然保护区、山东莱州湾湿地市级自然保护区、烟台市大沽夹河湿地市级自然保护区

续表

序号	中文名	学名	科名	属名	分布的自然保护区
249	涩芥	*Malcolmia africana*	十字花科	涩荠属	烟台福山银湖湿地省级自然保护区、山东莱州湾湿地市级自然保护区、烟台市大沽夹河湿地市级自然保护区
250	盐芥	*Thellungiella salsuginea*	十字花科	盐芥属	山东黄河三角洲国家级自然保护区
251	旗杆芥	*Turritis glabra*	十字花科	旗杆芥属	烟台福山银湖湿地省级自然保护区、山东莱州湾湿地市级自然保护区、烟台市大沽夹河湿地市级自然保护区
252	硬毛南芥	*Arabis hirsuta*	十字花科	南芥属	烟台福山银湖湿地省级自然保护区、山东莱州湾湿地市级自然保护区
253	群心菜	*Cardaria draba*	十字花科	群心菜属	烟台福山银湖湿地省级自然保护区、山东莱州湾湿地市级自然保护区、烟台市大沽夹河湿地市级自然保护区
254	球果群心菜	*Cardaria chalepensis*	十字花科	群心菜属	烟台福山银湖湿地省级自然保护区、山东莱州湾湿地市级自然保护区、烟台市大沽夹河湿地市级自然保护区
255	小果亚麻芥	*Camelina microcarpa*	十字花科	亚麻荠属	烟台福山银湖湿地省级自然保护区、山东莱州湾湿地市级自然保护区
256	堪察加景天	*Sedum kamtschaticum*	景天科	景天属	烟台市大沽夹河湿地市级自然保护区
257	多花景天※	*Sedum floriferum*	景天科	景天属	山东莱州湾湿地市级自然保护区、烟台市大沽夹河湿地市级自然保护区
258	火焰草※	*Sedum stellariifolium*	景天科	景天属	烟台福山银湖湿地省级自然保护区、山东莱州湾湿地市级自然保护区、烟台市大沽夹河湿地市级自然保护区
259	狭叶费菜	*Sedum aizoon fangustifolium*	景天科	景天属	烟台福山银湖湿地省级自然保护区、烟台市大沽夹河湿地市级自然保护区

续表

序号	中文名	学名	科名	属名	分布的自然保护区
260	宽叶费菜	*Sedum aizoon* var. *latifolium*	景天科	景天属	烟台福山银湖湿地省级自然保护区
261	狼爪瓦松	*Orostachys cartilagineus*	景天科	瓦松属	烟台福山银湖湿地省级自然保护区、山东莱州湾湿地市级自然保护区、烟台市大沽夹河湿地市级自然保护区
262	长药八宝	*Hylotelephium spectabile*	景天科	八宝属	烟台福山银湖湿地省级自然保护区、山东莱州湾湿地市级自然保护区、烟台市大沽夹河湿地市级自然保护区
263	虎耳草	*Saxifraga stolonifera*	虎耳草科	虎耳草属	莱阳五龙河湿地省级自然保护区
264	大花溲疏 ※	*Deutzia grandiflora*	虎耳草科	溲疏属	烟台福山银湖湿地省级自然保护区、山东莱州湾湿地市级自然保护区、烟台市大沽夹河湿地市级自然保护区
265	光萼溲疏	*Deutzia glabrata*	虎耳草科	溲疏属	烟台福山银湖湿地省级自然保护区、山东莱州湾湿地市级自然保护区、烟台市大沽夹河湿地市级自然保护区
266	簇花茶藨子	*Ribes fasciculatum*	虎耳草科	茶藨子属	烟台市大沽夹河湿地市级自然保护区
267	东北茶藨子	*Ribes mandshuricum*	虎耳草科	茶藨子属	烟台福山银湖湿地省级自然保护区、山东莱州湾湿地市级自然保护区、烟台市大沽夹河湿地市级自然保护区
268	华北绣线菊※	*Spiraea fritschiana*	蔷薇科	绣线菊属	烟台福山银湖湿地省级自然保护区、山东莱州湾湿地市级自然保护区、烟台市大沽夹河湿地市级自然保护区
269	华北绣线菊大叶变种※	*Spiraea fritschiana* var. *angulata*	蔷薇科	绣线菊属	烟台市大沽夹河湿地市级自然保护区
270	华北绣线菊小叶变种※	*Spiraea fritschiana* var. *parvifolia*	蔷薇科	绣线菊属	烟台市大沽夹河湿地市级自然保护区

续表

序号	中文名	学名	科名	属名	分布的自然保护区
271	山莓	*Rubus corchorifolius*	蔷薇科	悬钩子属	山东莱州湾湿地市级自然保护区
272	多腺悬钩子	*Rubus phoenicolasius*	蔷薇科	悬钩子属	烟台福山银湖湿地省级自然保护区、山东莱州湾湿地市级自然保护区、烟台市大沽夹河湿地市级自然保护区
273	路边青	*Geum aleppicum*	蔷薇科	路边青属	烟台福山银湖湿地省级自然保护区、山东莱州湾湿地市级自然保护区、烟台市大沽夹河湿地市级自然保护区
274	柔毛路边青※	*Geum japonicum*	蔷薇科	路边青属	烟台福山银湖湿地省级自然保护区、山东莱州湾湿地市级自然保护区、烟台市大沽夹河湿地市级自然保护区
275	蛇莓	*Duchesnea indica*	蔷薇科	蛇莓属	山东南四湖省级自然保护区、烟台福山银湖湿地省级自然保护区、烟台市大沽夹河湿地市级自然保护区
276	野蔷薇	*Rosa multiflora*	蔷薇科	蔷薇属	烟台福山银湖湿地省级自然保护区、东平湖湿地市级自然保护区、烟台市大沽夹河湿地市级自然保护区
277	玫瑰	*Rosa rugosa*	蔷薇科	蔷薇属	烟台市大沽夹河湿地市级自然保护区
278	黄龙尾	*Agrimonia pilosa* var. *nepalensis*	蔷薇科	龙芽草属	烟台市大沽夹河湿地市级自然保护区
279	宽蕊地榆※	*Sanguisorba applanata*	蔷薇科	地榆属	烟台福山银湖湿地省级自然保护区、烟台市大沽夹河湿地市级自然保护区
280	水榆花楸	*Sorbus alnifolia*	蔷薇科	花楸属	烟台福山银湖湿地省级自然保护区、烟台市大沽夹河湿地市级自然保护区
281	花楸树※	*Sorbus pohuashanensis*	蔷薇科	花楸属	烟台福山银湖湿地省级自然保护区、烟台市大沽夹河湿地市级自然保护区

续表

序号	中文名	学名	科名	属名	分布的自然保护区
282	北京花楸※	*Sorbus discolor*	蔷薇科	花楸属	烟台福山银湖湿地省级自然保护区、烟台市大沽夹河湿地市级自然保护区
283	湖北花楸※	*Sorbus hupehensis*	蔷薇科	花楸属	东平湖湿地市级自然保护区
284	豆梨	*Pyrus calleryana*	蔷薇科	梨属	烟台福山银湖湿地省级自然保护区、烟台市大沽夹河湿地市级自然保护区
285	三叶海棠	*Malus sieboldii*	蔷薇科	苹果属	烟台福山银湖湿地省级自然保护区、莱阳五龙河湿地省级自然保护区、烟台市大沽夹河湿地市级自然保护区
286	湖北海棠※	*Malus hupehensis*	蔷薇科	苹果属	烟台市大沽夹河湿地市级自然保护区
287	山荆子	*Malus baccata*	蔷薇科	苹果属	山东南四湖省级自然保护区、莱阳五龙河湿地省级自然保护区
288	楸子※	*Malus prunifolia*	蔷薇科	苹果属	山东黄河三角洲国家级自然保护区、烟台福山银湖湿地省级自然保护区、烟台市大沽夹河湿地市级自然保护区
289	西北栒子※	*Cotoneaster zabelii*	蔷薇科	栒子属	烟台福山银湖湿地省级自然保护区、烟台市大沽夹河湿地市级自然保护区
290	野山楂	*Crataegus cuneata*	蔷薇科	山楂属	烟台福山银湖湿地省级自然保护区、莱阳五龙河湿地省级自然保护区
291	野杏	*Armeniaca vulgaris* var. *ansu*	蔷薇科	杏属	烟台市大沽夹河湿地市级自然保护区
292	山樱花	*Cerasus serrulata*	蔷薇科	樱属	烟台福山银湖湿地省级自然保护区
293	毛樱桃※	*Cerasus tomentosa*	蔷薇科	樱属	烟台市大沽夹河湿地市级自然保护区
294	欧李※	*Cerasus humilis*	蔷薇科	樱属	山东南四湖省级自然保护区、烟台福山银湖湿地省级自然保护区、烟台市大沽夹河湿地市级自然保护区

续表

序号	中文名	学名	科名	属名	分布的自然保护区
295	麦李	*Cerasus glandulosa*	蔷薇科	樱属	烟台福山银湖湿地省级自然保护区、烟台市大沽夹河湿地市级自然保护区
296	郁李	*Cerasus japonica*	蔷薇科	樱属	烟台福山银湖湿地省级自然保护区、烟台市大沽夹河湿地市级自然保护区
297	稠李	*Padus racemosa*	蔷薇科	稠李属	烟台福山银湖湿地省级自然保护区、烟台市大沽夹河湿地市级自然保护区
298	朝鲜槐	*Maackia amurensis*	豆科	马鞍树属	烟台福山银湖湿地省级自然保护区、山东莱州湾湿地市级自然保护区、烟台市大沽夹河湿地市级自然保护区
299	黄檀	*Dalbergia hupeana*	豆科	黄檀属	烟台福山银湖湿地省级自然保护区
300	绒毛胡枝子	*Lespedeza tomentosa*	豆科	胡枝子属	烟台福山银湖湿地省级自然保护区、东平湖湿地市级自然保护区、烟台市大沽夹河湿地市级自然保护区
301	长叶胡枝子※	*Lespedeza caraganae*	豆科	胡枝子属	东平湖湿地市级自然保护区
302	截叶铁扫帚	*Lespedeza cuneata*	豆科	胡枝子属	龙口黄水河河口湿地省级自然保护区、东平湖湿地市级自然保护区、烟台市大沽夹河湿地市级自然保护区
303	尖叶铁扫帚	*Lespedeza juncea*	豆科	胡枝子属	烟台福山银湖湿地省级自然保护区、烟台市大沽夹河湿地市级自然保护区
304	阴山胡枝子	*Lespedeza inschanica*	豆科	胡枝子属	烟台福山银湖湿地省级自然保护区、东平湖湿地市级自然保护区、烟台市大沽夹河湿地市级自然保护区
305	合萌	*Aeschynomene indica*	豆科	合萌属	烟台福山银湖湿地省级自然保护区、山东莱州湾湿地市级自然保护区、烟台市大沽夹河湿地市级自然保护区

续表

序号	中文名	学名	科名	属名	分布的自然保护区
306	黄刺条	*Caragana frutex*	豆科	锦鸡儿属	烟台福山银湖湿地省级自然保护区、东平湖湿地市级自然保护区、烟台市大沽夹河湿地市级自然保护区
307	红花锦鸡儿※	*Caragana rosea*	豆科	锦鸡儿属	东平湖湿地市级自然保护区
308	毛掌叶锦鸡儿※	*Caragana leveillei*	豆科	锦鸡儿属	东平湖湿地市级自然保护区
309	斜茎黄芪	*Astragalus adsurgens*	豆科	黄芪属	山东黄河三角洲国家级自然保护区
310	黄芪	*Astragalus membranaceus*	豆科	黄芪属	烟台福山银湖湿地省级自然保护区、山东莱州湾湿地市级自然保护区、烟台市大沽夹河湿地市级自然保护区
311	背扁黄芪※	*Astragalus complanatus*	豆科	黄芪属	山东黄河三角洲国家级自然保护区
312	少花米口袋	*Gueldenstaedtia verna*	豆科	米口袋属	山东南四湖省级自然保护区、东平湖湿地市级自然保护区
313	狭叶米口袋	*Gueldenstaedtia stenophylla*	豆科	米口袋属	烟台福山银湖湿地省级自然保护区、龙口黄水河河口湿地省级自然保护区、烟台市大沽夹河湿地市级自然保护区
314	光滑米口袋	*Gueldenstaedtia maritima*	豆科	米口袋属	烟台福山银湖湿地省级自然保护区、龙口黄水河河口湿地省级自然保护区、烟台市大沽夹河湿地市级自然保护区
315	刺果甘草	*Glycyrrhiza pallidiflora*	豆科	甘草属	山东黄河三角洲国家级自然保护区、龙口黄水河河口湿地省级自然保护区
316	歪头菜	*Vicia unijuga*	豆科	野豌豆属	龙口黄水河河口湿地省级自然保护区、烟台市大沽夹河湿地市级自然保护区
317	北野豌豆	*Vicia ramuliflora*	豆科	野豌豆属	烟台市大沽夹河湿地市级自然保护区
318	香豌豆	*Lathyrus odoratus*	豆科	山黧豆属	龙口黄水河河口湿地省级自然保护区
319	海滨山黧豆	*Lathyrus japonicus*	豆科	山黧豆属	烟台市大沽夹河湿地市级自然保护区

续表

序号	中文名	学名	科名	属名	分布的自然保护区
320	细齿草木犀	*Melilotus dentata*	豆科	草木樨属	山东黄河三角洲国家级自然保护区、山东南四湖省级自然保护区
321	野苜蓿	*Medicago falcata*	豆科	苜蓿属	龙口黄水河河口湿地省级自然保护区
322	小苜蓿	*Medicago minima*	豆科	苜蓿属	山东莱州湾湿地市级自然保护区、烟台市大沽夹河湿地市级自然保护区
323	山槐	*Albizia kalkora*	豆科	合欢属	烟台福山银湖湿地省级自然保护区、烟台市大沽夹河湿地市级自然保护区
324	山合欢	*Albizia kalkora*	豆科	合欢属	山东南四湖省级自然保护区
325	胡绿豆	*Phaseolus aureus*	豆科	菜豆属	龙口黄水河河口湿地省级自然保护区
326	杂种车轴草	*Trifolium hybridum*	豆科	车轴草属	山东南四湖省级自然保护区、东平湖湿地市级自然保护区
327	朝鲜老鹤草	*Geranium koreanum*	牻牛儿苗科	老鹳草属	烟台福山银湖湿地省级自然保护区、山东莱州湾湿地市级自然保护区、烟台市大沽夹河湿地市级自然保护区
328	青岛老鹳草	*Geranium tsingtauense*	牻牛儿苗科	老鹳草属	龙口黄水河河口湿地省级自然保护区
329	野亚麻	*Linum stelleroides*	亚麻科	亚麻属	烟台福山银湖湿地省级自然保护区、山东莱州湾湿地市级自然保护区、烟台市大沽夹河湿地市级自然保护区
330	小果白刺	*Nitraria sibirica*	蒺藜科	白刺属	山东黄河三角洲国家级自然保护区、龙口黄水河河口湿地省级自然保护区、烟台市大沽夹河湿地市级自然保护区
331	一叶萩	*Flueggea suffruticosa*	大戟科	白饭树属	烟台福山银湖湿地省级自然保护区、山东莱州湾湿地市级自然保护区、烟台市大沽夹河湿地市级自然保护区

续表

序号	中文名	学名	科名	属名	分布的自然保护区
332	蜜甘草	*Phyllanthus ussuriensis*	大戟科	叶下珠属	烟台福山银湖湿地省级自然保护区、山东莱州湾湿地市级自然保护区、烟台市大沽夹河湿地市级自然保护区
333	算盘子	*Glochidion puberum*	大戟科	算盘子属	山东莱州湾湿地市级自然保护区
334	野梧桐	*Mallotus japonicus*	大戟科	野桐属	山东南四湖省级自然保护区、烟台福山银湖湿地省级自然保护区
335	乌桕	*Sapium sebiferum*	大戟科	乌桕属	烟台福山银湖湿地省级自然保护区、烟台市大沽夹河湿地市级自然保护区
336	白木乌桕	*Sapium japonicum*	大戟科	乌桕属	烟台福山银湖湿地省级自然保护区
337	乳浆大戟	*Euphorbia esula*	大戟科	大戟属	山东南四湖省级自然保护区、东平湖湿地市级自然保护区、烟台市大沽夹河湿地市级自然保护区
338	狼毒	*Euphorbia fischeriana*	大戟科	大戟属	山东莱州湾湿地市级自然保护区、烟台市大沽夹河湿地市级自然保护区
339	猫眼草	*Euphorbia lunulata*	大戟科	大戟属	龙口黄水河河口湿地省级自然保护区
340	竹叶花椒	*Zanthoxylum armatum*	芸香科	花椒属	山东南四湖省级自然保护区、山东莱州湾湿地市级自然保护区、烟台市大沽夹河湿地市级自然保护区
341	青花椒	*Zanthoxylum schinifolium*	芸香科	花椒属	山东莱州湾湿地市级自然保护区、烟台市大沽夹河湿地市级自然保护区
342	白鲜	*Dictamnus dasycarpus*	芸香科	白鲜属	烟台福山银湖湿地省级自然保护区、烟台市大沽夹河湿地市级自然保护区
343	黄栌	*Cotinus coggygria*	漆树科	黄栌属	烟台福山银湖湿地省级自然保护区、东平湖湿地市级自然保护区、烟台市大沽夹河湿地市级自然保护区

续表

序号	中文名	学名	科名	属名	分布的自然保护区
344	毛黄栌	*Cotinus coggygria* var. *pubescens*	漆树科	黄栌属	烟台市大沽夹河湿地市级自然保护区
345	红叶黄栌	*Cotinus coggygria* var. *cinerea*	漆树科	黄栌属	烟台福山银湖湿地省级自然保护区、烟台市大沽夹河湿地市级自然保护区
346	漆	*Toxicodendron vernicifluum*	漆树科	漆属	烟台福山银湖湿地省级自然保护区、山东莱州湾湿地市级自然保护区、烟台市大沽夹河湿地市级自然保护区
347	元宝槭※	*Acer truncatum*	槭树科	槭属	山东南四湖省级自然保护区、烟台市大沽夹河湿地市级自然保护区
348	色木槭	*Acer mono*	槭树科	槭属	烟台福山银湖湿地省级自然保护区、烟台市大沽夹河湿地市级自然保护区
349	青榨槭※	*Acer davidii*	槭树科	槭属	烟台市大沽夹河湿地市级自然保护区
350	多花泡花树	*Meliosma myriantha*	清风藤科	泡花树属	烟台市大沽夹河湿地市级自然保护区
351	水金凤	*Impatiens noli-tangere*	凤仙花科	凤仙花属	烟台福山银湖湿地省级自然保护区、烟台市大沽夹河湿地市级自然保护区
352	白杜	*Euonymus maackii*	卫矛科	卫矛属	烟台福山银湖湿地省级自然保护区、山东莱州湾湿地市级自然保护区、烟台市大沽夹河湿地市级自然保护区
353	垂丝卫矛	*Euonymus oxyphyllus*	卫矛科	卫矛属	烟台福山银湖湿地省级自然保护区、烟台市大沽夹河湿地市级自然保护区
354	胶州卫矛※	*Euonymus kiautschovicus*	卫矛科	卫矛属	烟台市大沽夹河湿地市级自然保护区
355	南蛇藤	*Celastrus orbiculatus*	卫矛科	南蛇藤属	烟台福山银湖湿地省级自然保护区、东平湖湿地市级自然保护区、烟台市大沽夹河湿地市级自然保护区
356	鼠李	*Rhamnus davurica*	鼠李科	鼠李属	烟台市大沽夹河湿地市级自然保护区

续表

序号	中文名	学名	科名	属名	分布的自然保护区
357	北枳椇	*Hovenia dulcis*	鼠李科	枳椇属	烟台福山银湖湿地省级自然保护区、山东莱州湾湿地市级自然保护区、烟台市大沽夹河湿地市级自然保护区
358	毛葡萄	*Vitis heyneana*	葡萄科	葡萄属	烟台福山银湖湿地省级自然保护区、烟台市大沽夹河湿地市级自然保护区
359	蘡薁※	*Vitis bryoniaefolia*	葡萄科	葡萄属	烟台福山银湖湿地省级自然保护区、东平湖湿地市级自然保护区、烟台市大沽夹河湿地市级自然保护区
360	桑叶葡萄	*Vitis ficifolia*	葡萄科	葡萄属	烟台市大沽夹河湿地市级自然保护区
361	异叶爬山虎※	*Parthenocissus dalzielii*	葡萄科	地锦属	山东南四湖省级自然保护区
362	辽椴	*Tilia mandshurica*	椴树科	椴树属	烟台市大沽夹河湿地市级自然保护区
363	紫椴	*Tilia amurensis*	椴树科	椴树属	烟台市大沽夹河湿地市级自然保护区
364	胶东椴※	*Tilia jiaodongensis*	椴树科	椴树属	山东莱州湾湿地市级自然保护区
365	圆叶锦葵	*Malva rotundifolia*	锦葵科	锦葵属	莱阳五龙河湿地省级自然保护区
366	野葵	*Malva verticillata*	锦葵科	锦葵属	龙口黄水河河口湿地省级自然保护区、莱阳五龙河湿地省级自然保护区
367	狗枣猕猴桃	*Actinidia kolomikta*	猕猴桃科	猕猴桃属	烟台市大沽夹河湿地市级自然保护区
368	葛枣猕猴桃	*Actinidia polygama*	猕猴桃科	猕猴桃属	烟台市大沽夹河湿地市级自然保护区
369	黄海棠	*Hypericum ascyron*	藤黄科	金丝桃属	烟台市大沽夹河湿地市级自然保护区
370	赶山鞭	*Hypericum attenuatum*	藤黄科	金丝桃属	山东莱州湾湿地市级自然保护区、烟台市大沽夹河湿地市级自然保护区
371	多枝柽柳	*Tamarix ramosissima*	柽柳科	柽柳属	山东黄河三角洲国家级自然保护区

续表

序号	中文名	学名	科名	属名	分布的自然保护区
372	维西堇菜※	*Viola monbeigii*	堇菜科	堇菜属	烟台福山银湖湿地省级自然保护区、烟台市大沽夹河湿地市级自然保护区
373	堇菜	*Viola verecunda*	堇菜科	堇菜属	莱阳五龙河湿地省级自然保护区
374	东北堇菜	*Viola mandshurica*	堇菜科	堇菜属	烟台福山银湖湿地省级自然保护区、山东莱州湾湿地市级自然保护区、烟台市大沽夹河湿地市级自然保护区
375	长萼堇菜	*Viola inconspicua*	堇菜科	堇菜属	东平湖湿地市级自然保护区
376	白花地丁	*Viola patrinii*	堇菜科	堇菜属	莱阳五龙河湿地省级自然保护区
377	阴地堇菜	*Viola yezoensis*	堇菜科	堇菜属	莱阳五龙河湿地省级自然保护区
378	牛奶子	*Elaeagnus umbellata*	胡颓子科	胡颓子属	烟台福山银湖湿地省级自然保护区、山东莱州湾湿地市级自然保护区、烟台市大沽夹河湿地市级自然保护区
379	木半夏	*Elaeagnus multiflora*	胡颓子科	胡颓子属	烟台福山银湖湿地省级自然保护区、山东莱州湾湿地市级自然保护区、烟台市大沽夹河湿地市级自然保护区
380	多花水苋	*Ammannia multiflora*	千屈菜科	水苋菜属	莱阳五龙河湿地省级自然保护区
381	节节菜	*Rotala indica*	千屈菜科	节节菜属	莱阳五龙河湿地省级自然保护区
382	欧菱	*Trapa natans*	菱科	菱属	山东南四湖省级自然保护区、东平湖湿地市级自然保护区
383	细果野菱	*Trapa maximowiezii*	菱科	菱属	山东南四湖省级自然保护区、东平湖湿地市级自然保护区
384	水珠草	*Circaea lutetiana*	柳叶菜科	露珠草属	莱阳五龙河湿地省级自然保护区
385	长毛月见草	*Oenothera villosa*	柳叶菜科	月见草属	烟台市大沽夹河湿地市级自然保护区

续表

序号	中文名	学名	科名	属名	分布的自然保护区
386	黄花月见草	*Oenothera glazioviana*	柳叶菜科	月见草属	山东南四湖省级自然保护区、东平湖湿地市级自然保护区、烟台市大沽夹河湿地市级自然保护区
387	待霄草	*Oenothera stricta*	柳叶菜科	月见草属	龙口黄水河河口湿地省级自然保护区
388	小花柳叶菜	*Epilobium parviflorum*	柳叶菜科	柳叶菜属	烟台市大沽夹河湿地市级自然保护区
389	多枝柳叶菜	*Epilobium fastigiatoramosum*	柳叶菜科	柳叶菜属	烟台市大沽夹河湿地市级自然保护区
390	毛脉柳叶菜	*Epilobium amurense*	柳叶菜科	柳叶菜属	莱阳五龙河湿地省级自然保护区、烟台市大沽夹河湿地市级自然保护区
391	长籽柳叶菜	*Epilobium pyrricholophum*	柳叶菜科	柳叶菜属	莱阳五龙河湿地省级自然保护区、烟台市大沽夹河湿地市级自然保护区
392	穗状狐尾藻	*Myriophyllum spicatum*	小二仙草科	狐尾藻属	山东黄河三角洲国家级自然保护区、山东南四湖省级自然保护区、东平湖湿地市级自然保护区
393	深裂叶刺楸	*Kalopanax septemlobus*	五加科	刺楸属	烟台市大沽夹河湿地市级自然保护区
394	无梗五加	*Eleutherococcus sessiliflorus*	五加科	五加属	烟台市大沽夹河湿地市级自然保护区
395	天胡荽	*Hydrocotyle sibthorpioides*	伞形科	天胡荽属	山东莱州湾湿地市级自然保护区、烟台市大沽夹河湿地市级自然保护区
396	线叶柴胡	*Bupleurum angustissimum*	伞形科	柴胡属	山东莱州湾湿地市级自然保护区、烟台市大沽夹河湿地市级自然保护区
397	羊红膻	*Pimpinella thellungiana*	伞形科	茴芹属	莱阳五龙河湿地省级自然保护区
398	山茴香	*Carlesia sinensis*	伞形科	山茴香属	莱阳五龙河湿地省级自然保护区
399	泽芹	*Sium suave*	伞形科	泽芹属	莱阳五龙河湿地省级自然保护区

续表

序号	中文名	学名	科名	属名	分布的自然保护区
400	滨蛇床	*Cnidium japonicum*	伞形科	蛇床属	烟台市大沽夹河湿地市级自然保护区
401	辽藁本※	*Ligusticum jeholens*	伞形科	藁本属	烟台福山银湖湿地省级自然保护区、山东莱州湾湿地市级自然保护区、烟台市大沽夹河湿地市级自然保护区
402	东北长鞘当归	*Angelica cartilaginomarginata*	伞形科	当归属	烟台福山银湖湿地省级自然保护区、山东莱州湾湿地市级自然保护区、烟台市大沽夹河湿地市级自然保护区
403	山芹	*Ostericum sieboldii*	伞形科	山芹属	山东南四湖省级自然保护区、山东莱州湾湿地市级自然保护区、烟台市大沽夹河湿地市级自然保护区
404	大齿山芹	*Ostericum grosseserratum*	伞形科	山芹属	莱阳五龙河湿地省级自然保护区
405	珊瑚菜	*Glehnia littoralis*	伞形科	珊瑚菜属	烟台市大沽夹河湿地市级自然保护区
406	短毛独活	*Heracleum moellendorffii*	伞形科	独活属	烟台福山银湖湿地省级自然保护区、山东莱州湾湿地市级自然保护区、烟台市大沽夹河湿地市级自然保护区
407	防风	*Saposhnikovia divaricata*	伞形科	防风属	莱阳五龙河湿地省级自然保护区
408	野胡萝卜	*Daucus carota*	伞形科	胡萝卜属	烟台福山银湖湿地省级自然保护区、龙口黄水河河口湿地省级自然保护区
409	灯台树	*Bothrocaryum controversum*	山茱萸科	灯台树属	山东莱州湾湿地市级自然保护区、烟台市大沽夹河湿地市级自然保护区
410	毛梾※	*Cornus walteri*	山茱萸科	山茱萸属	东平湖湿地市级自然保护区、山东莱州湾湿地市级自然保护区、烟台市大沽夹河湿地市级自然保护区
411	迎红杜鹃	*Rhododendron mucronulatum*	杜鹃花科	杜鹃属	烟台福山银湖湿地省级自然保护区、烟台市大沽夹河湿地市级自然保护区

续表

序号	中文名	学名	科名	属名	分布的自然保护区
412	照山白	*Rhododendron micranthum*	杜鹃花科	杜鹃属	烟台福山银湖湿地省级自然保护区、烟台市大沽夹河湿地市级自然保护区
413	杜鹃花	*Rhododendron simsii*	杜鹃花科	杜鹃属	莱阳五龙河湿地省级自然保护区
414	轮叶过路黄※	*Lysimachia klattiana*	报春花科	珍珠菜属	烟台福山银湖湿地省级自然保护区、山东莱州湾湿地市级自然保护区、烟台市大沽夹河湿地市级自然保护区
415	滨海珍珠菜	*Lysimachia mauritiana*	报春花科	珍珠菜属	烟台市大沽夹河湿地市级自然保护区
416	矮桃	*Lysimachia clethroides*	报春花科	珍珠菜属	烟台福山银湖湿地省级自然保护区、龙口黄水河河口湿地省级自然保护区
417	狼尾花	*Lysimachia barystachys*	报春花科	珍珠菜属	莱阳五龙河湿地省级自然保护区
418	小叶珍珠菜※	*Lysimachia parvifolia*	报春花科	珍珠菜属	莱阳五龙河湿地省级自然保护区
419	泽珍珠菜	*Lysimachia candida*	报春花科	珍珠菜属	莱阳五龙河湿地省级自然保护区、山东莱州湾湿地市级自然保护区
420	红根草	*Lysimachia fortunei*	报春花科	珍珠菜属	龙口黄水河河口湿地省级自然保护区
421	补血草	*Limonium sinense*	白花丹科	补血草属	山东黄河三角洲国家级自然保护区、山东莱州湾湿地市级自然保护区、烟台市大沽夹河湿地市级自然保护区
422	烟台补血草※	*Limonium franchetii*	白花丹科	补血草属	山东莱州湾湿地市级自然保护区、烟台市大沽夹河湿地市级自然保护区
423	二色补血草	*Limonium bicolor*	白花丹科	补血草属	山东黄河三角洲国家级自然保护区、龙口黄水河河口湿地省级自然保护区、烟台市大沽夹河湿地市级自然保护区

续表

序号	中文名	学名	科名	属名	分布的自然保护区
424	白檀	*Symplocos paniculata*	山矾科	山矾属	山东南四湖省级自然保护区、烟台福山银湖湿地省级自然保护区、烟台市大沽夹河湿地市级自然保护区
425	花曲柳	*Fraxinus rhynchophylla*	木犀科	梣属	烟台福山银湖湿地省级自然保护区、烟台市大沽夹河湿地市级自然保护区
426	小叶梣※	*Fraxinus bungeana*	木犀科	梣属	烟台市大沽夹河湿地市级自然保护区
427	辽东水蜡树※	*Ligustrum obtusifolium*	木犀科	女贞属	山东南四湖省级自然保护区
428	水田白	*Mitrasacme pygmaea*	马钱科	尖帽草属	山东黄河三角洲国家级自然保护区
429	百金花	*Centaurium pulchellum*	龙胆科	百金花属	东平湖湿地市级自然保护区
430	鳞叶龙胆	*Gentiana squarrosa*	龙胆科	龙胆属	龙口黄水河河口湿地省级自然保护区
431	瘤毛獐牙菜	*Swertia pseudochinensis*	龙胆科	獐牙菜属	烟台福山银湖湿地省级自然保护区、莱阳五龙河湿地省级自然保护区、烟台市大沽夹河湿地市级自然保护区
432	金银莲花	*Nymphoides indica*	龙胆科	荇菜属	山东南四湖省级自然保护区、东平湖湿地市级自然保护区
433	合掌消	*Cynanchum amplexicaule*	萝藦科	鹅绒藤属	山东莱州湾湿地市级自然保护区、烟台市大沽夹河湿地市级自然保护区
434	牛皮消	*Cynanchum auriculatum*	萝藦科	鹅绒藤属	烟台福山银湖湿地省级自然保护区、山东莱州湾湿地市级自然保护区、烟台市大沽夹河湿地市级自然保护区
435	变色白前※	*Cynanchum versicolor*	萝藦科	鹅绒藤属	烟台福山银湖湿地省级自然保护区、山东莱州湾湿地市级自然保护区、烟台市大沽夹河湿地市级自然保护区
436	毛鸡矢藤※	*Paederia scandens* var. *tomentosa*	茜草科	鸡矢藤属	烟台市大沽夹河湿地市级自然保护区

续表

序号	中文名	学名	科名	属名	分布的自然保护区
437	淡黄蓬子菜	*Galium varum* var. *leiophyllum*	茜草科	拉拉藤属	烟台福山银湖湿地省级自然保护区
438	麦仁珠	*Galium tricone*	茜草科	拉拉藤属	烟台福山银湖湿地省级自然保护区
439	旋花	*Calystegia sepium*	旋花科	打碗花属	龙口黄水河河口湿地省级自然保护区、山东莱州湾湿地市级自然保护区
440	砂引草	*Messerschmidia sibirica*	紫草科	砂引草属	山东黄河三角洲国家级自然保护区、龙口黄水河河口湿地省级自然保护区、烟台市大沽夹河湿地市级自然保护区
441	紫筒草	*Stenosolenium saxatiles*	紫草科	紫筒草属	莱阳五龙河湿地省级自然保护区
442	紫草	*Lithospermum erythrorhizon*	紫草科	紫草属	莱阳五龙河湿地省级自然保护区
443	鹤虱	*Lappulamyosotis*	紫草科	鹤虱属	山东黄河三角洲国家级自然保护区、莱阳五龙河湿地省级自然保护区
444	弯齿盾果草※	*Thyrocarpus glochidiatus*	紫草科	盾果草属	莱阳五龙河湿地省级自然保护区
445	单叶蔓荆	*Vitex trifolia*	马鞭草科	牡荆属	山东黄河三角洲国家级自然保护区、龙口黄水河河口湿地省级自然保护区、烟台市大沽夹河湿地市级自然保护区
446	白棠子树	*Callicarpa dichotoma*	马鞭草科	紫珠属	山东南四湖省级自然保护区、烟台市大沽夹河湿地市级自然保护区
447	臭牡丹	*Clerodendrum bungei*	马鞭草科	大青属	东平湖湿地市级自然保护区
448	海州常山	*Clerodendrum trichotomum*	马鞭草科	大青属	烟台福山银湖湿地省级自然保护区、东平湖湿地市级自然保护区、烟台市大沽夹河湿地市级自然保护区
449	水棘针	*Amethystea caerulea*	唇形科	水棘针属	龙口黄水河河口湿地省级自然保护区
450	京黄芩	*Scutellaria pekinensis*	唇形科	黄芩属	山东莱州湾湿地市级自然保护区、烟台市大沽夹河湿地市级自然保护区

续表

序号	中文名	学名	科名	属名	分布的自然保护区
451	粘毛黄芩※	*Scutellaria viscidula*	唇形科	黄芩属	烟台福山银湖湿地省级自然保护区、烟台市大沽夹河湿地市级自然保护区
452	喜荫黄芩※	*Scutellaria sciaphila*	唇形科	黄芩属	烟台福山银湖湿地省级自然保护区、山东莱州湾湿地市级自然保护区、烟台市大沽夹河湿地市级自然保护区
453	沙滩黄芩	*Scutellaria strigillosa*	唇形科	黄芩属	山东莱州湾湿地市级自然保护区、烟台市大沽夹河湿地市级自然保护区
454	活血丹	*Glechoma longituba*	唇形科	活血丹属	烟台福山银湖湿地省级自然保护区、烟台市大沽夹河湿地市级自然保护区
455	内折香茶菜	*Rabdosia inflexa*	唇形科	香茶菜属	烟台福山银湖湿地省级自然保护区、东平湖湿地市级自然保护区、烟台市大沽夹河湿地市级自然保护区
456	辽宁香茶菜※	*Rabdosia websteri*	唇形科	香茶菜属	烟台福山银湖湿地省级自然保护区、烟台市大沽夹河湿地市级自然保护区
457	蓝萼香茶菜	*Rabdosia japonica*	唇形科	香茶菜属	东平湖湿地市级自然保护区、烟台市大沽夹河湿地市级自然保护区
458	甘露子	*Stachys sieboldi*	唇形科	水苏属	烟台福山银湖湿地省级自然保护区、山东莱州湾湿地市级自然保护区、烟台市大沽夹河湿地市级自然保护区
459	水苏	*Stachys japonica*	唇形科	水苏属	山东黄河三角洲国家级自然保护区、龙口黄水河河口湿地省级自然保护区
460	麻叶风轮菜	*Clinopodium urticifolium*	唇形科	风轮菜属	烟台市大沽夹河湿地市级自然保护区
461	石荠苎	*Mosla scabra*	唇形科	石荠苎属	烟台福山银湖湿地省级自然保护区、山东莱州湾湿地市级自然保护区、烟台市大沽夹河湿地市级自然保护区

续表

序号	中文名	学名	科名	属名	分布的自然保护区
462	小鱼仙草	*Mosla dianthera*	唇形科	石荠苎属	山东莱州湾湿地市级自然保护区、烟台市大沽夹河湿地市级自然保护区
463	日本散血丹	*Physaliastrum japonicum*	茄科	散血丹属	山东莱州湾湿地市级自然保护区、烟台市大沽夹河湿地市级自然保护区
464	柳穿鱼	*Linaria vulgaris*	玄参科	柳穿鱼属	山东南四湖省级自然保护区、龙口黄水河河口湿地省级自然保护区
465	婆婆纳	*Veronica didyma*	玄参科	婆婆纳属	山东黄河三角洲国家级自然保护区
466	水蔓菁	*Veronica linariifolia* subsp. *dilatata*	玄参科	婆婆纳属	烟台市大沽夹河湿地市级自然保护区
467	山罗花	*Melampyrum roseum*	玄参科	山罗花属	烟台福山银湖湿地省级自然保护区、山东莱州湾湿地市级自然保护区、烟台市大沽夹河湿地市级自然保护区
468	脐草	*Omphalotrix longipes*	玄参科	脐草属	莱阳五龙河湿地省级自然保护区
469	小米草	*Euphrasia pectinata*	玄参科	小米草属	烟台福山银湖湿地省级自然保护区
470	沟酸浆	*Mimulus tenellus*	玄参科	沟酸浆属	莱阳五龙河湿地省级自然保护区
471	北玄参	*Scrophularia buergeriana*	玄参科	玄参属	烟台福山银湖湿地省级自然保护区、山东莱州湾湿地市级自然保护区、烟台市大沽夹河湿地市级自然保护区
472	梓树	*Catalpa ovata*	紫葳科	梓属	烟台福山银湖湿地省级自然保护区、东平湖湿地市级自然保护区、烟台市大沽夹河湿地市级自然保护区
473	灰楸※	*Catalpa fargesii*	紫葳科	梓属	烟台福山银湖湿地省级自然保护区
474	旋蒴苣苔※	*Boea hygrometrica*	苦苣苔科	旋蒴苣苔属	烟台福山银湖湿地省级自然保护区、东平湖湿地市级自然保护区、烟台市大沽夹河湿地市级自然保护区

续表

序号	中文名	学名	科名	属名	分布的自然保护区
475	短梗耳挖草	*Utricularia caerulea*	狸藻科	狸藻属	山东南四湖省级自然保护区、东平湖湿地市级自然保护区
476	狸藻	*Utricularia vulgaris*	狸藻科	狸藻属	山东南四湖省级自然保护区
477	黄花狸藻	*Utricularia aurea*	狸藻科	狸藻属	山东南四湖省级自然保护区
478	透骨草	*Phryma leptostachya*	透骨草科	透骨草属	山东南四湖省级自然保护区、龙口黄水河河口湿地省级自然保护区、烟台市大沽夹河湿地市级自然保护区
479	接骨木※	*Sambucus williamsii*	忍冬科	接骨木属	烟台市大沽夹河湿地市级自然保护区
480	宜昌荚蒾	*Viburnum erosum*	忍冬科	荚蒾属	烟台市大沽夹河湿地市级自然保护区
481	忍冬	*Lonicera japonica*	忍冬科	忍冬属	烟台福山银湖湿地省级自然保护区、东平湖湿地市级自然保护区、烟台市大沽夹河湿地市级自然保护区
482	金花忍冬	*Lonicera chrysantha*	忍冬科	忍冬属	烟台市大沽夹河湿地市级自然保护区
483	金银忍冬	*Lonicera maackii*	忍冬科	忍冬属	烟台市大沽夹河湿地市级自然保护区
484	郁香忍冬※	*Lonicera fragrantissima*	忍冬科	忍冬属	东平湖湿地市级自然保护区
485	苦糖果	*Lonicera standishii*	忍冬科	忍冬属	烟台市大沽夹河湿地市级自然保护区
486	锦带花	*Weigela florida*	忍冬科	锦带花属	烟台福山银湖湿地省级自然保护区、山东莱州湾湿地市级自然保护区、烟台市大沽夹河湿地市级自然保护区
487	败酱	*Patrinia scabiosaefolia*	败酱科	败酱属	烟台福山银湖湿地省级自然保护区、烟台市大沽夹河湿地市级自然保护区
488	墓头回※	*Patrinia heterophylla*	败酱科	败酱属	烟台福山银湖湿地省级自然保护区、东平湖湿地市级自然保护区、烟台市大沽夹河湿地市级自然保护区

续表

序号	中文名	学名	科名	属名	分布的自然保护区
489	窄叶败酱※	*Patrinia heterophylla* subsp. *angustifolia*	败酱科	败酱属	烟台市大沽夹河湿地市级自然保护区
490	黑水缬草	*Valeriana amurensis*	败酱科	缬草属	烟台福山银湖湿地省级自然保护区
491	赤瓟	*Thladiantha dubia*	葫芦科	赤瓟属	烟台福山银湖湿地省级自然保护区、山东莱州湾湿地市级自然保护区、烟台市大沽夹河湿地市级自然保护区
492	轮叶沙参	*Adenophora tetraphylla*	桔梗科	沙参属	烟台福山银湖湿地省级自然保护区、山东莱州湾湿地市级自然保护区、烟台市大沽夹河湿地市级自然保护区
493	展枝沙参	*Adenophora divaricata*	桔梗科	沙参属	烟台福山银湖湿地省级自然保护区、山东莱州湾湿地市级自然保护区、烟台市大沽夹河湿地市级自然保护区
494	山马兰※	*Kalimeris lautureana*	菊科	马兰属	烟台福山银湖湿地省级自然保护区、山东莱州湾湿地市级自然保护区、烟台市大沽夹河湿地市级自然保护区
495	东风菜	*Doellingeria scaber*	菊科	东风菜属	山东莱州湾湿地市级自然保护区、烟台市大沽夹河湿地市级自然保护区
496	碱菀※	*Tripolium vulgare*	菊科	碱菀属	山东黄河三角洲国家级自然保护区、龙口黄水河河口湿地省级自然保护区、烟台市大沽夹河湿地市级自然保护区
497	紫菀	*Aster tataricus*	菊科	紫菀属	山东黄河三角洲国家级自然保护区、龙口黄水河河口湿地省级自然保护区
498	钻形紫菀	*Aster subulatus*	菊科	紫菀属	烟台市大沽夹河湿地市级自然保护区
499	飞蓬	*Erigeron acer*	菊科	飞蓬属	山东南四湖省级自然保护区、烟台市大沽夹河湿地市级自然保护区

续表

序号	中文名	学名	科名	属名	分布的自然保护区
500	火绒草	*Leontopodium leontopodioides*	菊科	火绒草属	烟台福山银湖湿地省级自然保护区、山东莱州湾湿地市级自然保护区、烟台市大沽夹河湿地市级自然保护区
501	鼠麴草	*Gnaphalium affine*	菊科	鼠麴草属	东平湖湿地市级自然保护区、山东莱州湾湿地市级自然保护区、烟台市大沽夹河湿地市级自然保护区
502	柳叶旋覆花	*Inula salicina*	菊科	旋覆花属	莱阳五龙河湿地省级自然保护区
503	鬼针草	*Bidens pilosa*	菊科	鬼针草属	山东黄河三角洲国家级自然保护区、莱阳五龙河湿地省级自然保护区、会宝岭水库县级自然保护区
504	大狼把草	*Bidens frondosa*	菊科	鬼针草属	烟台福山银湖湿地省级自然保护区
505	紫花野菊	*Dendranthema zawadskii*	菊科	菊属	莱阳五龙河湿地省级自然保护区
506	小红菊	*Dendranthema chanetii*	菊科	菊属	山东莱州湾湿地市级自然保护区
507	牡蒿	*Artemisia aponica*	菊科	蒿属	山东南四湖省级自然保护区、莱阳五龙河湿地省级自然保护区、烟台市大沽夹河湿地市级自然保护区
508	狭叶牡蒿	*Artemisia angustissima*	菊科	蒿属	莱阳五龙河湿地省级自然保护区、山东莱州湾湿地市级自然保护区、烟台市大沽夹河湿地市级自然保护区
509	歧茎蒿※	*Artemisia igniaria*	菊科	蒿属	烟台福山银湖湿地省级自然保护区、东平湖湿地市级自然保护区、烟台市大沽夹河湿地市级自然保护区
510	宽叶山蒿	*Artemisia stolonifera*	菊科	蒿属	烟台福山银湖湿地省级自然保护区、山东莱州湾湿地市级自然保护区、烟台市大沽夹河湿地市级自然保护区

续表

序号	中文名	学名	科名	属名	分布的自然保护区
511	山尖子	*Parasenecio hastata*	菊科	蟹甲草属	莱阳五龙河湿地省级自然保护区、会宝岭水库县级自然保护区
512	琥珀千里光	*Senecio ambraceus*	菊科	千里光属	烟台福山银湖湿地省级自然保护区、山东莱州湾湿地市级自然保护区
513	林荫千里光	*Senecio nemorensis*	菊科	千里光属	东平湖湿地市级自然保护区、山东莱州湾湿地市级自然保护区、烟台市大沽夹河湿地市级自然保护区
514	牛蒡	*Arctium lappa*	菊科	牛蒡属	莱阳五龙河湿地省级自然保护区
515	大刺儿菜	*Cirsium setosum*	菊科	蓟属	烟台福山银湖湿地省级自然保护区、龙口黄水河河口湿地省级自然保护区、烟台市大沽夹河湿地市级自然保护区
516	小蓟	*Cephalanoplos segetum*	菊科	蓟属	烟台市大沽夹河湿地市级自然保护区
517	风毛菊	*Saussurea japonica*	菊科	风毛菊属	烟台福山银湖湿地省级自然保护区、烟台市大沽夹河湿地市级自然保护区
518	篦苞风毛菊※	*Saussurea pectinata*	菊科	风毛菊属	莱阳五龙河湿地省级自然保护区
519	华北风毛菊	*Saussurea mongolica*	菊科	风毛菊属	烟台福山银湖湿地省级自然保护区、东平湖湿地市级自然保护区
520	山牛蒡	*Synurus deltoides*	菊科	山牛蒡属	会宝岭水库县级自然保护区
521	漏芦	*Stemmacantha uniflora*	菊科	漏芦属	烟台福山银湖湿地省级自然保护区、山东莱州湾湿地市级自然保护区、烟台市大沽夹河湿地市级自然保护区
522	鹿草	*Stemmacantha carthamoides*	菊科	漏芦属	龙口黄水河河口湿地省级自然保护区
523	猫儿菊	*Hypochaeris ciliatus*	菊科	猫儿菊属	烟台市大沽夹河湿地市级自然保护区

续表

序号	中文名	学名	科名	属名	分布的自然保护区
524	鸦葱	*Scorzonera austriaca*	菊科	鸦葱属	山东黄河三角洲国家级自然保护区、龙口黄水河河口湿地省级自然保护区
525	蒙古鸦葱	*Scorzonera mongolica*	菊科	鸦葱属	山东黄河三角洲国家级自然保护区、龙口黄水河河口湿地省级自然保护区、烟台市大沽夹河湿地市级自然保护区
526	苣荬菜	*Sonchus arvensis*	菊科	苦苣菜属	山东黄河三角洲国家级自然保护区、龙口黄水河河口湿地省级自然保护区、烟台市大沽夹河湿地市级自然保护区
527	长裂苦苣菜	*Sonchus brachyotus*	菊科	苦苣菜属	山东黄河三角洲国家级自然保护区
528	毛脉翅果菊	*Pterocypsela raddeana*	菊科	翅果菊属	烟台福山银湖湿地省级自然保护区、山东莱州湾湿地市级自然保护区、烟台市大沽夹河湿地市级自然保护区
529	苦荬菜	*Ixeris polycephala*	菊科	苦荬菜属	烟台福山银湖湿地省级自然保护区、山东莱州湾湿地市级自然保护区、烟台市大沽夹河湿地市级自然保护区
530	秋苦荬菜	*Ixeris denticulata*	菊科	苦荬菜属	龙口黄水河河口湿地省级自然保护区
531	匍匐苦荬菜	*Ixeris repens*	菊科	苦荬菜属	龙口黄水河河口湿地省级自然保护区
532	沙苦荬菜	*Chorisis repens*	菊科	沙苦荬菜属	烟台市大沽夹河湿地市级自然保护区

注：表中物种中文名后标注"#"为受威胁物种，标注"※"为中国特有物种。

3. 野生维管束植物丰富度

山东省内陆湿地类自然保护区野生维管束植物物种丰富度为13～846种。烟台市大沽夹河湿地市级自然保护区野生维管束植物丰富度最高，为846种；烟台福山银湖湿地省级自然保护区次之，有680种；山东南四湖省级自然保护区、东平湖湿地市级自然保护区、山东莱州湾湿地市级自然保护区的野生维管束植物丰富度均在400种以上；莱阳五龙河湿地省级自然保护区、山东黄河三角洲国家级自然保护区和龙口黄水河河口湿地省级自然保护区野生维管束植物丰富度为100～400种；会宝岭水库县级自然保护区和泉林水体县级自然保护区野生维管束植物丰富度较低，分别为13种和22种。山东省内陆湿地类自然保护区野生维管束植物物种丰富度状况如图2-4-2所示。

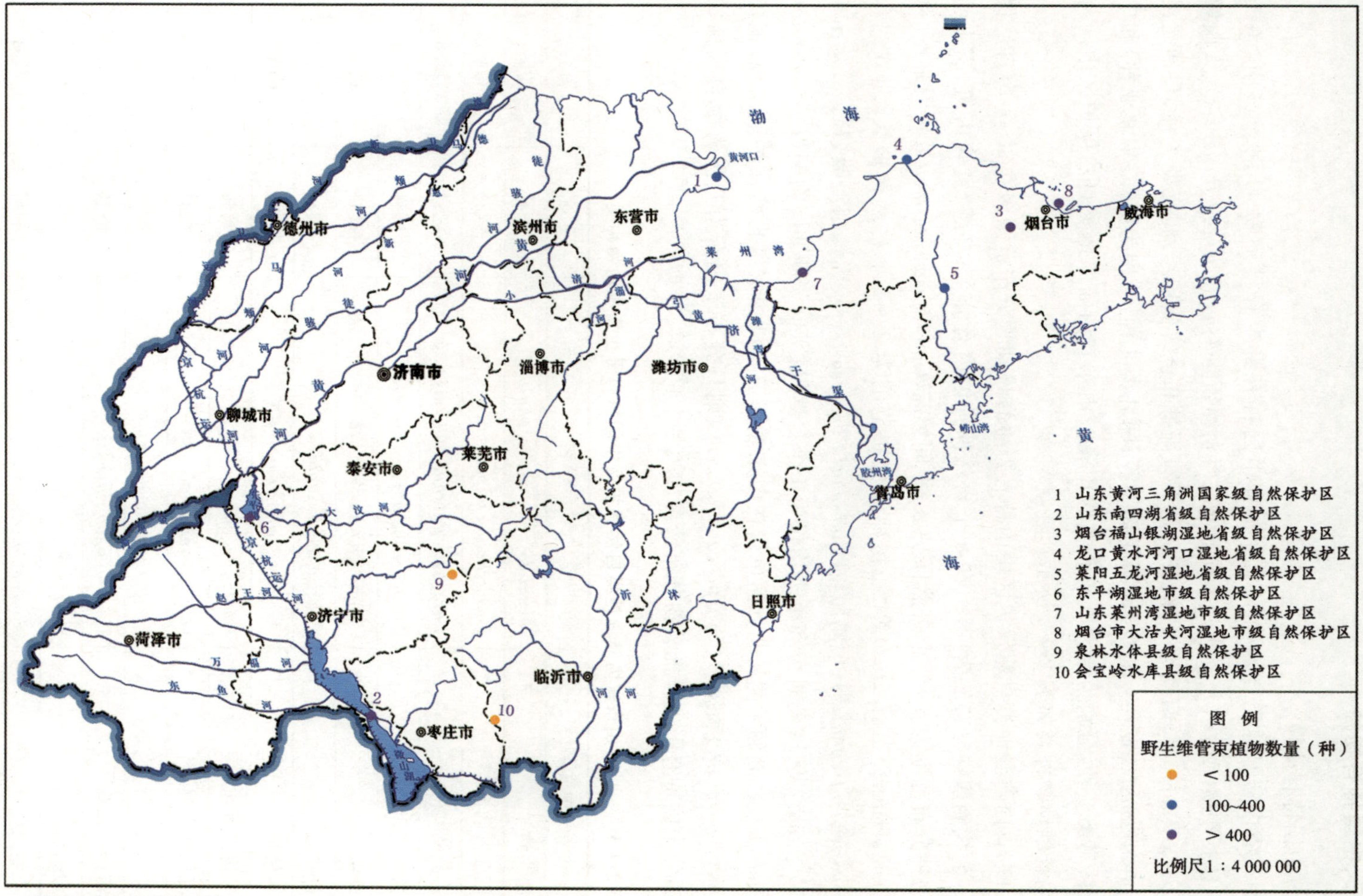

审图号：鲁SG（2018）068号

图2-4-2　山东省内陆湿地类自然保护区野生维管束植物物种丰富度

三、中国特有物种

1. 中国特有动物

山东省内陆湿地类自然保护区分布有中国特有野生脊椎动物 41 种。其中，鱼类 28 种，包括须鱊(*Acheilognathus barbatus*)、西湖颌须鮈(*Gnathopogon sihuensis*)、大眼鳜(*Siniperca kneri*)等；两栖类 2 种，分别是无斑雨蛙和金线侧褶蛙；爬行类 7 种，包括北滑蜥(*septentrionalis* 亚种)、北草蜥、团花锦蛇等；哺乳类 2 种，分别为麝鼹(华北亚种)和中华鼢鼠；鸟类 2 种，分别为宝兴歌鸫和黄腹山雀。山东省内陆湿地类自然保护区中国特有野生脊椎动物种类如表 2-4-3 所示。

山东省内陆湿地类自然保护区中国特有野生脊椎动物分布范围多在 1～4 个自然保护区。金线侧褶蛙分布最为广泛，在 8 个自然保护区内有分布；乌鳢、黄腹山雀、团头鲂等 6 物种分布范围为 5～7 个自然保护区；中间鳅鮀(*Gobiobotia intermedia*)、大眼鳜、刺鳅(*Mastacembelus aculeatus*)等 20 物种的分布范围为 2～4 个自然保护区；北方铜鱼(*Coreius septentrionalis*)、短吻鳅鮀(*Gobiobotia brevirostris*)、大鳞副泥鳅(*Paramisgurnus dabryanus*)等 14 物种分布范围均仅为 1 个自然保护区，如湖北圆吻鲴(*Distoechodon hupeinensis*)、西湖颌须鮈和北方铜鱼仅在山东黄河三角洲国家级自然保护区出现，铜鱼(*Coreius heterodon*)和斑鳜(*Siniperca scherzeri*)则只分布于山东南四湖省级自然保护区。部分中国特有野生脊椎动物分布情况如表 2-4-1 所示。

表 2-4-3　　山东省内陆湿地类自然保护区中国特有野生脊椎动物种类

序号	中文名	学名	科名	属名
1	团头鲂	*Megalobrama amblycephala*	鲤科	鲂属
2	湖北圆吻鲴	*Distoechodon hupeinensis*	鲤科	圆吻鲴属
3	彩副鱊	*Paracheilognathus imberbis*	鲤科	副鱊属
4	须拟鱊	*Paracheilognathus shibatuea*	鲤科	副鱊属
5	须鱊	*Acheilognathus barbatus*	鲤科	鱊属
6	巨口鱊	*Acheilognathus tabiro*	鲤科	鱊属
7	多鳞鱊	*Acheilognathus polylepis*	鲤科	鱊属
8	短须颌须鮈	*Gnathopogon imberbis*	鲤科	颌须鮈属
9	点纹颌须鮈	*Gnathopogon wolterstorffi*	鲤科	颌须鮈属
10	多纹颌须鮈	*Gnathopogon polytaenia*	鲤科	颌须鮈属
11	西湖颌须鮈	*Gnathopogon sihuensis*	鲤科	颌须鮈属
12	似铜鮈	*Gobio coriparoides*	鲤科	鮈属
13	长蛇鮈	*Saurogobio dumerili*	鲤科	蛇鮈属
14	光唇蛇鮈	*Saurogobio gymnocheilus*	鲤科	蛇鮈属

续表

序号	中文名	学名	科名	属名
15	铜鱼	*Coreius heterodon*	鲤科	铜鱼属
16	北方铜鱼	*Coreius septentrionalis*	鲤科	铜鱼属
17	中间鳅鮀	*Gobiobotia intermedia*	鲤科	鳅鮀属
18	平鳍鳅鮀	*Gobiobotia homalopteroidea*	鲤科	鳅鮀属
19	宜昌鳅鮀	*Gobiobotia ichangensis*	鲤科	鳅鮀属
20	短吻鳅鮀	*Gobiobotia brevirostris*	鲤科	鳅鮀属
21	大鳞副泥鳅	*Paramisgurnus dabryanus*	鳅科	副泥鳅属
22	鮠	*Leiocassis longirostris*	鲿科	鮠属
23	中华青鳉	*Oryzias latipes sinensis*	大颌鳉科	青鳉属
24	大眼鳜	*Siniperca kneri*	鮨科	鳜属
25	斑鳜	*Siniperca scherzeri*	鮨科	鳜属
26	圆尾斗鱼	*Macropodus chinensis*	斗鱼科	斗鱼属
27	乌鳢	*Channa argus*	鳢科	鳢属
28	刺鳅	*Mastacembelus aculeatus*	刺鳅科	刺鳅属
29	金线侧褶蛙	*Pelophylax plancyi*	蛙科	侧褶蛙属
30	无斑雨蛙	*Hyla immaculata*	雨蛙科	雨蛙属
31	中华石龙子（*formosensis* 亚种）	*Eumeces chinensis formosensis*	石龙子科	石龙子属
32	北滑蜥（*septentrionalis* 亚种）	*Scincella modesta septentrionalis*	石龙子科	滑蜥属
33	无蹼壁虎	*Gekko swinhonis*	壁虎科	壁虎属
34	北草蜥	*Takydromus septentrionalis*	蜥蜴科	草蜥属
35	团花锦蛇	*Elaphe davidi*	游蛇科	锦蛇属
36	双斑锦蛇	*Elaphe bimaculata*	游蛇科	锦蛇属
37	乌梢蛇	*Zaocys dhumnades*	游蛇科	乌梢蛇属
38	麝鼹	*Scaptochirus moschatus*	鼹科	麝鼹属
39	中华鼢鼠	*Myospalax fontanieri*	鼹形鼠科	凸颅鼠属
40	宝兴歌鸫	*Turdus mupinensis*	鸫科	鸫属
41	黄腹山雀	*Parus venustulus*	山雀科	山雀属

山东省内陆湿地类自然保护区中国特有野生脊椎动物物种丰富度为 2～24 种。东平湖湿地市级自然保护区中国特有野生脊椎动物种类最为丰富，为 24 种；山东南四湖省级自然保护区和山东黄河三角洲国家级自然保护区中国特有野生脊椎动物种类分别为 19 种和 20 种；莱阳五龙河省级自然保护区、烟台福山银湖湿地省级自然保护区等 7 个自然保护区中国特有野生脊椎动物种类均为 2～9 种。山东省内陆湿地类自然保护区中国特有野生脊椎动物物种丰富度分布状况如图 2-4-3 所示。

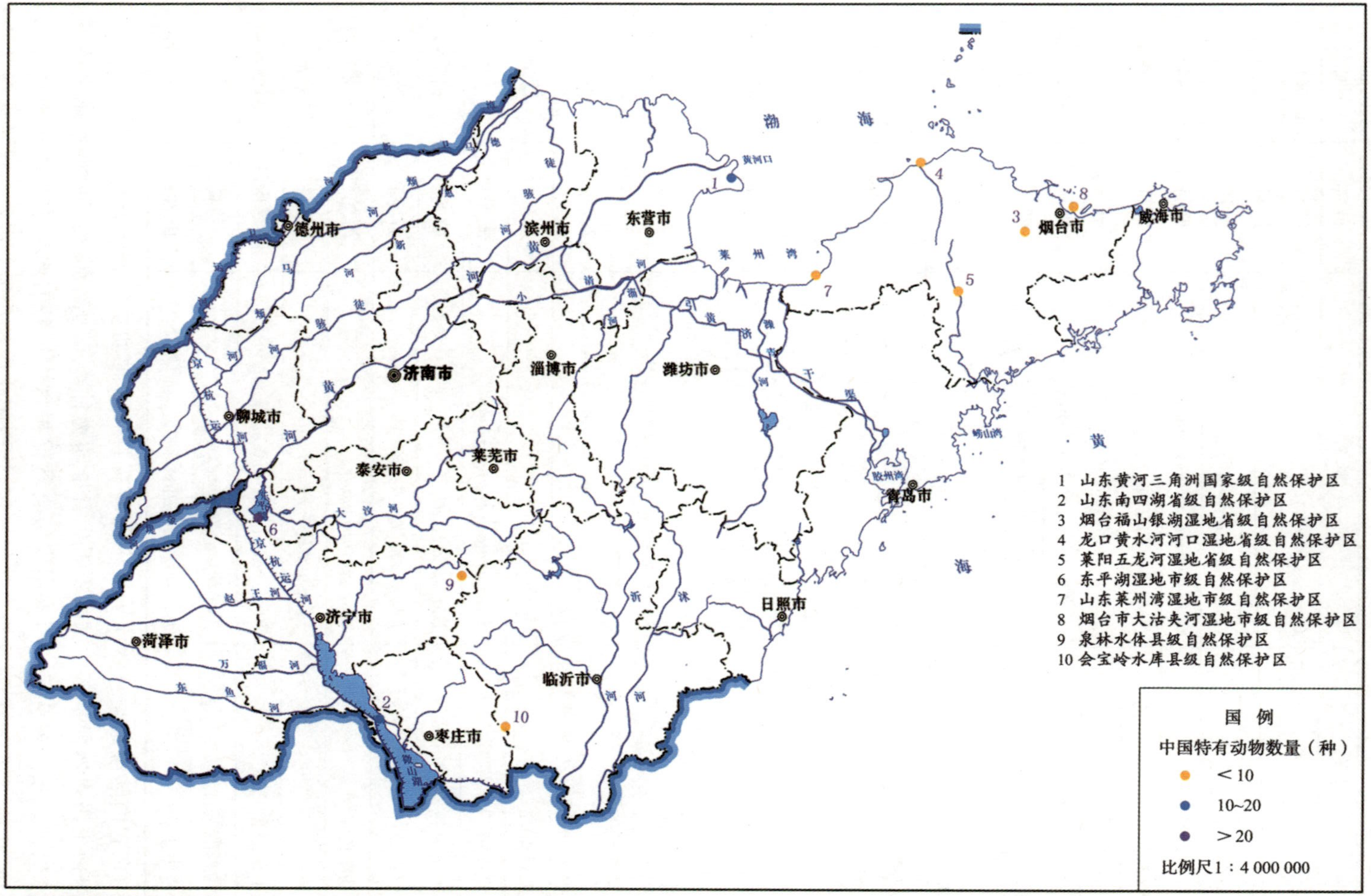

审图号：鲁SG（2018）068号

图2-4-3　山东省内陆湿地类自然保护区中国特有野生脊椎动物物种丰富度

2. 中国特有植物

山东省内陆湿地类自然保护区分布有中国特有野生维管束植物45科96属124种。其中，蕨类植物1种，为蒙山粉背蕨。裸子植物1种，为油松。单子叶植物16种，包括黑三棱科、禾本科、莎草科、天南星科、百合科和鸢尾科植物等。禾本科植物有细叶臭草、法氏早熟禾、獐毛等6种；莎草科为荣成藨草、唐进薹草和胶东薹草；百合科植物包括热河黄精、矮齿韭、泰山韭和野百合4种；其余3科均有1种，分别为黑三棱、虎掌和矮鸢尾。双子叶植物106种，以蔷薇科植物种类最多，为14种，包括花楸树、湖北海棠（*Malus hupehensis*）、山桃（*Amygdalus davidiana*）等；唇形科、豆科、杨柳科等5科植物种类为5～7种；藜科、鼠李科、伞形科等8科植物种类为3～4种；白花丹科、苦苣苔科、桔梗科等23科植物种类均为1种或2种，包括烟台补血草（*Limonium franchetii*）、旋蒴苣苔、北柴胡（*Bupleurum chinense*）等。山东省内陆湿地类自然保护区中国特有野生维管束植物种类如表2-4-4所示。

表2-4-4　山东省内陆湿地类自然保护区中国特有野生维管束植物种类

序号	中文名	学名	科名	属名
1	蒙山粉背蕨	*Aleuritopteris mengshanensis*	中国蕨科	粉背蕨属
2	油松	*Pinus tabuliformis*	松科	松属
3	黑三棱	*Sparganium stoloniferum*	黑三棱科	黑三棱属
4	细叶臭草	*Melica radula*	禾本科	臭草属
5	法氏早熟禾	*Poa faberi*	禾本科	早熟禾属
6	獐毛	*Aeluropus sinensis*	禾本科	獐毛属
7	秋画眉草	*Eragrostis autumnalis*	禾本科	画眉草属
8	丛生隐子草	*Cleistogenes caespitosa*	禾本科	隐子草属
9	金色狗尾草	*Setaria glauca*	禾本科	狗尾草属
10	荣成藨草	*Scirpus rongchengensis*	莎草科	藨草属
11	唐进薹草	*Carex tangiana*	莎草科	薹草属
12	胶东薹草	*Carex jiaodongensis*	莎草科	薹草属
13	虎掌	*Pinellia pedatisecta*	天南星科	半夏属
14	热河黄精	*Polygonatum macropodium*	百合科	黄精属
15	矮齿韭	*Allium brevidentatum*	百合科	葱属
16	泰山韭	*Allium taishanense*	百合科	葱属
17	野百合	*Lilium brownii*	百合科	百合属
18	矮鸢尾	*Iris kobayashii*	鸢尾科	鸢尾属

续表

序号	中文名	学名	科名	属名
19	河北杨	*Populus hopeiensis*	杨柳科	杨属
20	毛白杨	*Populus tomentosa*	杨柳科	杨属
21	小钻杨	*Populus xiaozhuanica*	杨柳科	杨属
22	青杨	*Populus cathayana*	杨柳科	杨属
23	旱柳	*Salix matsudana*	杨柳科	柳属
24	垂柳	*Salix babylonica*	杨柳科	柳属
25	簸箕柳	*Salix suchowensis*	杨柳科	柳属
26	旱榆	*Ulmus glaucescens*	榆科	榆属
27	青檀	*Pteroceltis tatarinowii*	榆科	青檀属
28	华北百蕊草	*Thesium cathaicum*	檀香科	百蕊草属
29	寻骨风	*Aristolochia mollissima*	马兜铃科	马兜铃属
30	东亚市藜	*Chenopodium urbicum* subsp. *sinicum*	藜科	藜属
31	软毛虫实	*Corispermum puberulum*	藜科	虫实属
32	细苞虫实	*Corispermum stenolepis*	藜科	虫实属
33	中国繁缕	*Stellaria chinensis*	石竹科	繁缕属
34	鹤草	*Silene fortunei*	石竹科	蝇子草属
35	展毛乌头	*Aconitum carmichaeli* var. *truppellinum*	毛茛科	乌头属
36	烟台翠雀花	*Delphinium chefoense*	毛茛科	翠雀属
37	长冬草	*Clematis haxapetala* var. *tchefoueusis*	毛茛科	铁线莲属
38	盾叶唐松草	*Thalictrum ichangense*	毛茛科	唐松草属
39	多花景天	*Sedum floriferum*	景天科	景天属
40	火焰草	*Sedum stellariifolium*	景天科	景天属
41	大花溲疏	*Deutzia grandiflora*	虎耳草科	溲疏属
42	华北绣线菊	*Spiraea fritschiana*	蔷薇科	绣线菊属
43	华北绣线菊大叶变种	*Spiraea fritschiana* var. *angulata*	蔷薇科	绣线菊属
44	华北绣线菊小叶变种	*Spiraea fritschiana* var. *parvifolia*	蔷薇科	绣线菊属
45	柔毛路边青	*Geum japonicum*	蔷薇科	路边青属
46	宽蕊地榆	*Sanguisorba applanata*	蔷薇科	地榆属
47	花楸树	*Sorbus pohuashanensis*	蔷薇科	花楸属

续表

序号	中文名	学名	科名	属名
48	北京花楸	*Sorbus discolor*	蔷薇科	花楸属
49	湖北花楸	*Sorbus hupehensis*	蔷薇科	花楸属
50	湖北海棠	*Malus hupehensis*	蔷薇科	苹果属
51	楸子	*Malus prunifolia*	蔷薇科	苹果属
52	西北栒子	*Cotoneaster zabelii*	蔷薇科	栒子属
53	山桃	*Amygdalus davidiana*	蔷薇科	桃属
54	毛樱桃	*Cerasus tomentosa*	蔷薇科	樱属
55	欧李	*Cerasus humilis*	蔷薇科	樱属
56	皂荚	*Gleditsia sinensis*	豆科	皂荚属
57	多花胡枝子	*Lespedeza floribunda*	豆科	胡枝子属
58	长叶胡枝子	*Lespedeza caraganae*	豆科	胡枝子属
59	红花锦鸡儿	*Caragana rosea*	豆科	锦鸡儿属
60	毛掌叶锦鸡儿	*Caragana leveillei*	豆科	锦鸡儿属
61	背扁黄芪	*Astragalus complanatus*	豆科	黄芪属
62	地构叶	*Speranskia tuberculata*	大戟科	地构叶属
63	花椒	*Zanthoxylum bungeanum*	芸香科	花椒属
64	野花椒	*Zanthoxylum simulans*	芸香科	花椒属
65	臭椿	*Ailanthus altissima*	苦木科	臭椿属
66	元宝槭	*Acer truncatum*	槭树科	槭属
67	青榨槭	*Acer davidii*	槭树科	槭属
68	胶州卫矛	*Euonymus kiautschovicus*	卫矛科	卫矛属
69	小叶鼠李	*Rhamnus parvifolia*	鼠李科	鼠李属
70	锐齿鼠李	*Rhamnus arguta*	鼠李科	鼠李属
71	圆叶鼠李	*Rhamnus globosa*	鼠李科	鼠李属
72	山葡萄	*Vitis amurensis*	葡萄科	葡萄属
73	蘡薁	*Vitis bryoniaefolia*	葡萄科	葡萄属
74	葎叶蛇葡萄	*Ampelopsis humulifolia*	葡萄科	蛇葡萄属
75	异叶爬山虎	*Parthenocissus dalzielii*	葡萄科	地锦属
76	胶东椴	*Tilia jiaodongensis*	椴树科	椴树属
77	小花扁担杆	*Grewia biloba*	椴树科	扁担杆属
78	柽柳	*Tamarix chinensis*	柽柳科	柽柳属

续表

序号	中文名	学名	科名	属名
79	维西堇菜	*Viola monbeigii*	堇菜科	堇菜属
80	蒙古堇菜	*Viola mongolica*	堇菜科	堇菜属
81	北柴胡	*Bupleurum chinense*	伞形科	柴胡属
82	辽藁本	*Ligusticum jeholens*	伞形科	藁本属
83	泰山前胡	*Peucedanum wawrae*	伞形科	前胡属
84	毛株	*Cornus walteri*	山茱萸科	山茱萸属
85	轮叶过路黄	*Lysimachia klattiana*	报春花科	珍珠菜属
86	狭叶珍珠菜	*Lysimachia pentapetala*	报春花科	珍珠菜属
87	小叶珍珠菜	*Lysimachia parvifolia*	报春花科	珍珠菜属
88	烟台补血草	*Limonium franchetii*	白花丹科	补血草属
89	小叶梣	*Fraxinus bungeana*	木犀科	梣属
90	雪柳	*Fontanesia phillyreoides* subsp. *fortunei*	木犀科	雪柳属
91	连翘	*Forsythia suspensa*	木犀科	连翘属
92	辽东水蜡树	*Ligustrum obtusifolium*	木犀科	女贞属
93	迎春花	*Jasminum nudiflorum*	木犀科	素馨属
94	杠柳	*Periploca sepium*	萝藦科	杠柳属
95	华北白前	*Cynanchum mongolicum*	萝藦科	鹅绒藤属
96	变色白前	*Cynanchum versicolor*	萝藦科	鹅绒藤属
97	毛鸡矢藤	*Paederia scandens*	茜草科	鸡矢藤属
98	山东茜草	*Rubia truppeliana*	茜草科	茜草属
99	弯齿盾果草	*Thyrocarpus glochidiatus*	紫草科	盾果草属
100	斑种草	*Bothriospermum chinense*	紫草科	斑种草属
101	多苞斑种草	*Bothriospermum secundum*	紫草科	斑种草属
102	粘毛黄芩	*Scutellaria viscidula*	唇形科	黄芩属
103	喜荫黄芩	*Scutellaria sciaphila*	唇形科	黄芩属
104	糙苏	*Phlomis umbrosa*	唇形科	糙苏属
105	辽宁香茶菜	*Rabdosia websteri*	唇形科	香茶菜属
106	錾菜	*Leonurus pseudomacranthus*	唇形科	益母草属
107	楸叶泡桐	*Paulownia catalpifolia*	玄参科	泡桐属
108	地黄	*Rehmannia glutinosa*	玄参科	地黄属

续表

序号	中文名	学名	科名	属名
109	灰楸	*Catalpa fargesii*	紫葳科	梓属
110	角蒿	*Incarvillea sinensis*	紫葳科	角蒿属
111	旋蒴苣苔	*Boea hygrometrica*	苦苣苔科	旋蒴苣苔属
112	接骨木	*Sambucus williamsii*	忍冬科	接骨木属
113	郁香忍冬	*Lonicera fragrantissima*	忍冬科	忍冬属
114	墓头回	*Patrinia heterophylla*	败酱科	败酱属
115	窄叶败酱	*Patrinia heterophylla*	败酱科	败酱属
116	荠苨	*Adenophora trachelioides*	桔梗科	沙参属
117	山马兰	*Kalimeris lautureana*	菊科	马兰属
118	碱菀	*Tripolium vulgare*	菊科	碱菀属
119	腺梗豨莶	*Siegesbeckia pubescens*	菊科	豨莶属
120	甘菊	*Dendranthema lavandulifolium*	菊科	菊属
121	歧茎蒿	*Artemisia igniaria*	菊科	蒿属
122	华东蓝刺头	*Echinops grijsii*	菊科	蓝刺头属
123	绿蓟	*Cirsium chinense*	菊科	蓟属
124	篦苞风毛菊	*Saussurea pectinata*	菊科	风毛菊属

山东省内陆湿地类自然保护区中国特有野生维管束植物分布范围相对较小。旱柳、垂柳(*Salix babylonica*)在 9 个自然保护区有分布；斑种草、金色狗尾草(*Setaria glauca*)、毛白杨(*Populus tomentosa*)等 31 种中国特有野生维管束植物分布范围为 5～8 个自然保护区；蒙古堇菜(*Viola mongolica*)、泰山前胡(*Peucedanum wawrae*)、雪柳(*Fontanesia phillyreoides* subsp. fortunei)等42 个物种分布范围均为 3～4 个自然保护区；维西堇菜(*Viola monbeigii*)、烟台补血草、粘毛黄芩(*Scutellaria viscidula*)等 50 个物种分布范围较小，局限于 1～2 个自然保护区。部分中国特有野生维管束植物在内陆湿地类自然保护区的分布情况见表 2-4-2。

山东省内陆湿地类自然保护区中国特有野生维管束植物物种丰富度为 0～104 种。烟台市大沽夹河湿地市级自然保护区中国特有野生维管束植物种类最多，为 104 种；山东莱州湾湿地市级自然保护区和烟台福山银湖湿地省级自然保护区分布的中国特有野生维管束植物种类分别为 63 种和 77 种；山东南四湖省级自然保护区和东平湖湿地市级自然保护区分布的中国特有野生维管束植物种类分别为 44 种和 59 种；山东黄河三角洲国家级自然保护区、龙口黄水河河口湿地省级自然保护区、莱阳五龙河湿地省级自然保护区等 5 个自然保护区分布的中国特有野生维管束植物种类均低于 20 种。山东省内陆湿地类自然保护区中国特有野生维管束植物物种丰富度如图 2-4-4 所示。

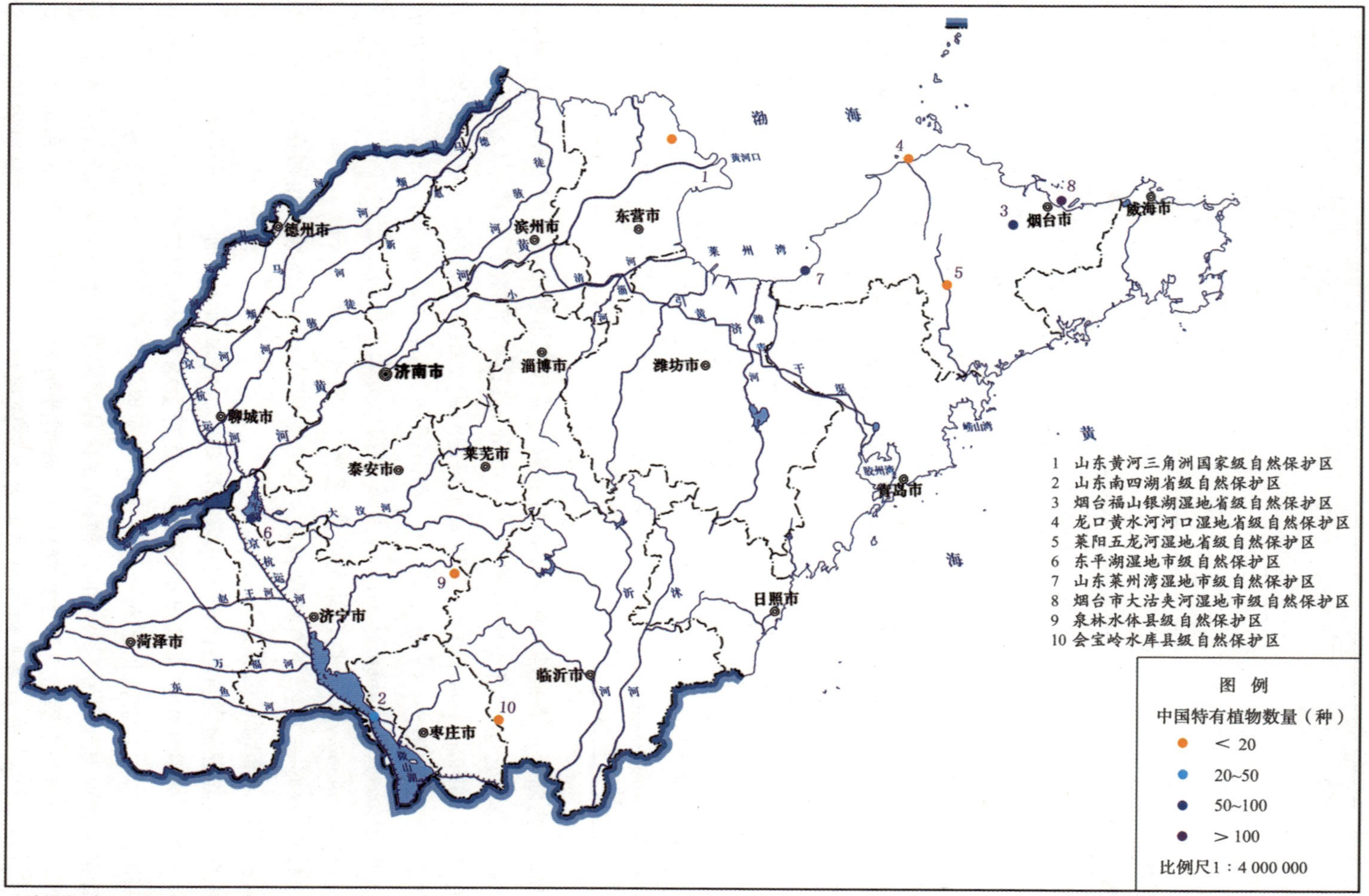

审图号：鲁SG（2018）068号

图2-4-4 山东省内陆湿地类自然保护区中国特有野生维管束植物物种丰富度

四、外来入侵物种

1. 外来入侵物种种类

调查统计了山东黄河三角洲国家级自然保护区、山东南四湖省级自然保护区、烟台福山银湖湿地省级自然保护区、龙口黄水河河口湿地省级自然保护区、东平湖湿地市级自然保护区、烟台市大沽夹河湿地市级自然保护区、山东莱州湾湿地市级自然保护区和会宝岭水库县级自然保护区8个自然保护区外来入侵物种状况。调查结果表明，8个内陆湿地类自然保护区分布有外来入侵物种36种，包括34种植物和2种动物。外来入侵植物以菊科植物为主，共11种，包括苦苣菜、牛膝菊(*Galinsoga parviflora*)、豚草(*Ambrosia artemisiifolia*)等；苋科植物4种，为喜旱莲子草、刺苋(*Amaranthus spinosus*)、反枝苋和皱果苋(*Amaranthus viridis*)；豆科植物3种，分别为白花草木犀、白车轴草(*Trifolium repens*)、红车轴草；另有车前科、大麻科、葫芦科等12科的16种外来入侵植物，如长叶车前(*Plantago lanceolata*)、大麻(*Cannabis sativa*)、小马泡(*Cucumis bisexualis*)等。2种外来入侵动物分别为褐家鼠和小家鼠。内陆湿地类自然保护区外来入侵物种种类如表2-4-5所示。

2. 外来入侵物种分布

凹头苋(*Amaranthus lividus*)和苦苣菜分布范围均为5个自然保护区；大麻、大米草、小蓬草等15种外来入侵植物分布范围为3～4个自然保护区。剑叶金鸡菊、豚草、大狼杷草(*Bidens frondosa*)等17种外来入侵植物分布范围为1～2个自然保护区。外来入侵动物褐家鼠和小家鼠分布范围分别为5个和6个自然保护区。外来入侵物种在内陆湿地类自然保护区的分布情况如表2-4-5所示。

表2-4-5　内陆湿地类自然保护区外来入侵物种及其分布情况

序号	中文名	学名	科名	属名	分布的自然保护区
1	长叶车前	*Plantago lanceolata*	车前科	车前属	烟台福山银湖湿地省级自然保护区、龙口黄水河河口湿地省级自然保护区
2	大麻	*Cannabis sativa*	大麻科	大麻属	山东南四湖省级自然保护区、东平湖湿地市级自然保护区、烟台市大沽夹河湿地市级自然保护区
3	白花草木犀	*Melilotus alba*	豆科	草木犀属	山东黄河三角洲国家级自然保护区、山东南四湖省级自然保护区、东平湖湿地市级自然保护区、烟台市大沽夹河湿地市级自然保护区

续表

序号	中文名	学名	科名	属名	分布的自然保护区
4	白车轴草	*Trifolium repens*	豆科	车轴草属	山东南四湖省级自然保护区、东平湖湿地市级自然保护区、龙口黄水河河口湿地省级自然保护区
5	红车轴草	*Trifolium pratense*	豆科	车轴草属	山东南四湖省级自然保护区、东平湖湿地市级自然保护区、烟台市大沽夹河湿地市级自然保护区、龙口黄水河河口湿地省级自然保护区
6	大米草	*Spartina anglica*	禾本科	米草属	山东黄河三角洲国家级自然保护区、山东莱州湾湿地市级自然保护区、龙口黄水河河口湿地省级自然保护区
7	小马泡	*Cucumis bisexualis*	葫芦科	黄瓜属	山东南四湖省级自然保护区、东平湖湿地市级自然保护区
8	野西瓜苗	*Hibiscus trionum*	锦葵科	木槿属	山东南四湖省级自然保护区、东平湖湿地市级自然保护区、烟台福山银湖湿地省级自然保护区、龙口黄水河河口湿地省级自然保护区
9	小蓬草	*Conyza canadensis*	菊科	白酒草属	山东南四湖省级自然保护区、东平湖湿地市级自然保护区、烟台福山银湖湿地省级自然保护区
10	香丝草	*Conyza bonariensis*	菊科	白酒草属	山东南四湖省级自然保护区、东平湖湿地市级自然保护区、烟台福山银湖湿地省级自然保护区
11	一年蓬	*Erigeron annuus*	菊科	飞蓬属	山东南四湖省级自然保护区、烟台福山银湖湿地省级自然保护区
12	大狼杷草	*Bidens frondosa*	菊科	鬼针草属	烟台福山银湖湿地省级自然保护区
13	剑叶金鸡菊	*Coreopsis lanceolata*	菊科	金鸡菊属	烟台市大沽夹河湿地市级自然保护区
14	花叶滇苦菜	*Sonchus asper*	菊科	苦苣菜属	山东南四湖省级自然保护区、东平湖湿地市级自然保护区、烟台福山银湖湿地省级自然保护区
15	苦苣菜	*Sonchus oleraceus*	菊科	苦苣菜属	山东黄河三角洲国家级自然保护区、山东南四湖省级自然保护区、东平湖湿地市级自然保护区、烟台市大沽夹河湿地市级自然保护区、烟台福山银湖湿地省级自然保护区

续表

序号	中文名	学名	科名	属名	分布的自然保护区
16	牛膝菊	*Galinsoga parviflora*	菊科	牛膝菊属	山东南四湖省级自然保护区、东平湖湿地市级自然保护区、烟台福山银湖湿地省级自然保护区
17	豚草	*Ambrosia artemisiifolia*	菊科	豚草属	烟台福山银湖湿地省级自然保护区
18	菊芋	*Helianthus tuberosus*	菊科	向日葵属	山东南四湖省级自然保护区、东平湖湿地市级自然保护区、烟台市大沽夹河湿地市级自然保护区
19	钻叶紫菀	*Aster subulatus*	菊科	紫菀属	山东南四湖省级自然保护区、东平湖湿地市级自然保护区
20	月见草	*Oenothera biennis*	柳叶菜科	月见草属	东平湖湿地市级自然保护区、烟台市大沽夹河湿地市级自然保护区、烟台福山银湖湿地省级自然保护区
21	洋金花	*Datura metel*	茄科	曼陀罗属	山东南四湖省级自然保护区、东平湖湿地市级自然保护区、烟台福山银湖湿地省级自然保护区、龙口黄水河河口湿地省级自然保护区
22	毛酸浆	*Physalis pubescens*	茄科	酸浆属	东平湖湿地市级自然保护区
23	垂序商陆	*Phylolacca americana*	商陆科	商陆属	东平湖湿地市级自然保护区、烟台福山银湖湿地省级自然保护区
24	臭荠	*Coronopus didymus*	十字花科	臭荠属	山东南四湖省级自然保护区、烟台市大沽夹河湿地市级自然保护区、烟台福山银湖湿地省级自然保护区
25	北美独行菜	*Lepidium virginicum*	十字花科	独行菜属	东平湖湿地市级自然保护区、烟台市大沽夹河湿地市级自然保护区、烟台福山银湖湿地省级自然保护区
26	麦蓝菜	*Vaccaria segetalis*	石竹科	麦蓝菜属	山东南四湖省级自然保护区、东平湖湿地市级自然保护区、烟台福山银湖湿地省级自然保护区、龙口黄水河河口湿地省级自然保护区
27	喜旱莲子草	*Alternanthera philoxeroides*	苋科	莲子草属	山东南四湖省级自然保护区、龙口黄水河河口湿地省级自然保护区
28	刺苋	*Amaranthus spinosus*	苋科	苋属	龙口黄水河河口湿地省级自然保护区

续表

序号	中文名	学名	科名	属名	分布的自然保护区
29	反枝苋	*Amaranthus retroflexus*	苋科	苋属	山东南四湖省级自然保护区、东平湖湿地市级自然保护区、烟台福山银湖湿地省级自然保护区、龙口黄水河河口湿地省级自然保护区
30	皱果苋	*Amaranthus viridis*	苋科	苋属	山东黄河三角洲国家级自然保护区、山东南四湖省级自然保护区、东平湖湿地市级自然保护区、龙口黄水河河口湿地省级自然保护区
31	阿拉伯婆婆纳	*Veronica persica*	玄参科	婆婆纳属	东平湖湿地市级自然保护区
32	牵牛	*Pharbitis hederacea*	旋花科	牵牛属	山东南四湖省级自然保护区、东平湖湿地市级自然保护区、会宝岭水库县级自然保护区
33	裂叶牵牛	*Pharbitis nil*	旋花科	牵牛属	山东南四湖省级自然保护区、东平湖湿地市级自然保护区、烟台福山银湖湿地省级自然保护区
34	凤眼蓝	*Eichhornia crassipes*	雨久花科	凤眼莲属	山东南四湖省级自然保护区、龙口黄水河河口湿地省级自然保护区
35	褐家鼠	*Rattus novegicus*	鼠科	家鼠属	山东黄河三角洲国家级自然保护区、山东南四湖省级自然保护区、东平湖湿地市级自然保护区、烟台市大沽夹河湿地市级自然保护区、烟台福山银湖湿地省级自然保护区
36	小家鼠	*Mus musculus*	鼠科	家鼠属	山东黄河三角洲国家级自然保护区、山东南四湖省级自然保护区、东平湖湿地市级自然保护区、烟台市大沽夹河湿地市级自然保护区、烟台福山银湖湿地省级自然保护区、会宝岭水库县级自然保护区

3. 外来入侵物种分布广度

山东南四湖省级自然保护区和东平湖湿地市级自然保护区外来入侵物种较多，分别为 25 种和 26 种；烟台福山银湖湿地省级自然保护区分布有外来入侵物种 20 种；烟台市大沽夹河湿地市级自然保护区和龙口黄水河河口湿地省级自然保护区外来入侵物种为 10～20 种，山东莱州湾湿地市级自然保护区、会宝岭水库县级自然保护区和山东黄河三角洲国家级自然保护区外来入侵物种均低于 10 种。山东省内陆湿地类自然保护区外来入侵物种分布状况如图 2-4-5 所示。

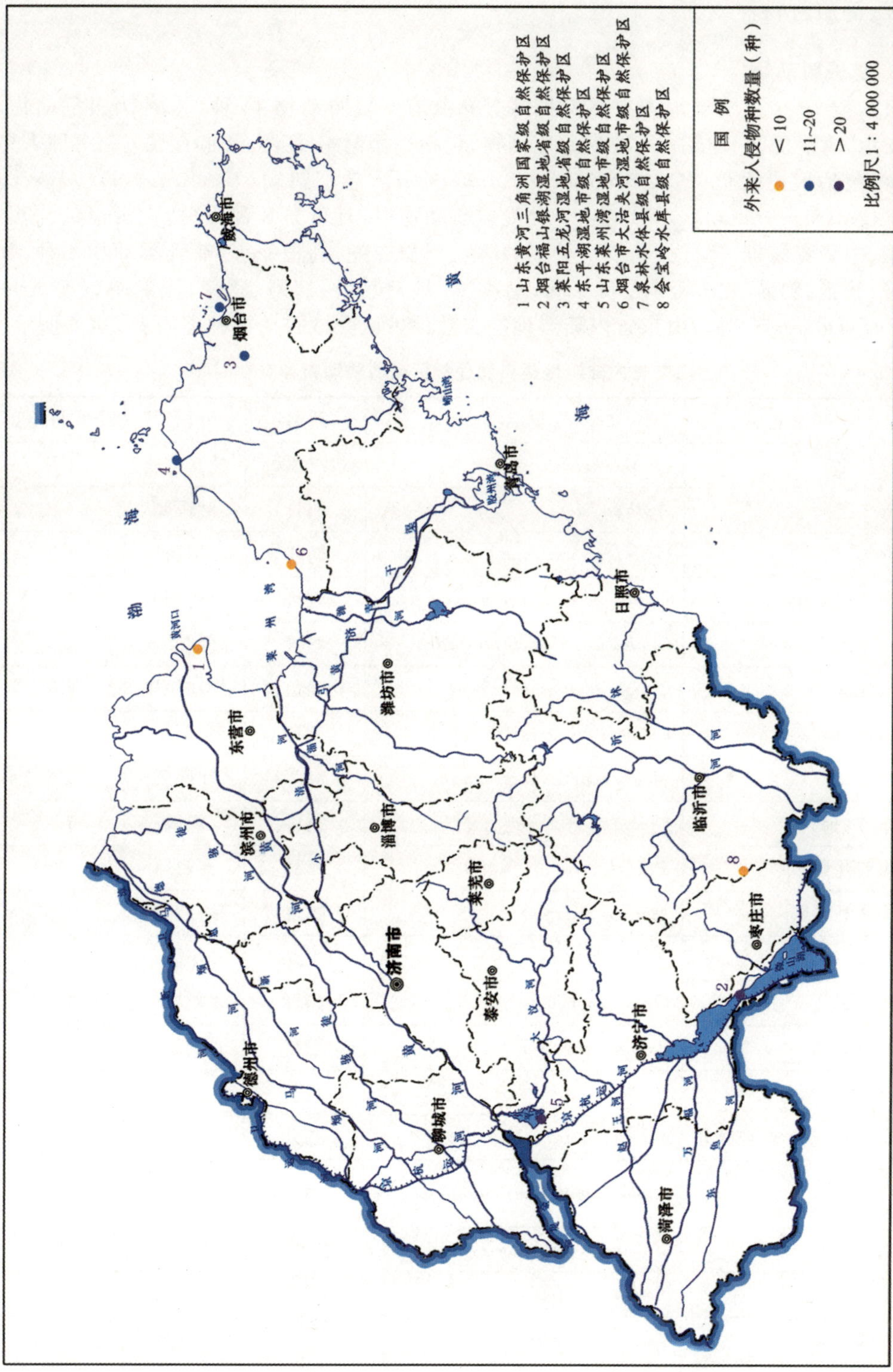

审图号：鲁SG（2018）068号

图2-4-5　山东省内陆湿地类自然保护区外来入侵物种分布状况

五、受威胁物种

1. 受威胁动物

山东省 10 个内陆湿地类自然保护区分布共有受威胁动物 44 种。3 种为极危动物，即棱皮龟、青头潜鸭、白鹤；14 种为濒危动物，包括平鳍鳅鮀、江豚、黑脸琵鹭等；27 种为易危动物，包括拟原银鱼（*Paraprotosalanx andersoni*）、卷羽鹈鹕（*Pelecanus crispus*）、小白额雁（*Anser erythropus*）等。在 44 种受威胁动物中，有鱼类 8 种，包括尖头银鱼、湖北圆吻鲴、中华青鳉等；爬行类动物 7 种，如乌龟、黑眉锦蛇、乌梢蛇等；哺乳类动物 4 种，分别为貉、猪獾、豹猫（北方亚种）和江豚；鸟类 25 种，包括白肩雕、猎隼、黑嘴鸥（*Chroicocephalus saundersi*）等。山东省内陆湿地类自然保护区受威胁动物种类如表 2-4-6 所示。

表 2-4-6　山东省内陆湿地类自然保护区受威胁动物种类

序号	中文名	学名	科名	属名	受威胁程度
1	棱皮龟	*Dermochelys coriacea*	棱皮龟科	棱皮龟属	CR
2	青头潜鸭	*Aythya baeri*	鸭科	潜鸭属	CR
3	白鹤	*Grus leucogeranus*	鹤科	鹤属	CR
4	湖北圆吻鲴	*Distoechodon hupeinensis*	鲤科	圆吻鲴属	EN
5	平鳍鳅鮀	*Gobiobotia homalopteroidea*	鲤科	鳅鮀属	EN
6	松江鲈	*Trachidermus fasciatus*	杜父鱼科	松江鲈属	EN
7	乌龟	*Chinemys reevesii*	龟科	乌龟属	EN
8	江豚	*Neophocaena phoconoides*	鼠海豚科	江豚属	EN
9	东方白鹳	*Ciconia boyciana*	鹳科	鹳属	EN
10	黑脸琵鹭	*Platalea minor*	鹮科	琵鹭属	EN
11	中华秋沙鸭	*Mergus squamatus*	鸭科	秋沙鸭属	EN
12	猎隼	*Falco cherrug*	隼科	隼属	EN
13	丹顶鹤	*Grus japonensis*	鹤科	鹤属	EN
14	小青脚鹬	*Tringa guttifer*	鹬科	鹬属	EN
15	黄胸鹀（指名亚种）	*Emberiza aureola aureola*	鹀科	鹀属	EN
16	黄胸鹀（*ornate* 亚种）	*Emberiza aureola ornate*	鹀科	鹀属	EN
17	黄喉鹀（*ticehursti* 亚种）	*Emberiza elegans ticehursti*	鹀科	鹀属	EN
18	香鱼	*Plecoglossus altivelis*	香鱼科	香鱼属	VU
19	尖头银鱼	*Salanx acuticeps*	银鱼科	银鱼属	VU
20	长鳍银鱼	*Salanx longianalis*	银鱼科	银鱼属	VU
21	拟原银鱼	*Paraprotosalanx andersoni*	爬鳅科	拟原吸鳅属	VU
22	中华青鳉	*Oryzias latipes sinensis*	大颌鳉科	青鳉属	VU

续表

序号	中文名	学名	科名	属名	受威胁程度
23	鳖(中华鳖)	*Trionyx sinensis*	鳖科	鳖属	VU
24	团花锦蛇	*Elaphe davidi*	游蛇科	锦蛇属	VU
25	棕黑锦蛇	*Elaphe schrenckii*	游蛇科	锦蛇属	VU
26	黑眉锦蛇	*Elaphe taeniura*	游蛇科	锦蛇属	VU
27	乌梢蛇	*Zaocys dhumnades*	游蛇科	乌梢蛇属	VU
28	貉	*Nyctereutes procyonoides*	犬科	貉属	VU
29	猪獾	*Arctonyx collaris*	鼬科	猪獾属	VU
30	豹猫(北方亚种)	*Prionailurus bengalensis euptilurua*	猫科	豹猫属	VU
31	短尾信天翁	*Phoebastria albatrus*	信天翁科	信天翁属	VU
32	卷羽鹈鹕	*Pelecanus crispus*	鹈鹕科	鹈鹕属	VU
33	黄嘴白鹭	*Egretta eulophotes*	鹭科	白鹭属	VU
34	鸿雁	*Anser cygnoides*	鸭科	雁属	VU
35	小白额雁	*Anser erythropus*	鸭科	雁属	VU
36	长尾鸭	*Clangula hyemalis*	鸭科	长尾鸭属	VU
37	白肩雕	*Aquila heliaca*	鹰科	雕属	VU
38	白头鹤	*Grus monacha*	鹤科	鹤属	VU
39	白枕鹤	*Grus vipio*	鹤科	鹤属	VU
40	花田鸡	*Coturnicops exquisitus*	秧鸡科	田鸡属	VU
41	林沙锥	*Gallinago nemoricola*	鹬科	沙锥属	VU
42	黑嘴鸥	*Chroicocephalus saundersi*	鸥科	彩头鸥属	VU
43	遗鸥	*Ichthyaetus relictus*	鸥科	渔鸥属	VU
44	仙八色鸫	*Pitta nympha*	八色鸫科	八色鸫属	VU

注："CR""EN""VU"指在 IUCN 物种名录中的"极危""濒危""易危"三种物种濒危等级。

内陆湿地类自然保护区受威胁动物分布范围多数局限于 3 个自然保护区内。鳖(中华鳖)、乌龟和黄喉鹀(*ticehursti* 亚种)在内陆湿地类自然保护区分布最为广泛，分布范围均为 8 个自然保护区；丹顶鹤、白枕鹤、鸿雁等 12 种受威胁动物分布范围为 5～7 个自然保护区；遗鸥(*Ichthyaetus relictus*)、黄胸鹀(*ornate* 亚种)、短尾信天翁(*Phoebastria albatrus*)等 29 种受威胁动物分布范围均为 1～3 个自然保护区。部分受威胁动物在内陆湿地类自然保护区的分布情况如表 2-3-1 所示。

内陆湿地类自然保护区受威胁动物丰富度为 3～28 种。山东黄河三角洲国家级自然保护区受威胁动物种类最丰富，为 28 种；其次是莱阳五龙河湿地省级自然保护区，为 22 种；山东南四湖省级自然保护区、东平湖湿地市级自然保护区、山东莱州湾湿地市级自然保护区等 5 个自然保护区受威胁动物种类为 10～20 种；泉林水体县级自然保护区、会宝岭水库县级自然保护区和烟台福山银湖湿地省级自然保护区受威胁动物种类均低于 10 种，分别为 3 种、5 种和 7 种。山东省内陆湿地类自然保护区受威胁野生脊椎动物丰富度分布状况如图 2-4-6 所示。

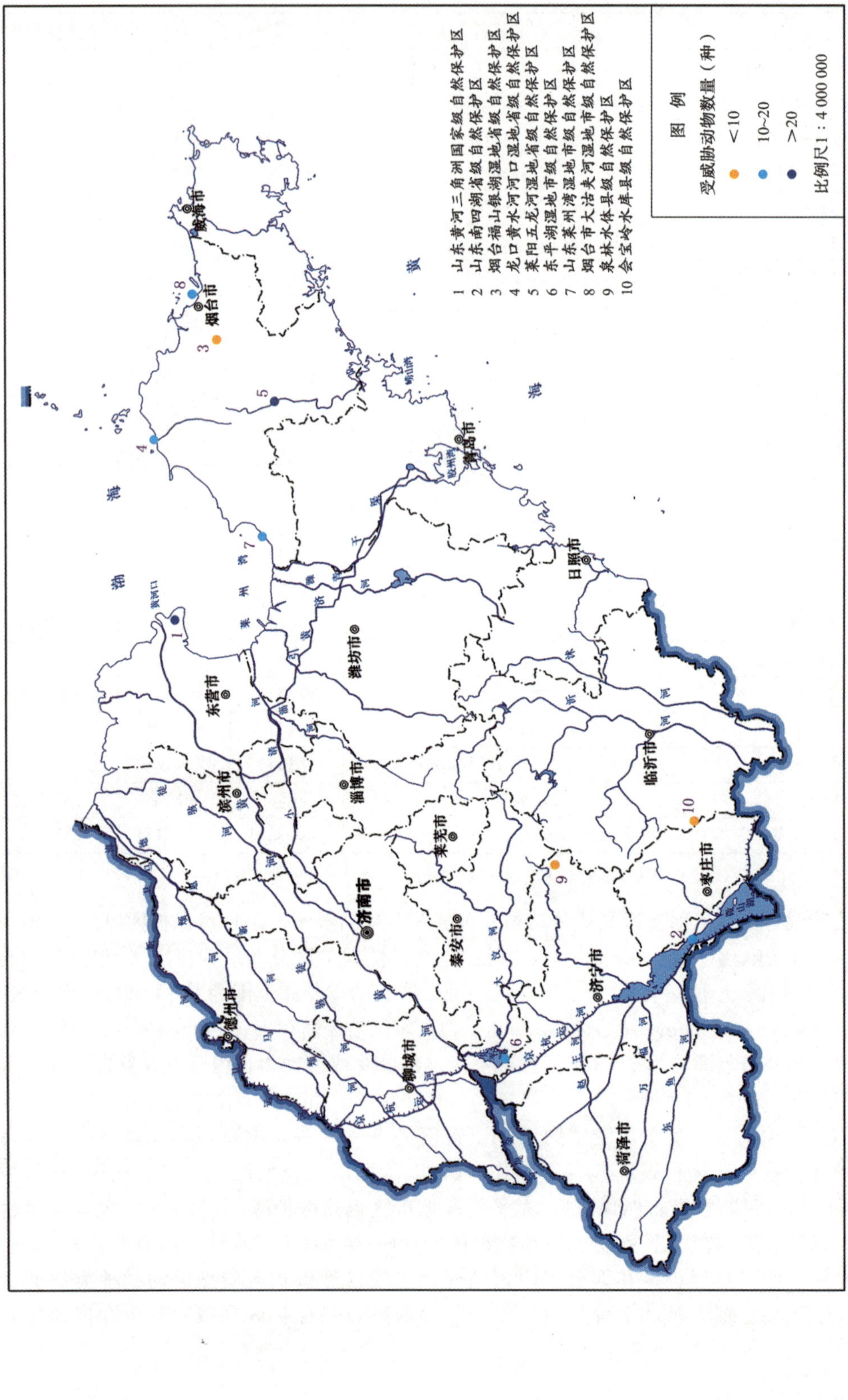

审图号：鲁SG（2018）068号

图2-4-6 山东省内陆湿地类自然保护区受威胁野生脊椎动物分布状况

2. 受威胁植物

山东省 10 个内陆湿地类自然保护区共分布有受威胁植物 5 种，分别为矮鸢尾、泰山韭、玫瑰、黄芪、珊瑚菜。除矮鸢尾为极危物种外，其余4 种均为易危物种。

矮鸢尾仅在山东莱州湾湿地市级自然保护区有分布，玫瑰和珊瑚菜仅在烟台市大沽夹河湿地市级自然保护区有分布，黄芪分布于烟台福山银湖湿地省级自然保护区、山东莱州湾湿地市级自然保护区和烟台市大沽夹河湿地市级自然保护区，泰山韭分布于东平湖湿地市级自然保护区、烟台福山银湖湿地省级自然保护区、山东莱州湾湿地市级自然保护区和烟台市大沽夹河湿地市级自然保护区。部分受威胁植物在内陆湿地类自然保护区的分布情况如表 2-4-2 所示。

东平湖湿地市级自然保护区、烟台福山银湖湿地省级自然保护区、山东莱州湾湿地市级自然保护区和烟台市大沽夹河湿地市级自然保护区分布的受威胁植物物种种类分别为 1 种、2 种、3 种和 4 种，其余 6 个自然保护区均未见有受威胁植物。

六、植被群系类型

1. 植被群系类型

研究人员调查了山东黄河三角洲国家级自然保护区、山东南四湖省级自然保护区、烟台福山银湖湿地省级自然保护区、东平湖湿地市级自然保护区、烟台市大沽夹河湿地市级自然保护区、山东莱州湾湿地市级自然保护区、泉林水体县级自然保护区和会宝岭水库县级自然保护区 8 个内陆湿地类自然保护区植被群系状况。

调查结果表明，内陆湿地类自然保护区分布有 73 种群系类型。针叶林有侧柏林、落叶松林、白皮松林等 11 种群系类型；阔叶林包括栓皮栎林、落叶阔叶杂木林、刺槐林等 12 种群系类型；竹林为毛竹林；灌丛包括白檀灌丛、胡枝子灌丛、绣线菊灌丛等 10 种；灌草丛 4 种，包括白茅灌草丛、黄背草、细柄草灌草丛等；草甸 15 种，包括野青茅草甸、芦苇草甸、獐毛草甸等；水生植被包括莲群落、空心莲子草群落、节节菜群落共 15 种群系类型；沼泽植被包括芦苇沼泽、菰沼泽、水葱沼泽和香蒲沼泽 4 种群系类型；砂生植被 1 种。山东内陆湿地类自然保护区植被群系状况如表 2-4-7 所示。

2. 植被群系类型分布

芦苇沼泽分布最为广泛，在 8 个内陆湿地类自然保护区中有分布；大米草群落、水葱沼泽、香蒲沼泽等 10 种群系类型分布范围为 5～7 个自然保护区之间；竹叶眼子菜群落、菱群落、节节菜群落等 34 种群系类型分布范围为 3～4 个自然保护区；白檀灌丛、胡枝子灌丛、绣线菊灌丛等 28 种群系类型分布范围为 1～2 个自然保护区。内陆湿地类自然保护区群系类型分布状况如表 2-4-7 所示。

3. 植被群系类型丰度

东平湖湿地市级自然保护区群系类型最为丰富，为 49 种；山东黄河三角洲国家级自然保护区、山东南四湖省级自然保护区、烟台福山银湖湿地省级自然保护区群系类型数量均在20 种以上，分别为 24 种、40 种和 46 种；其余 4 个自然保护区内群系类型均在 20 种以下。山东省内陆湿地类自然保护区植被群系类型分布状况如图 2-4-7 所示。

表 2-4-7 山东内陆湿地类自然保护区植被群系类型及分布状况

序号	植被型组	群系	分布的自然保护区
1	针叶林	赤松林	烟台福山银湖湿地省级自然保护区、烟台市大沽夹河湿地市级自然保护区、会宝岭水库县级自然保护区
2	针叶林	油松林	烟台市大沽夹河湿地市级自然保护区、会宝岭水库县级自然保护区
3	针叶林	黑松林	烟台福山银湖湿地省级自然保护区、烟台市大沽夹河湿地市级自然保护区、山东莱州湾湿地市级自然保护区
4	针叶林	侧柏林	山东南四湖省级自然保护区、烟台福山银湖湿地省级自然保护区、东平湖湿地市级自然保护区、泉林水体县级自然保护区、会宝岭水库县级自然保护区
5	针叶林	落叶松林	东平湖湿地市级自然保护区、泉林水体县级自然保护区
6	针叶林	白皮松林	山东南四湖省级自然保护区、东平湖湿地市级自然保护区
7	针叶林	华山松林	山东南四湖省级自然保护区、东平湖湿地市级自然保护区
8	针叶林	水杉林	山东南四湖省级自然保护区、东平湖湿地市级自然保护区、泉林水体县级自然保护区
9	针叶林	杉木林	山东南四湖省级自然保护区、东平湖湿地市级自然保护区、会宝岭水库县级自然保护区
10	针叶林	红松林	东平湖湿地市级自然保护区
11	针叶林	马尾松林	山东南四湖省级自然保护区、东平湖湿地市级自然保护区、泉林水体县级自然保护区
12	阔叶林	麻栎林	山东南四湖省级自然保护区、烟台福山银湖湿地省级自然保护区、东平湖湿地市级自然保护区、烟台市大沽夹河湿地市级自然保护区
13	阔叶林	栓皮栎林	山东南四湖省级自然保护区、东平湖湿地市级自然保护区
14	阔叶林	落叶阔叶杂木林	烟台福山银湖湿地省级自然保护区、烟台市大沽夹河湿地市级自然保护区、泉林水体县级自然保护区
15	阔叶林	刺槐林	山东黄河三角洲国家级自然保护区、烟台福山银湖湿地省级自然保护区、烟台市大沽夹河湿地市级自然保护区、泉林水体县级自然保护区、会宝岭水库县级自然保护区
16	阔叶林	毛白杨林	山东黄河三角洲国家级自然保护区、烟台福山银湖湿地省级自然保护区、烟台市大沽夹河湿地市级自然保护区、泉林水体县级自然保护区、会宝岭水库县级自然保护区
17	阔叶林	旱柳林	山东黄河三角洲国家级自然保护区、烟台福山银湖湿地省级自然保护区、烟台市大沽夹河湿地市级自然保护区、泉林水体县级自然保护区、会宝岭水库县级自然保护区
18	阔叶林	榆林	烟台福山银湖湿地省级自然保护区、烟台市大沽夹河湿地市级自然保护区、泉林水体县级自然保护区、会宝岭水库县级自然保护区
19	阔叶林	欧美杨林	烟台福山银湖湿地省级自然保护区

续表

序号	植被型组	群系	分布的自然保护区
20	阔叶林	蒙古栎林	烟台市大沽夹河湿地市级自然保护区
21	阔叶林	槲树林	东平湖湿地市级自然保护区
22	阔叶林	白桦林	东平湖湿地市级自然保护区、会宝岭水库县级自然保护区
23	阔叶林	泡桐林	烟台福山银湖湿地省级自然保护区、东平湖湿地市级自然保护区、泉林水体县级自然保护区
24	竹林	毛竹林	山东南四湖省级自然保护区、东平湖湿地市级自然保护区、会宝岭水库县级自然保护区
25	灌丛	山茶灌丛	东平湖湿地市级自然保护区
26	灌丛	大叶胡颓子灌丛	烟台福山银湖湿地省级自然保护区、东平湖湿地市级自然保护区
27	灌丛	盐肤木灌丛	烟台福山银湖湿地省级自然保护区
28	灌丛	白檀灌丛	山东南四湖省级自然保护区、东平湖湿地市级自然保护区
29	灌丛	胡枝子灌丛	烟台福山银湖湿地省级自然保护区、烟台市大沽夹河湿地市级自然保护区
30	灌丛	绣线菊灌丛	烟台福山银湖湿地省级自然保护区、烟台市大沽夹河湿地市级自然保护区
31	灌丛	黄栌灌丛	烟台福山银湖湿地省级自然保护区
32	灌丛	柽柳灌丛	山东黄河三角洲国家级自然保护区
33	灌丛	白刺灌丛	烟台福山银湖湿地省级自然保护区、东平湖湿地市级自然保护区、会宝岭水库县级自然保护区
34	灌丛	其他灌丛	烟台福山银湖湿地省级自然保护区、东平湖湿地市级自然保护区、烟台市大沽夹河湿地市级自然保护区、泉林水体县级自然保护区
35	灌草丛	荆条、酸枣、黄背草灌草丛	烟台福山银湖湿地省级自然保护区、烟台市大沽夹河湿地市级自然保护区、泉林水体县级自然保护区
36	灌草丛	荆条、酸枣、白羊草灌草丛	烟台福山银湖湿地省级自然保护区、烟台市大沽夹河湿地市级自然保护区
37	灌草丛	白茅灌草丛	山东黄河三角洲国家级自然保护区、烟台福山银湖湿地省级自然保护区、烟台市大沽夹河湿地市级自然保护区
38	灌草丛	黄背草、细柄草灌草丛	山东南四湖省级自然保护区、烟台福山银湖湿地省级自然保护区、东平湖湿地市级自然保护区
39	草甸	结缕草草甸	山东南四湖省级自然保护区、烟台福山银湖湿地省级自然保护区、东平湖湿地市级自然保护区、山东莱州湾湿地市级自然保护区
40	草甸	狗牙根草甸	山东黄河三角洲国家级自然保护区、烟台福山银湖湿地省级自然保护区、东平湖湿地市级自然保护区、山东莱州湾湿地市级自然保护区
41	草甸	野青茅草甸	山东南四湖省级自然保护区、烟台福山银湖湿地省级自然保护区、东平湖湿地市级自然保护区、会宝岭水库县级自然保护区

续表

序号	植被型组	群系	分布的自然保护区
42	草甸	芦苇草甸	山东黄河三角洲国家级自然保护区、山东南四湖省级自然保护区、烟台福山银湖湿地省级自然保护区、东平湖湿地市级自然保护区、山东莱州湾湿地市级自然保护区、泉林水体县级自然保护区、会宝岭水库县级自然保护区
43	草甸	星星草草甸	山东南四湖省级自然保护区、烟台福山银湖湿地省级自然保护区、东平湖湿地市级自然保护区
44	草甸	白茅草甸	山东黄河三角洲国家级自然保护区、山东南四湖省级自然保护区、烟台福山银湖湿地省级自然保护区、东平湖湿地市级自然保护区、山东莱州湾湿地市级自然保护区、会宝岭水库县级自然保护区
45	草甸	獐毛草甸	山东黄河三角洲国家级自然保护区、山东南四湖省级自然保护区、烟台福山银湖湿地省级自然保护区、东平湖湿地市级自然保护区
46	草甸	碱蓬草甸	山东黄河三角洲国家级自然保护区、山东南四湖省级自然保护区、东平湖湿地市级自然保护区、山东莱州湾湿地市级自然保护区
47	草甸	罗布麻草甸	山东黄河三角洲国家级自然保护区
48	草甸	茵陈蒿草甸	山东黄河三角洲国家级自然保护区、烟台福山银湖湿地省级自然保护区
49	草甸	含有耐盐植物的芦苇草甸	山东黄河三角洲国家级自然保护区、山东南四湖省级自然保护区、东平湖湿地市级自然保护区、山东莱州湾湿地市级自然保护区
50	草甸	飘拂草、肾叶打碗花草甸	烟台福山银湖湿地省级自然保护区
51	草甸	马蔺草甸	山东南四湖省级自然保护区、烟台福山银湖湿地省级自然保护区、东平湖湿地市级自然保护区
52	草甸	盐角草草甸	山东黄河三角洲国家级自然保护区
53	草甸	其他草甸	山东黄河三角洲国家级自然保护区、山东南四湖省级自然保护区、烟台福山银湖湿地省级自然保护区、东平湖湿地市级自然保护区、泉林水体县级自然保护区
54	砂生植被	砂生植被	山东南四湖省级自然保护区、东平湖湿地市级自然保护区
55	水生植被	金鱼藻、黑藻、狐尾藻群落	山东黄河三角洲国家级自然保护区、山东南四湖省级自然保护区、烟台福山银湖湿地省级自然保护区、东平湖湿地市级自然保护区
56	水生植被	浮萍、品藻群落	山东南四湖省级自然保护区、烟台福山银湖湿地省级自然保护区、东平湖湿地市级自然保护区
57	水生植被	紫萍、浮萍群落	山东南四湖省级自然保护区、平湖湿地市级自然保护区
58	水生植被	野菱、芡实群落	山东南四湖省级自然保护区、东平湖湿地市级自然保护区
59	水生植被	莲群落	山东黄河三角洲国家级自然保护区、山东南四湖省级自然保护区、东平湖湿地市级自然保护区、会宝岭水库县级自然保护区

续表

序号	植被型组	群系	分布的自然保护区
60	水生植被	大米草群落	山东黄河三角洲国家级自然保护区、山东南四湖省级自然保护区、东平湖湿地市级自然保护区、山东莱州湾湿地市级自然保护区、会宝岭水库县级自然保护区
61	水生植被	沮草、苦草、茨藻群落	山东黄河三角洲国家级自然保护区、山东南四湖省级自然保护区、烟台福山银湖湿地省级自然保护区、东平湖湿地市级自然保护区
62	水生植被	竹叶眼子菜群落	山东黄河三角洲国家级自然保护区、山东南四湖省级自然保护区、烟台福山银湖湿地省级自然保护区、东平湖湿地市级自然保护区
63	水生植被	满江红、槐叶萍群落	山东南四湖省级自然保护区、烟台福山银湖湿地省级自然保护区、东平湖湿地市级自然保护区
64	水生植被	荇菜、水鳖群落	山东南四湖省级自然保护区、烟台福山银湖湿地省级自然保护区、东平湖湿地市级自然保护区
65	水生植被	菱群落	山东黄河三角洲国家级自然保护区、山东南四湖省级自然保护区、烟台福山银湖湿地省级自然保护区、东平湖湿地市级自然保护区
66	水生植被	萍蓬草、睡莲群落	山东南四湖省级自然保护区、东平湖湿地市级自然保护区
67	水生植被	眼子菜、浮叶眼子菜群落	山东黄河三角洲国家级自然保护区、山东南四湖省级自然保护区、烟台福山银湖湿地省级自然保护区、东平湖湿地市级自然保护区
68	水生植被	空心莲子草群落	山东南四湖省级自然保护区、山东莱州湾湿地市级自然保护区
69	水生植被	节节菜群落	烟台福山银湖湿地省级自然保护区、山东莱州湾湿地市级自然保护区、泉林水体县级自然保护区、会宝岭水库县级自然保护区
70	沼泽植被	芦苇沼泽	山东黄河三角洲国家级自然保护区、山东南四湖省级自然保护区、烟台福山银湖湿地省级自然保护区、东平湖湿地市级自然保护区、烟台市大沽夹河湿地市级自然保护区、山东莱州湾湿地市级自然保护区、泉林水体县级自然保护区、会宝岭水库县级自然保护区
71	沼泽植被	菰沼泽	山东南四湖省级自然保护区、烟台福山银湖湿地省级自然保护区、东平湖湿地市级自然保护区
72	沼泽植被	水葱沼泽	山东南四湖省级自然保护区、烟台福山银湖湿地省级自然保护区、东平湖湿地市级自然保护区、山东莱州湾湿地市级自然保护区、泉林水体县级自然保护区、会宝岭水库县级自然保护区
73	沼泽植被	香蒲沼泽	山东黄河三角洲国家级自然保护区、山东南四湖省级自然保护区、烟台福山银湖湿地省级自然保护区、东平湖湿地市级自然保护区、烟台市大沽夹河湿地市级自然保护区、山东莱州湾湿地市级自然保护区

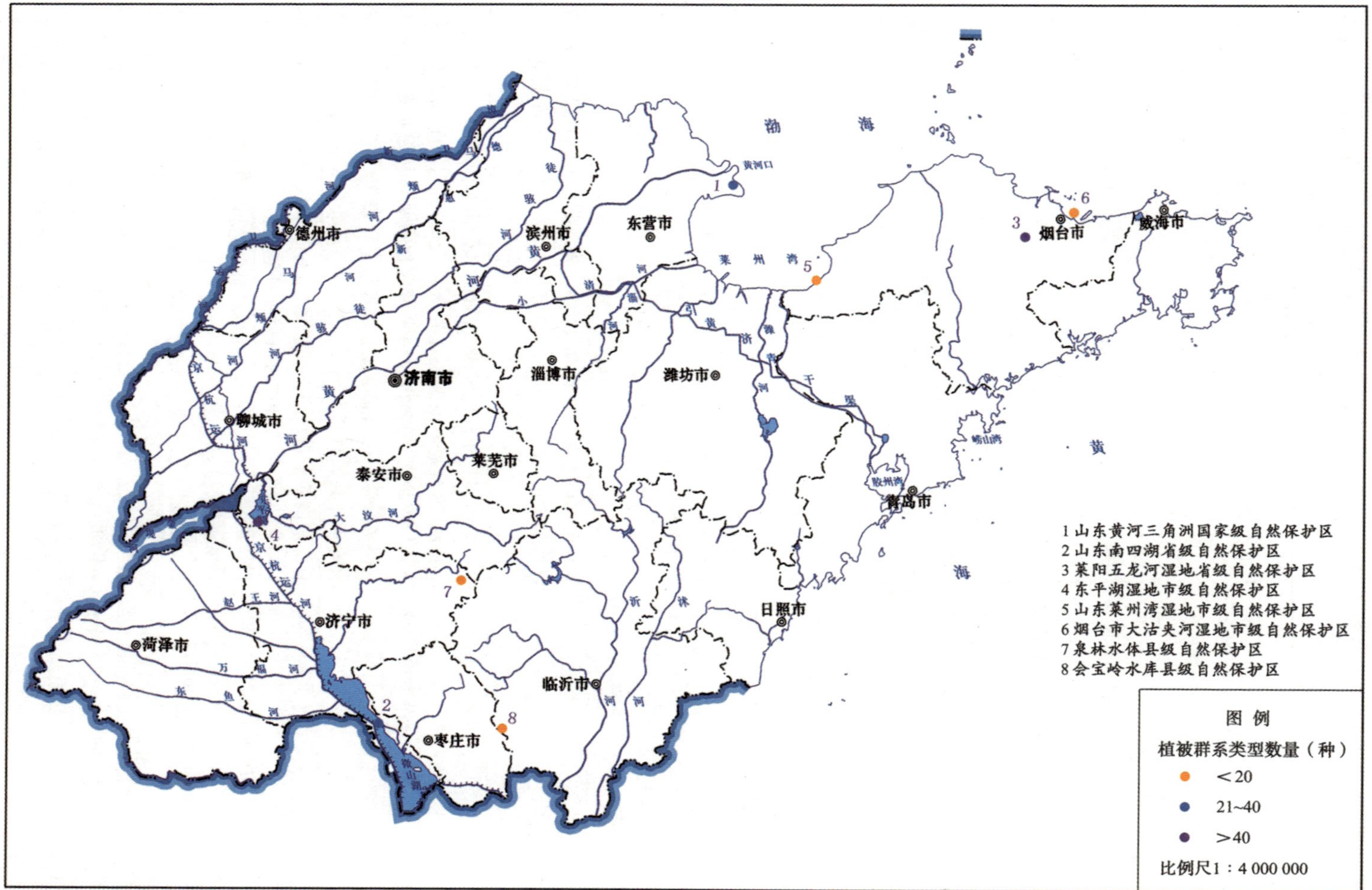

审图号：鲁SG（2018）068号

图2-4-7 山东省内陆湿地类自然保护区植被群系类型分布状况

第三章　自然保护区生物多样性评价

自然保护区生物多样性评价是自然保护区生物多样性保护与管理的基础与依据。自然保护区生物多样性评价的重点和难点是建立生物多样性综合评价指标体系。对于不同类型的自然保护区，其生物多样性特点各异，需建立不同的评价指标体系与评价方法。在本章中主要建立了森林生态类和内陆湿地类自然保护区生物多样性评价指标体系和评价方法，评价了28个森林生态类自然保护区和7个内陆湿地类自然保护区生物多样性状况。

第一节　自然保护区生物多样性评价方法

一、自然保护区生物多样性评价进展

1. 国外生物多样性评价研究进展

20世纪60～80年代，各种生物多样性的定义和多样性测定指数相继出现，形成了各种分析评价方法和数学模型。从20世纪90年代起，国际上开始逐步重视生物多样性评价指标的研究。目前提出的大量生物多样性指数可分为3类，即：α多样性指数、β多样性指数和γ多样性指数。α多样性主要关注局域均匀生境下的物种数目，因此也被称为“生境内的多样性”，如Shannon-Weiner指数、Pielou指数和Simpson's指数；β多样性指沿环境梯度不同生境群落之间物种组成的相异性或物种沿环境梯度的更替速率，也被称为“生境间的多样性”，如Sorensen指数、Jaccard指数和Cody指数；γ多样性描述区域或大陆尺度的多样性，是指区域或大陆尺度的物种数量，也被称为“区域多样性”，其主要指标为物种数。

针对生物多样性评价，国际上开展的相关工作有《生物多样性公约》(CBD)、“千年生态系统评估项目”“全球环境展望项目”“全球森林资源评价项目”“全球陆地观测系统”“国际生物多样性计划”“全球山地生物多样性评价”等。《生物多样性公约》中的“查明与监测”和“影响评价”等条款均涉及了生物多样性评价相关内容，历次缔约国大会也把生物多样性评价作为一项重要的议题进行讨论，并形成了一系列的大会决定；“千年生态系统评估项目”是描绘地球健康状况的一项重要的国际合作计划，主要工作是对各地生态系统现状进行评估，预测今后几十年中在人口增加、经济增长、技术进步以及气候变化等

驱动力的作用下生态系统的未来变化情景，在一些重要的地区启动若干个区域性生态系统评估计划；“全球环境展望项目”是由合作中心形成的全球协作网络，地区中心主要负责综合性地区环境评价，评价内容涉及大气、自然灾害、森林、生物多样性、沿海和海洋、淡水以及全球环境问题等；“全球森林资源评价项目”是联合国粮农组织自 1948 年开始定期通过全球森林资源评价监测世界森林，开展“地区森林资源评价”和“全球森林资源评价”；“全球陆地观测系统”是为维持可持续发展而开展的一项对陆地生态系统进行观测、模拟和分析的计划；“国际生物多样性计划”主要关注生物多样性的变化，生物多样性变化对生态系统功能及其服务的影响，以及外界影响对生物多样性的威胁；“全球山地生物多样性评价”主要研究山地生物多样性及其生态系统功能现状，探索并阐明世界山地的巨大生物丰富度及其对全球变化的响应。

同时，国际上也提出了一系列的生物多样性评价指标体系，主要包括：(1)瑞德(Reid，1993)指标体系，该体系是一套由 20 多个指标组成的指标体系，旨在提供地方、国家、区域和全球水平评价生物多样性状况和趋势的框架，帮助规划者建立优先领域以指导生物多样性决策。[①] (2)博世和李德巴克(Bosch&Söderbäck1997)指标体系，这是一套涉及自然保护、林业、水、基础设施和交通以及农业 5 个领域的 65 个指标组成的指标体系。[②] (3)2010 年生物多样性目标评价指标，是《生物多样性公约》生效 10 周年之际，2002 年在第六次缔约方大会通过的战略计划(2002～2010)中提出的宏伟蓝图，即各方承诺到 2010 年大幅降低全球、区域和国家生物多样性的丧失速度，为评估实现 2010 年生物多样性目标所取得的进展情况设定的暂定目标，包括生物多样性各组成部分的现状和趋势，可持续利用，生态系统的完整性以及生态系统提供的货物和服务，传统知识、创新和做法的现状，获取和惠益分享情况，资源转让情况等方面。

在 2006 年《生物多样性公约》第八次缔约方大会(简称 CBD-COP8)上，“2010 生物多样性指标合作伙伴关系”宣布成立，以期通过众多国际机构的共同参与及合作，为全球提供权威的可获取的生物多样性信息，开展全球尺度的生物多样性评价工作，并协助地区和国家尺度的指标建设。2010 年 BIP 的项目成果代表了目前生物多样性评价的发展方向，其建立的生物多样性评价指标不仅支持《生物多样性公约》《拉姆萨尔湿地公约》《迁移物种公约》(CMS)、《濒危野生动植物物种国际贸易公约》(CITES)、《联合国防治荒漠化公约》(UNCCD)等国际环境协议，还为诸如联合国千年发展计划、泛欧地区“整合欧洲 2010 年生物多样性指标”、环北极生物多样性监测项目(CBMP)等国际项目提供指标构建方面的建议。而开发生物多样性评价指标体系也是各个国家生物多样性保护工作的重点，一些国家已建立了相关的国家生物多样性监测与评价体系，如德国生物多样性国家战略指标(BfN，2008)，英国生物多样性指标(Defra，2009)，南非生物多样性评价指标

① Reid W V，McNeely J A，Tunstall D B，et al. *Biodiversity indicators for policy-makers*[R]. Washington：World Resources Institute. 1993.

② Bosch P，Söderbäck E. *European environmental state indicators*[R]. Stockholm：European Environment Agency，Copenhagen and Swedish Environmental Protection Agency. 1997.

(DEAT, 2009)等。

2. 国内生物多样性评价研究进展

国内生物多样性研究始于20世纪50年代。最初主要是针对物种的多样性，进行了多次大型生物多样性本底调查，出版了大批的志书和名录。

我国从20世纪90年代与国外同步开始生物多样性评价指标的探讨，并侧重于生态系统尺度及局域尺度上的生物多样性评价，主要从遗传、物种和生态系统三个层次，利用多样性、特有性、代表性、稀有性、稳定性和干扰性等指标分析生物多样性的组成与结构。具体的研究工作主要有：(1)张峥等(1999)建立的湿地生态评价指标体系，是借鉴有关区域生态系统评价的理论，选取多样性、代表性、稀有性、自然性、稳定性和人类威胁等6大指标，分级化处理后产生42项下一级指标。① (2)曾志新等(1999)提出的生物多样性评价指标体系，是基于遗传多样性、物种多样性和生态系统多样性三个层次水平，从多样性、稀有性、濒危性、稳定性、干扰性等方面提出的一套评价生物多样性的指标体系、评价方法和评价标准。② (3)史作民等(1996)建立的区域生态系统多样性评价指标体系，是针对不同区域尺度上同一类型的生态系统，提出的6项评价原则和一套包括多样性、特有性、代表性、稀有性、稳定性、自然性、保护价值、可接进度、人类干扰、自然灾害和保护现状等指标的分层次评价指标体系。③ 上述文献中建立的指标着重于分析生物多样性的现状与人类活动的威胁，但在评估的动态性方面比较欠缺。

2004年CBD第七次缔约方大会后，国际上对国家及更大尺度上生物多样性评价更加重视，公约关注的内容也更加广泛，国内的专家学者也就大尺度指标技术体系进行了深入研究。如万本太等(2007)提出了生物多样性综合评价的5个指标，即物种丰富度、生态系统类型多样性、植被垂直层谱的完整性、物种特有性、外来物种入侵度，确立了生物多样性综合评价方法，并以中国内地31个省(市、区)为单元，开展了全国生物多样性综合评价。④ 陈圣宾等(2008)论述了生物多样性监测指标筛选的一般标准和指标体系构建的主要理论，梳理了国内已提出或应用的主要生物多样性监测指标，以期为构建国家或区域尺度生物多样性监测指标体系提供参考。⑤

我国在履行《生物多样性公约》的第四次国家报告中，从生物多样性组成部分的现状与变化、生态系统的完整性、产品和服务、对生物多样性造成的威胁、可持续利用、遗传资源获取与惠益分享状况、财政资源状况与公众意识等7个方面选择了17个评价指标，对全国的生物多样性情况进行了综合分析。这些研究与评价实践无疑为我国国家生物多样性指标评价体系建设与完善提供了重要的信息。2011年，我国公布了未来20年(2011～2030)生物多样性保护战略与行动计划，为实现其战略目标，需要完成一系列重点工作，具体涉及：生物多样性保护优先区域本底调查、自然保护区建设、重点保护物种与典型生态系统类型保

① 张峥，张建文，李寅年，等. 湿地生态评价指标体系[J]. 农业环境保护，1999，(6)：283-286.

② 曾志新，罗军，颜立红，等. 生物多样性的评价指标和评价标准[J]. 湖南林业科技，1999，(2)：27-30.

③ 史作民，程瑞梅，陈力，等. 区域生态系统多样性评价方法[J]. 农村生态环境，1996，(2)：1-5.

④ 万本太，徐海根，丁晖，等. 生物多样性综合评价方法研究[J]. 生物多样性，2007，(1)：97-106.

⑤ 陈圣宾，蒋高明，高吉喜，等. 生物多样性监测指标体系构建研究进展[J]. 生态学报，2008，(10)：5123-5132.

护、外来物种管理、提高应对气候变化的能力、生物遗传资源获取与惠益共享、生物多样性保护政策法律法规体系建设、生物资源可持续利用，以及公众参与等内容。

3. 国内自然保护区生物多样性评价研究进展

对于自然保护区生物多样性评价，目前国内相关文献资料不多，仅有少数针对单一自然保护区的评价研究。主要包括：(1)郑允文等(1994)制定了一套适用于自然生态系统类和野生生物类自然保护区生态状况定量评价的标准体系，针对我国自然保护区的实际状况，筛选出多样性、代表性、稀有性、自然性、面积适宜性及脆弱性和人类威胁等诸项指标进行分析、比较和解析，进而制定出一套较为系统完整而又操作简便的生态评价体系、评价方法和评价标准。① (2)张广明(2007)在《丹东鸭绿江口湿地自然保护区动物与生物多样性评价体系研究》硕士毕业论文中，以保护区内动物为切入点，着重鸟类的调查研究，首次对丹东滨海地区的生物多样性进行了细致深入的研究，获得了大量的基础数据，探索出湿地类型保护区生物多样性保护的研究方法，确立了湿地类型保护区生物多样性评价指标体系，总结出保护区生物多样性保护的方向和具体保护措施。② (3)郝云庆等(2008)在《若尔盖湿地保护区生物多样性评价》中，选取了生物多样性、稀有性、生态系统的稳定性与安全性、面积的适宜性以及自然属性 5 个方面合计 17 个赋值指标，对保护区的生物多样性质量进行整体评价。③ (4)李振基等(2011)在《自然保护区的生物多样性测度》中，论述了自然保护区生物多样性的三个方面，即容量、通量和质量，分析了其衡量指标和标准，并讨论了基于生物多样性容量、通量和质量的保护区群网规划。④ (5)谭琨(2012)在《辽宁仙人洞国家级自然保护区生物多样性调查及评价》硕士毕业论文中，通过资料收集、实地调研、数据整理和分析等方法，结合研究区域的特征，确定了野生维管束植物丰富度、野生高等动物丰富度、生态系统类型多样性、物种特有性、外来物种入侵度和受威胁物种丰富度 6 项评价指标，首次对仙人洞自然保护区的生物多样性进行评价。⑤ (6)郑世群(2013)在《福建戴云山国家级自然保护区植物多样性及评价研究》博士毕业论文中，运用层次分析法构建了戴云山国家级自然保护区植物多样性评价指标体系，根据 1～9 标度法确定了综合评价层各要素关系，并计算出戴云山植物多样性综合评价指数。⑥

二、森林生态类自然保护区生物多样性评价方法

1. 生物多样性评价指标及指标含义

森林生态类自然保护区是指以森林植被及生态环境所形成的自然生态系统作为主要对象的自然保护区。森林是陆地生态系统的主体，也是结构最复杂、生物多样性最丰

① 郑允文，薛达元，张更生. 我国自然保护区生态评价指标和评价标准[J]. 农村生态环境，1994，(3)：22-25.

② 张广明. 丹东鸭绿江口湿地自然保护区动物与生物多样性评价体系研究[D]. 吉林大学，2007.

③ 郝云庆，王新，刘少英，等. 若尔盖湿地保护区生物多样性评价[J]. 中国水土保持科学，2008，(S1)：35-40.

④ 李振基，陈圣宾，巫渭欢. 自然保护区的生物多样性测度[J]. 厦门大学学报(自然科学版)，2011，50(2)：471-475.

⑤ 谭琨. 辽宁仙人洞国家级自然保护区生物多样性调查及评价[D]. 辽宁师范大学，2012.

⑥ 郑世群. 福建戴云山国家级自然保护区植物多样性及评价研究[D]. 福建农林大学，2013.

富的自然生态系统。依据植被生态学分类原则，结合森林生态类自然保护区特征，根据“压力—状态—响应”模型，我们选取了野生脊椎动物、野生维管束植物、植被群系类型、中国特有物种、受威胁物种和外来入侵物种 6 项指标构建山东省森林生态类自然保护区生物多样性评价指标体系，利用层次分析法确定各指标的权重，进行森林生态类自然保护区生物多样性评价。各指标含义如下：

(1)野生脊椎动物丰富度(E_P)：野生脊椎动物丰富度是指自然保护区内已记录的野生脊椎动物的物种数(若存在亚种，则以亚种为分类单位，野生脊椎动物的特有性和受威胁程度同此)，用于表征野生动物的多样性。

统计范围包括陆生脊椎动物和淡水鱼类，陆生动物包括哺乳类、鸟类、爬行类和两栖类。对于迁徙鸟类，只要出现在本地，不论其是否在本地繁殖，均纳入统计范围。

(2)野生维管束植物丰富度(E_V)：野生维管束植物丰富度是指自然保护区内已记录的野生维管束植物的物种数(若存在亚种、变种和变型等种下单位，则以这些种下单位为分类单位，高等植物的特有性和受威胁程度同此)，用于表征植物的多样性。

统计范围包括陆生维管束植物和淡水维管束植物。

(3)植被群系类型多样性(T_E)：植被群系类型多样性是指自然保护区内基于植被类型的自然或半自然生态系统的类型数，用于表征自然生态系统的类型多样性。分类体系参照《中国植被》[①]和山东省植被类型研究专著，以群系为生态系统的类型划分单位。

(4)物种特有性(E_S)：物种特有性是指自然保护区内中国特有的野生脊椎动物和野生维管束植物的相对数量，用于表征物种的特殊价值。其计算公式为：

$$E_S = \frac{1}{2}(\frac{T_{SV}}{S_V} + \frac{T_{SP}}{S_P})$$

式中：

E_S——物种特有性；

T_{SV}——自然保护区内中国特有野生脊椎动物物种数；

T_{SP}——自然保护区内中国特有野生维管束植物物种数；

S_V——自然保护区内野生脊椎动物物种总数；

S_P——自然保护区内区域内野生维管束植物物种总数。

(5)外来物种入侵度(E_I)：外来物种入侵度是指自然保护区内外来入侵物种数与本地野生脊椎动物和野生维管束植物物种数的和之比，用于表征生态系统受到外来物种干扰的程度。其计算公式为：

$$E_I = \frac{N_I}{(S_V + S_P)}$$

式中：

E_I——外来物种入侵度；

N_I——自然保护区内外来入侵物种数。

---

① 中国植被编辑委员会. 中国植被[M]. 北京：科学出版社，1980.

(6)受威胁物种丰富度(E_T)

受威胁物种是指自然保护区内所有由于物种自身的原因或受到人类活动或自然灾害的影响而有灭绝危险的野生高等动植物,此处是指《IUCN物种红色名录濒危等级和标准》中收录的属于极危(Critically Endangered,CR)、濒危(Endangered,EN)和易危(Vulnerable,VU)的物种。计算方法如下:

$$E_T = \frac{1}{2}(\frac{N_V}{S_V} + \frac{N_P}{S_P})$$

式中:

E_T——受威胁物种丰富度;

N_V——自然保护区内濒危野生脊椎动物物种数;

N_P——自然保护区内濒危野生维管束植物物种数。

2. 生物多样性评价指标的归一化处理

调查获取上述评价指标数据后,为了便于数据的比较和分析,对数据进行归一化处理。归一化方法为:

归一化后的评价指标=归一化前的评价指标×归一化系数

归一化系数=100/$A_{最大值}$。

$A_{最大值}$:指某指标归一化处理前的山东省主要自然保护区最大值。

3. 生物多样性评价指标的权重

采用层次分析法和专家咨询法相结合的方式,确定各项评价指标的权重,如表3-1-1所示。

表3-1-1 森林生态类自然保护区生物多样性评价指标的权重

评价指标	权重
野生维管束植物丰富度(E_P)	0.20
野生脊椎动物丰富度(E_V)	0.20
植被群系类型多样性(T_E)	0.20
物种特有性(E_S)	0.20
外来物种入侵度(E_I)	0.10
受威胁物种丰富度(E_T)	0.10

4. 生物多样性指数计算方法

生物多样性指数是野生脊椎动物丰富度、野生维管束植物丰富度、植被群系类型多样性、物种特有性、外来物种入侵度、物种受威胁程度6个评价指标的加权求和。其中外来物种入侵度为成本型指标,即指标的属性值越小越好。其计算公式为:

$$BI = E_V' \times 0.20 + E_P' \times 0.20 + T_E' \times 0.20 + E_S' \times 0.20 + (100 - E_I') \times 0.10 + E_T' \times 0.10$$

式中：

BI——生物多样性指数；

$E_V{}'$ ——归一化后的野生动物丰富度；

$E_P{}'$ ——归一化后的野生维管束植物丰富度；

$T_E{}'$ ——归一化后的生态系统类型多样性；

$E_S{}'$ ——归一化后的物种特有性；

$E_I{}'$ ——归一化后的外来物种入侵度；

$E_T{}'$ ——归一化后的受威胁物种丰富度。

5. 生物多样性指数分级

根据计算得出的生物多样性指数，结合山东省自然保护区实际情况，将山东省森林生态类自然保护区生物多样性状况分为四级，即高、中、一般和低（见表 3-1-2）。

表 3-1-2　　森林生态类生物多样性状况分级

生物多样性等级	生物多样性指数	生物多样性状况
高	$BI \geqslant 70$	物种高度丰富，特有属、种多，植被群系类型丰富多样
中	$50 \leqslant BI < 70$	物种较丰富，特有属、种较多，植被群系类型较多，局部地区生物多样性高度丰富
一般	$30 \leqslant BI < 50$	物种较少，特有属、种不多，局部地区生物多样性较丰富，但生物多样性总体水平一般
低	$BI < 30$	物种贫乏，植被群系类型单一、脆弱，生物多样性极低

三、内陆湿地类自然保护区生物多样性评价方法

1. 生物多样性评价指标

湿地作为陆地与水体的交错带，是地球上一种重要的、独特的、多功能的生态系统，拥有众多的野生动植物资源，是生物多样性的摇篮。物种数目是最直观、最便捷反映一个区域物种多样性程度的重要指标。对于湿地生态系统而言，低等生物数量最大、种类最多，但是，由于很多物种还没有被人类认识或调查难度较大，全面统计物种的种类与数量是十分困难的。已有研究表明，生物类群中较高等级的生物与低等生物数量关系呈正相关。目前，人们了解最多的生物类群是高等维管束植物和高等动物，也是在实际工作中最容易获得物种数据的类群，同时也是对生态系统结构与功能影响最大的类群。湿地维管束植物作为淡水生态系统的生产者，是食物链的重要环节，对于维持湿地生态功能具有重要作用。鸟类，尤其是水鸟是湿地特有的高等生物类群，是顶级消费者，与其他湿地脊椎动物相比有着明显的优势。湿地是鸟类赖以生存的重要保障，提供食物和水，而鸟类则给湿地带来植物种子和有机肥帮助湿地植物和其他水生生物的生长。维管束植物和鸟类的丰富程度与湿地的生物多样性状况优劣具有直接关系。因此，选取维管束植物和鸟类作为湿地自然保护区生物多样性评价的主要指标。

按照科学性、代表性、可操作性、客观性和实用性原则，结合数据获取的难易程度，依据“压力—状态—响应”模型，选择物种多样性和植被群系类型多样性等 2 大类 12 项指标构建湿地自然保护区生物多样性评价指标体系(见表 3-1-3)。12 项评价指标主要涉及维管束植物、鸟类等状态指标，人口密度、外来入侵物种等压力指标，以及重点保护物种、濒危物种等响应指标。

表 3-1-3　山东省内陆湿地类自然保护区生物多样性评价指标体系和赋值标准

指标	代码		等级标准	分值(分)
物种多样性 A	物种多度 A1	A1. 1	维管束植物≥600 种	10
			维管束植物 400～599 种	7. 5
			维管束植物 200～399 种	5
			维管束植物<200 种	2. 5
		A1. 2	鸟类≥250 种	10
			鸟类 200～249 种	7. 5
			鸟类 100～199 种	5
			鸟类<100 种	2. 5
	物种相对丰度 A2	A2. 1	维管束植物数占山东省维管束植物物种总数比例≥40%	10
			维管束植物数所占比例在 30%～39. 9%	7. 5
			维管束植物数所占比例在 20%～29. 9%	5
			维管束植物数所占比例<20%	2. 5
		A2. 2	鸟类数占山东省鸟类物种总数比例≥60%	10
			鸟类数所占比例在 50%～59. 9%	7. 5
			鸟类数所占比例在 40%～49. 9%	5
			鸟类数所占比例<40%	2. 5
	物种稀有性 A3	A3. 1	湿地内有全球性珍稀濒危植物	5
			湿地内有国家重点保护一类植物或 IUCN 中极危、濒危植物	4
			湿地内有国家重点保护二类植物或 IUCN 中易危植物	3
		A3. 2	湿地内有全球性珍稀濒危鸟类	5
			湿地内有国家重点保护一类鸟类或 IUCN 中极危、濒危鸟类	4
			湿地内有国家重点保护二类鸟类或 IUCN 中易危鸟类	3

续表

指标	代码		等级标准	分值(分)
植被群系类型多样性 B	物种分布区 B1	B1.1	50%以上维管束植物属仅有极少产地的地方性物种	10
			50%以上维管束植物属广布但局部少见或分布区边缘物种	7
			50%以上维管束植物属广布种	4
		B1.2	50%以上鸟类属仅有极少产地的地方性物种	10
			50%以上鸟类属广布但局部少见或分布区边缘物种	7
			50%以上鸟类属广布种	4
	生境类型 B2	B2.1	世界范围内唯一或极重要的湿地	12
			国家或生物地理区范围内唯一或极重要的湿地	9
			地区范围内稀有或重要的湿地	6
			常见类型湿地	3
		B2.2	群系类型丰富，群系类型≥40 种	8
			群系类型较多，群系类型在 20～39 种	6
			群系类型较少，群系类型在 10～19 种	4
			群系类型单一，群系类型＜10 种	2
	威胁 B3	B3.1	人口密度＜1 人/公顷	5
			人口密度 1～10 人/公顷	3
			人口密度＞10 人/公顷	1
		B3.2	无外来入侵物种	5
			外来入侵物种＜10 种	4
			外来入侵物种 10～20 种	3
			外来入侵物种＞20 种	1

2. 生物多样性指数计算与分级

将 12 项评价指标转换、赋值、求和，得到自然保护区生物多样性指数。采用专家咨询法对湿地类自然保护区进行分级，分级标准如表 3-1-4 所示。

表 3-1-4　山东省内陆湿地类自然保护区生物多样性状况分级标准

生物多样性等级	生物多样性指数
很好	R=70～100
较好	R=60～69

续表

生物多样性等级	生物多样性指数
一般	$R=50\sim59$
较差	$R=36\sim49$
差	$R\leqslant35$

第二节 森林生态类自然保护区生物多样性评价

一、生物多样性评价数据

统计计算28个森林生态类自然保护区的野生脊椎动物丰富度、野生维管束植物丰富度、植被群系类型多样性、物种特有性、外来物种入侵度、外来入侵物种、受威胁物种丰富度等数据如表3-2-1所示。

表3-2-1 森林生态类自然保护区生物多样性评价指标统计表

序号	自然保护区名称	野生脊椎动物丰富度	野生维管束植物丰富度	植被群系类型多样性	物种特有性	外来物种入侵度	受威胁物种丰富度
1	山东昆嵛山国家级自然保护区	333	800	58	0.079	0.019	0.025
2	青岛崂山省级自然保护区	398	768	60	0.082	0.028	0.034
3	鲁山省级自然保护区	263	679	52	0.085	0.023	0.017
4	蓬莱艾山省级自然保护区	317	648	46	0.075	0.021	0.02
5	海阳招虎山省级自然保护区	160	661	53	0.071	0.017	0.023
6	栖霞牙山省级自然保护区	337	755	52	0.079	0.020	0.021
7	烟台沿海防护林省级自然保护区	333	782	12	0.072	0.008	0.028
8	青州仰天山省级自然保护区	119	338	47	0.085	0.018	0.018
9	徂徕山省级自然保护区	221	836	44	0.085	0.025	0.014
10	泰山省级自然保护区	209	922	56	0.092	0.025	0.022

续表

序号	自然保护区名称	野生脊椎动物丰富度	野生维管束植物丰富度	植被群系类型多样性	物种特有性	外来物种入侵度	受威胁物种丰富度
11	莱州大基山省级自然保护区	281	704	43	0.073	0.000	0.019
12	临沂大青山省级自然保护区	67	282	55	0.077	0.017	0.017
13	招远罗山省级自然保护区	311	565	46	0.080	0.008	0.019
14	平阴大寨山省级自然保护区	136	383	39	0.084	0.000	0.014
15	莱山围子山省级自然保护区	220	542	48	0.097	0.020	0.019
16	大泽山省级自然保护区	311	580	44	0.078	0.001	0.026
17	莱阳老寨山省级自然保护区	287	670	42	0.079	0.000	0.021
18	栖霞崮山市级自然保护区	338	765	52	0.078	0.020	0.021
19	峄山市级自然保护区	49	172	44	0.049	0.014	0.003
20	柳埠市级自然保护区	119	628	50	0.078	0.000	0.022
21	冠县西沙河林场市级自然保护区	26	44	5	0.133	0.014	0.019
22	东阿县鱼山市级自然保护区	28	34	5	0.121	0.016	0.018
23	苍山县抱犊崮县级自然保护区	42	440	44	0.073	0.000	0.025
24	苍山县大宗山县级自然保护区	29	15	44	0.085	0.045	0.034
25	苍山县文峰山县级自然保护区	42	440	44	0.073	0.000	0.025
26	五彩山县级自然保护区	34	411	15	0.079	0.000	0.001
27	北大山森林县级自然保护区	31	422	44	0.065	0.000	0.001
28	鼻子山森林县级自然保护区	40	437	44	0.073	0.000	0.014

二、生物多样性评价结果与分析

对生物多样性评价指标数据进行归一化处理，并计算生物多样性指数，结果如表 3-2-2 和图 3-2-1 所示。

28个森林生态类自然保护区生物多样性指数为33.8～82.8，其中，青岛崂山省级自然保护区生物多样性指数最高，为82.8，山东昆嵛山国家级自然保护区、栖霞牙山省级自然保护区、泰山省级自然保护区等7个自然保护区生物多样性指数为70～80，鲁山省级自然保护区、蓬莱艾山省级自然保护区、海阳招虎山省级自然保护区等8个自然保护区生物多样性指数为60～70，青州仰天山省级自然保护区、苍山县抱犊崮县级自然保护区、平阴大寨山省级自然保护区等6个自然保护区生物多样性指数为50～60，峄山市级自然保护区、冠县西沙河林场市级自然保护区、五彩山县级自然保护区等6个自然保护区生物多样性指数均低于50。

按照生物多样性分级标准，栖霞崮山市级自然保护区、山东昆嵛山国家级自然保护区、青岛崂山省级自然保护区等8个自然保护区生物多样性等级为“高”，鲁山省级自然保护区、蓬莱艾山省级自然保护区、海阳招虎山省级自然保护区等14个自然保护区生物多样性等级为“中”，峄山市级自然保护区、冠县西沙河林场市级自然保护区、五彩山县级自然保护区等6个自然保护区生物多样性等级为“一般”。

总体来看，评价结果基本符合实际，部分保护区的评价结果与人们的习惯性认知存在一定差距。崂山生物多样性指数最高，主要是由于崂山地形复杂，小气候差异明显，所以植被类型较为丰富，动植物物种也更加丰富多样。昆嵛山、泰山等为大众所熟悉的自然保护区，生物多样性指数也比较高。崮山、牙山、罗山、蓬莱艾山等自然保护区均位于鲁东丘陵区，气候、生境、群落具有相似性，且各保护区之间存在生物廊道相连通，因此其生物多样性指数比较相近，生物多样性状况较好。老寨山与大基山自然保护区，其动植物物种数量均处于中等水平，主要是由于其外来物种入侵度较低，导致其生物多样性指数偏高。

表 3-2-2 山东省森林生态类自然保护区生物多样性评价结果统计表

序号	自然保护区名称	归一化结果						生物多样性指数
		野生脊椎动物丰富度	野生维管束植物丰富度	植被群系类型多样性	物种特有性	外来物种入侵度	受威胁物种丰富度	
1	山东昆嵛山国家级自然保护区	83.7	86.8	96.7	59.4	42.2	73.5	78.4
2	青岛崂山省级自然保护区	100.0	83.3	100.0	61.7	62.2	100.0	82.8
3	鲁山省级自然保护区	66.1	73.6	86.7	63.9	51.1	50.0	68.0
4	蓬莱艾山省级自然保护区	79.7	70.3	76.7	56.4	46.7	58.8	67.8
5	海阳招虎山省级自然保护区	40.2	71.7	88.3	53.4	37.8	67.7	63.7
6	栖霞牙山省级自然保护区	84.7	81.9	86.7	59.4	44.4	61.8	74.3
7	烟台沿海防护林省级自然保护区	83.7	84.8	20.0	54.1	17.8	82.4	65.0
8	青州仰天山省级自然保护区	29.9	36.7	78.3	63.9	40.0	52.9	53.1

续表

序号	自然保护区名称	归一化结果						生物多样性指数
		野生脊椎动物丰富度	野生维管束植物丰富度	植被群系类型多样性	物种特有性	外来物种入侵度	受威胁物种丰富度	
9	徂徕山省级自然保护区	55.5	90.7	73.3	63.9	55.6	41.2	65.3
10	泰山省级自然保护区	52.5	100.0	93.3	69.2	55.6	64.7	73.9
11	莱州大基山省级自然保护区	70.6	76.4	71.7	54.9	0	55.9	70.3
12	临沂大青山省级自然保护区	16.8	30.6	91.7	57.9	37.8	50.0	50.6
13	招远罗山省级自然保护区	78.1	61.3	76.7	60.2	17.8	55.9	69.1
14	平阴大寨山省级自然保护区	34.2	41.5	65.0	63.2	0	41.2	54.9
15	莱山围子山省级自然保护区	55.3	58.8	80.0	72.9	44.4	55.9	64.5
16	大泽山省级自然保护区	78.1	62.9	73.3	58.7	2.2	76.5	72.0
17	莱阳老寨山省级自然保护区	72.1	72.7	70.0	59.4	0.0	61.8	71.0
18	栖霞崮山市级自然保护区	84.9	83.0	86.7	58.7	44.4	61.8	74.4
19	峄山市级自然保护区	12.3	18.7	73.3	36.8	31.1	8.8	36.0
20	柳埠市级自然保护区	29.9	68.1	83.3	58.7	0.0	64.7	64.5
21	冠县西沙河林场市级自然保护区	6.5	4.8	8.3	100.0	31.1	55.9	36.4
22	东阿县鱼山市级自然保护区	7.0	3.7	8.3	91.0	35.6	52.9	33.8
23	苍山县抱犊崮县级自然保护区	10.6	47.7	73.3	54.9	0.0	73.5	54.7
24	苍山县大宗山县级自然保护区	7.3	1.6	73.3	63.9	100.0	100.0	39.2
25	苍山县文峰山县级自然保护区	10.6	47.7	73.3	54.9	0.0	73.5	54.7
26	五彩山县级自然保护区	8.5	44.6	25.0	59.4	0	2.9	37.8
27	北大山森林县级自然保护区	7.8	45.8	73.3	48.9	0	2.9	45.5
28	鼻子山森林县级自然保护区	10.1	47.4	73.3	54.9	0	41.2	51.3

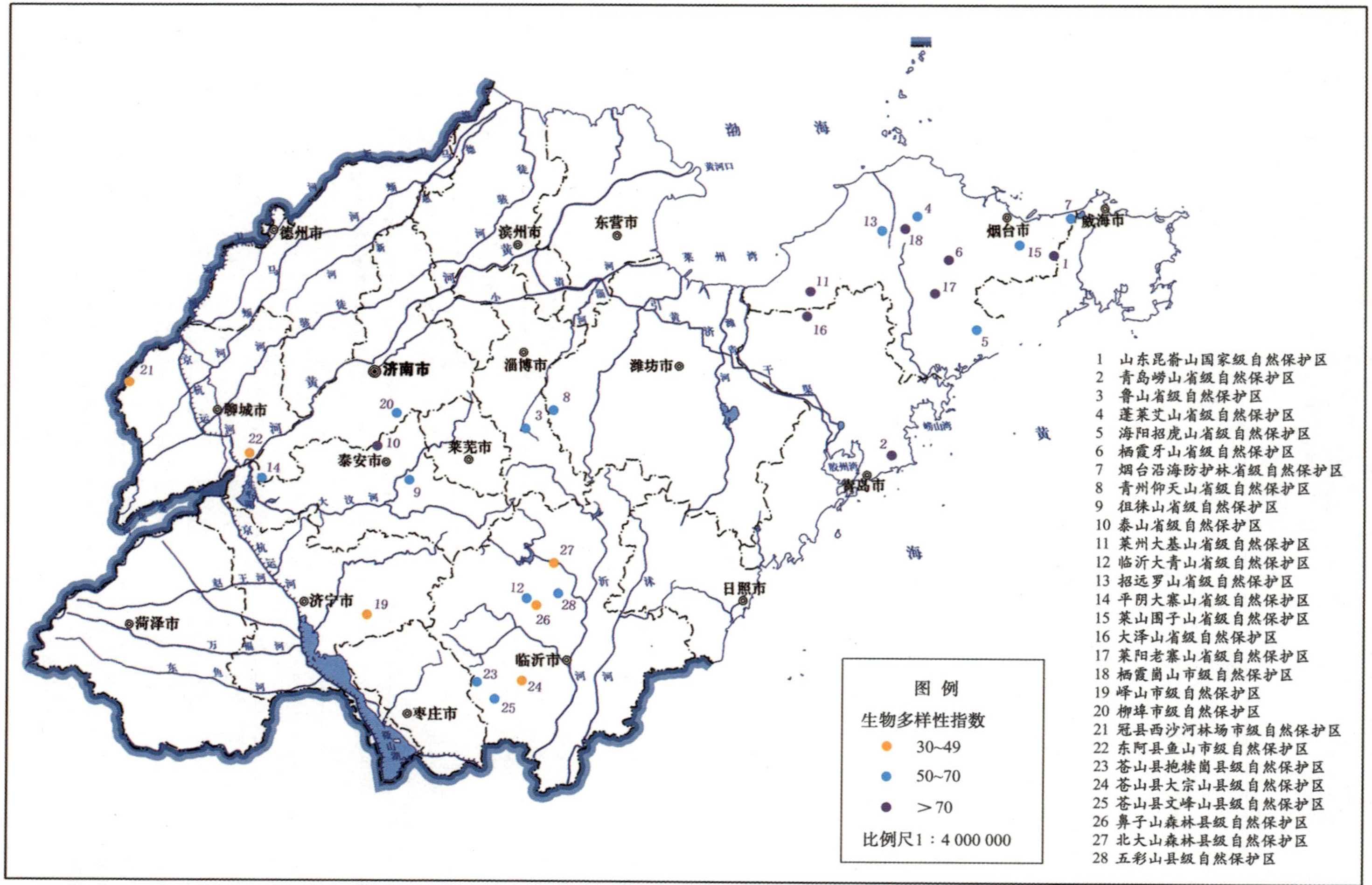

审图号：鲁SG（2018）068号

图3-2-1 山东省森林生态类自然保护区生物多样性评价结果

第三节　内陆湿地类自然保护区生物多样性评价

一、生物多样性评价数据

莱阳五龙河湿地省级自然保护、龙口黄水河河口湿地省级自然保护区和泉林水体县级自然保护区由于缺失植物群系类型和外来入侵物种数据，不计算其生物多样性指数。对其余7个内陆湿地类自然保护区物种多度、物种相对丰度、物种稀有性、物种分布区、生境类型、物种受威胁现状等生物多样性数据进行了统计分析，按湿地类自然保护区评价等级标准转换为分值，如表3-3-1所示。将各评价指标分值相加后得出自然保护区生物多样性指数。7个自然保护区生物多样性指数为37～69，以烟台大沽夹河湿地市级自然保护区分值最高，生物多样性指数为69，其次为山东黄河三角洲国家级自然保护区和东平湖湿地市级自然保护区，生物多样性指数均为67.5，山东南四湖省级自然保护区、烟台福山银湖湿地省级自然保护区和山东莱州湾湿地市级自然保护区生物多样性指数分别为57.5、64.0和62.5，会宝岭水库县级自然保护区生物多样性指数最低，为37.0。

二、生物多样性评价结果与分析

根据表3-1-4中内陆湿地类自然保护区生物多样性状况分级标准，山东黄河三角洲国家级自然保护区、烟台福山银湖湿地省级自然保护区、东平湖湿地市级自然保护区等5个自然保护区生物多样性等级为“较好”，山东南四湖省级自然保护区生物多样性等级为“一般”，会宝岭水库县级自然保护区生物多样性等级为“较差”。评价结果如图3-3-1所示。

评价结果显示，内陆湿地类自然保护区得分自大至小的顺序为：大沽夹河、东平湖、黄河三角洲、银湖、莱州湾、南四湖、会宝岭水库。得分最高和最低的自然保护区分数差为32分。将评价结果与自然保护区面积进行了比对，7个湿地类自然保护区面积自大至小顺序为：黄河三角洲、南四湖、东平湖、莱州湾、大沽夹河、银湖、会宝岭水库。由比对可以看出，生物多样性评价结果与湿地面积无直接相关性。由于本评价采用的评价体系是囊括植物、鸟类、生境、人类干扰以及外来入侵物种的综合评价体系，最终评价结果与人们认知有一定出入。如黄河三角洲自然保护区，作为国家级自然保护区，具有丰富的鱼类、鸟类资源以及独特的生境和动植物群落，但是由于其生态环境为单一的河口湿地，维管束植物物种数量相对较少，因此拉低了总得分。而大沽夹河自然保护区，虽然作为市级自然保护区，面积也相对较小，但是区内流域构成复杂，包括河流湿地、水库湿地以及河口湿地，其动植物物种较为丰富，因此其生物多样性得分较高。

考虑到不同湿地在生境、物种、自然环境等方面的差异，在保护重点、保护对象上各有侧重，在一定程度上并不具有完全的可比性，因此本评价结果仅是一次摸索和尝试。基本在今后的工作中，通过不断改进和修正评价方法，对湿地类自然保护区的评价工作会逐步成熟和完善。本次调查与评价结果在以后的研究中可作为同一湿地不同时间段进行比较研究的依据。

表 3-3-1　山东省内陆湿地类自然保护区生物多样性评价结果统计表

等级标准	分值(分)	山东黄河三角洲国家级自然保护区	山东南四湖省级自然保护区	烟台福山银湖湿地省级自然保护区	龙口黄水河河口湿地省级自然保护区	莱阳五龙河湿地省级自然保护区	东平湖湿地市级自然保护区	山东莱州湾湿地市级自然保护区	烟台大沽夹河湿地市级自然保护区	泉林水体县级自然保护区	会宝岭水库县级自然保护区
维管束植物≥600 种	10				10				10		
维管束植物400～599 种	7.5		7.5				7.5	7.5			
维管束植物200～399 种	5	5		5							
维管束植物＜200 种	2.5					2.5				2.5	2.5
鸟类≥280 种	10	10							10		
鸟类 250～279 种	7.5						7.5				
鸟类 200～249 种	5		5	5	5			5			
鸟类＜200 种	2.5					2.5				2.5	2.5
维管束植物数占山东省维管束植物物种总数比例≥40%	10				10				10		
维管束植物数所占比例为30%～39.9%	7.5						7.5	7.5			
维管束植物数所占比例为20%～29.9%	5		5								

续表

等级标准	分值(分)	山东黄河三角洲国家级自然保护区	山东南四湖省级自然保护区	烟台福山银湖湿地省级自然保护区	龙口黄水河河口湿地省级自然保护区	莱阳五龙河湿地省级自然保护区	东平湖湿地市级自然保护区	山东莱州湾湿地市级自然保护区	烟台大沽夹河湿地市级自然保护区	泉林水体县级自然保护区	会宝岭水库县级自然保护区
维管束植物数所占比例<20%	2.5	2.5		2.5		2.5				2.5	2.5
鸟类数占山东省鸟类物种总数比例≥60%	10	10					10		10		
鸟类数所占比例在50%～59.9%	7.5							7.5			
鸟类数所占比例在40%～49.9%	5		5	5	5						
鸟类数所占比例<40%	2.5					2.5				2.5	2.5
湿地内有全球性珍稀濒危植物	5										
湿地内有国家重点保护一类植物或IUCN中极危、濒危植物	4							4			

续表

等级标准	分值(分)	山东黄河三角洲国家级自然保护区	山东南四湖省级自然保护区	烟台福山银湖湿地省级自然保护区	龙口黄水河河口湿地省级自然保护区	莱阳五龙河湿地省级自然保护区	东平湖湿地市级自然保护区	山东莱州湾湿地市级自然保护区	烟台大沽夹河湿地市级自然保护区	泉林水体县级自然保护区	会宝岭水库县级自然保护区
湿地内有国家重点保护二类植物或 IUCN 中易危、近危植物	3	3	3	3	3	3	3		3	0	0
湿地内有全球性珍稀濒危鸟类	5	5							5		
湿地内有国家重点保护一类鸟类或 IUCN 中极危、濒危鸟类	4		4	4	4	4	4	4		4	
湿地内有国家重点保护二类鸟类或 IUCN 中易危、近危鸟类	3										3
50%以上鸟类属仅有极少产地的地方性物种	10										

续表

等级标准	分值(分)	山东黄河三角洲国家级自然保护区	山东南四湖省级自然保护区	烟台福山银湖湿地省级自然保护区	龙口黄水河河口湿地省级自然保护区	莱阳五龙河湿地省级自然保护区	东平湖湿地市级自然保护区	山东莱州湾湿地市级自然保护区	烟台大沽夹河湿地市级自然保护区	泉林水体县级自然保护区	会宝岭水库县级自然保护区
50%以上鸟类属广布但局部少见或分布区边缘物种	7										
50%以上鸟类属广布种	4	4	4	4	4	4	4	4	4	4	4
世界范围内唯一或极重要的湿地	12										
国家或生物地理区范围内唯一或极重要的湿地	9	9									
地区范围内稀有或重要的湿地	6		6				6	6		6	
常见类型湿地	3			3	3	3			3		3
生态系统类型丰富，群系类型≥40 种	8		8	8			8				

续表

等级标准	分值(分)	山东黄河三角洲国家级自然保护区	山东南四湖省级自然保护区	烟台福山银湖湿地省级自然保护区	龙口黄水河河口湿地省级自然保护区	莱阳五龙河湿地省级自然保护区	东平湖湿地市级自然保护区	山东莱州湾湿地市级自然保护区	烟台大沽夹河湿地市级自然保护区	泉林水体县级自然保护区	会宝岭水库县级自然保护区
生态系统类型较多,群系类型为20～39种	6	6									
生态系统类型较少,群系类型为10～19种	4							4	4	4	4
生态系统类型单一,群系类型＜10种	2										
人口密度＜1人/公顷	5	5	5	5	5	5	5	5			5
人口密度1～10人/公顷	3								3		
人口密度＞10人/公顷	1									1	
无外来入侵物种	5										
外来入侵物种＜10种	4	4						4			4
外来入侵物种10～20种	3			3	3				3		
外来入侵物种＞20种	1		1				1				
生物多样性指数		67.5	57.5	64	—	—	67.5	62.5	69	—	37

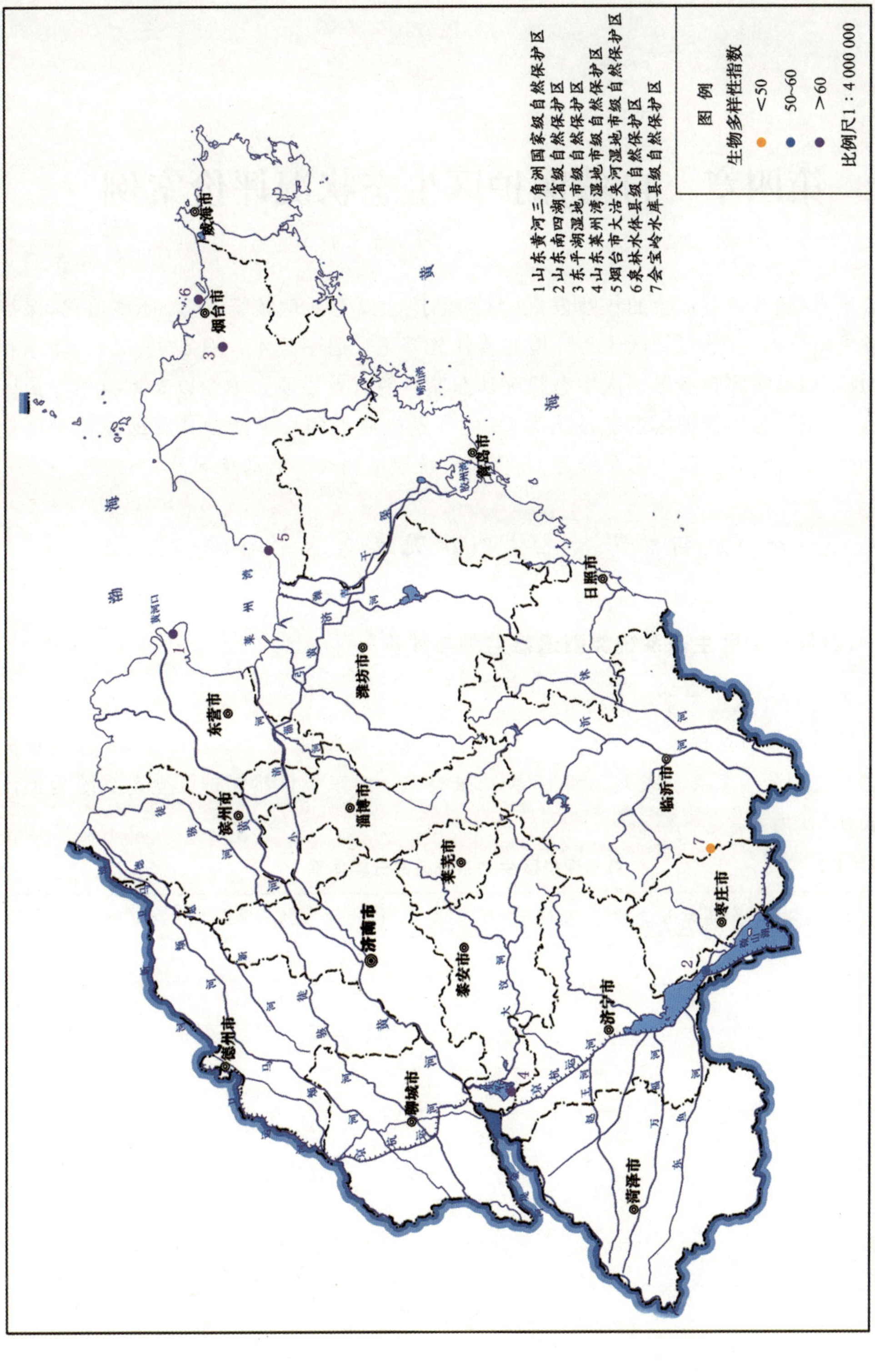

审图号：鲁SG（2018）068号

图3-1　山东省内陆湿地类自然保护区生物多样性评价结果

第四章　自然保护区生态状况评价案例

近年来，随着经济社会的快速发展，自然保护区人类活动频繁，生态环境退化，保护与开发矛盾突出，自然保护区生态环境监管任务繁重。遥感技术具有宏观、综合、动态和快速的特点，是实施自然保护区生态状况动态监管的有效手段。本章以典型自然保护区为案例，介绍了自然保护区生态系统类型、生态系统质量和人类活动状况遥感监测评价方法，分析了自然保护区生态系统类型、生态系统质量和人类活动状况及其动态变化。

第一节　自然保护区生态状况遥感监测与评价方法

一、自然保护区生态系统类型遥感监测与评价

1. 自然保护区生态系统遥感分类

根据山东省自然保护区实际情况，结合卫星遥感影像的分辨率，将山东省自然保护区生态系统划分为 7 类一级类型和 17 类二级类型。山东省自然保护区生态系统分类体系如表 4-1-1 所示。

表 4-1-1　　自然保护区生态系统遥感分类体系

生态系统一级分类	生态系统二级分类
森林	阔叶林
	针叶林
	针阔混交林
	稀疏林
灌丛	阔叶灌丛
	针叶灌丛
	稀疏灌丛
草地	草地
湿地	沼泽
	湖泊
	河流

续表

生态系统一级分类	生态系统二级分类
农田	耕地
	园地
城镇	居住地
	城市绿地
	工矿交通用地
裸地	裸地

2. 自然保护区遥感数据源

自然保护区遥感数据的选择依据自然保护区的面积大小确定。当自然保护区的面积大于50万公顷时，采用分辨率为30m的环境卫星CCD影像或Landsat TM/ETM影像；当自然保护区的面积小于50万公顷时，采用分辨率在5米以下的高分辨率商业遥感数据。时相要求为2000年、2010年的4～10月份。

自然保护区边界数据主要包括2010年自然保护区边界及其功能分区矢量数据，以及自然保护区综合科学考察报告、总体规划及相关文献资料。

3. 自然保护区生态系统分类信息提取

自然保护区生态系统分类信息提取采用面向对象分类方法，包括影像预处理、影像分割、建立解译标志、建立决策树、提取分类信息、分类后处理、野外核查与精度评价等步骤。详细介绍可参阅《山东省生物多样性县域评估》第一、第二章的有关内容。

4. 自然保护区生态系统类型分析评价

自然保护区生态系统类型分析评价采用生态系统各种类型面积占自然保护区总面积的比例。借助生态系统类型转移矩阵分析评价自然保护区生态系统类型变化的结构特征与各类型变化的方向。详细介绍可参阅《山东省生物多样性县域评估》第一、第二章的有关内容。

二、自然保护区生态系统质量遥感监测与评价

1. 自然保护区生态系统质量评价指标

森林生态类自然保护区生态系统质量评价采用“叶面积指数”评价指标，内陆湿地类自然保护区生态系统质量评价采用“净初级生产力”评价指标。

叶面积指数是指单位地表面积上植物叶片总面积占地表面积的比例。叶面积指数与植被生态生理、叶片生物化学性质、植被冠层结构、植物群落生命活力等密切相关，成为利用遥感技术监测植被长势和生物量的重要参数。净初级生产力是绿色植物在单位时间、单位面积上通过光合作用所产生的有机质总量与自养呼吸消耗量之差。植被净初级生产力的高低与光照、气温、降水等多种因素密切相关，是反映植被生产力状况，表征生态系统质量状况的重要参数。

根据年均叶面积指数和年均净初级生产力，分别将森林生态系统质量和湿地生态系

统质量划分为低、较低、中、较高和高5个级别，其分级标准如表4-1-2所示。

表4-1-2 自然保护区生态系统质量等级划分标准

生态系统类型	评价指标	低	较低	中	较高	高
森林生态系统	年均叶面积指数	<2	2～4	4～6	6～8	>8
湿地生态系统	年均净初级生产力	≤60	61～120	121～180	181～240	>240

2. 自然保护区生态系统质量遥感监测数据源

自然保护区生态系统质量遥感监测数据源主要包括MODIS数据，分辨率250m，时相2000～2010年，逐旬。Landsat TM/HJ-1数据，分辨率为30m，时相为2000年和2010年的4～10月份。辅助数据包括气象数据和地面调查数据等。

3. 自然保护区生态系统质量评价指标遥感信息提取

叶面积指数(LAI)与植被指数(NDVI)之间有密切的关系。利用MODIS NDVI产品，结合生态系统分类数据得到不同植被类型的像元NDVI，然后采用查找表的方法，结合实测数据，反演区域尺度上的植被LAI。净初级生产力的计算采用CASA模型，其计算公式可参阅《山东省生物多样性县域评估》第二章第一节有关内容。

三、自然保护区人类活动遥感监测与评价

1. 自然保护区人类活动遥感分类

自然保护区人类活动遥感分类一般包括农田、居住地、工矿用地、采石场、能源设施、旅游设施、交通设施、养殖场、道路等类型，每一种类型还可细分为次一级类型，如农田可分为水田、旱田，工矿用地可进一步分为工厂、矿山、油井和工业园区，能源设施可分为风力发电场、水电站、变电站和太阳能电站，旅游设施可分为旅游用地、高尔夫球场、度假村和寺庙，交通设施可分为港口、机场和码头，道路可分为铁路、高速公路和普通道路等。

2. 自然保护区人类活动遥感监测数据源

自然保护区人类活动遥感数据源的选择依据自然保护区面积的大小确定，当自然保护区面积大于50万公顷时，采用分辨率为30m的环境卫星CCD影像或Landsat TM/ETM影像；当自然保护区面积小于50万公顷时，采用分辨率在5米以下的商业遥感数据。时相要求为2000年和2010年的4～10月份。自然保护区边界数据主要包括2010年自然保护区边界及其功能分区矢量数据。

3. 自然保护区人类活动遥感分类信息的提取

自然保护区人类活动遥感解译采用目视解译的方法，提取自然保护区人类活动信息，将自然保护区人类活动图层和保护区功能分区图层空间叠加，得到自然保护区核心区、缓冲区和实验区人类活动斑块的空间分布与面积，同时提取保护区内比较敏感的人类活动斑块的中心经纬度。

4. 自然保护区人类活动遥感评价

自然保护区人类活动遥感评价采用各种类型人类活动面积占自然保护区与功能区面积的比例，以及各种类型人类活动面积的变化率。

第二节 泰山省级自然保护区生态状况评价

一、自然保护区生态系统类型及其变化

泰山省级自然保护区主要生态系统类型是森林，其面积占保护区生态系统面积的比例超过 80%。2010 年遥感监测结果表明(见表 4-2-1)，泰山省级自然保护区生态系统类型包括森林、灌丛、草地、湿地、农田和城镇 6 类一级生态系统类型。森林生态系统面积为 9 520.0 公顷，占保护区生态系统面积的比例为 80.3%，是自然保护区主要生态系统类型。草地面积为 1 130.0 公顷，占保护区生态系统面积的比例为 9.5%，居第二位。灌丛、湿地面积分别为 240.0 公顷和 40.0 公顷，占保护区生态系统面积的比例分别为 2.0%和 0.3%。农田和城镇面积分别为 650.0 公顷和 280.0 公顷，占保护区生态系统面积的比例分别为 5.4%和 2.3%。森林、草地和农田 3 类生态系统类型的面积比例达 95.2%。

阔叶林是泰山省级自然保护区主要森林生态类型，其面积占保护区生态系统面积的比例近 50%。2010 年遥感监测结果表明(见表 4-2-1 和图 4-2-1)，泰山省级自然保护区生态系统类型包括阔叶林、针叶林、针阔混交林、阔叶灌丛、草地、湖泊、农田、居住地 8 种二级生态系统类型 。阔叶林面积 59.0 平方千米，占保护区生态系统面积的比例为 49.8%；针叶林面积 3 470.0 公顷，占保护区生态系统面积的比例为 29.3%，居第二位；针阔混交林面积 150.0 公顷，占保护区生态系统面积的比例为 1.3%。阔叶灌丛面积 240.0 公顷，占保护区生态系统面积的比例为 2.0%。居住地面积 280.0 平方千米，占保护区生态系统面积的比例为 2.3%。阔叶林和针叶林面积占保护区生态系统面积的比例达 79.1%，成为泰山省级自然保护区主要植被类型。

表 4-2-1 泰山省级自然保护区生态系统类型遥感监测结果

一级生态系统	二级生态系统	2000 年		2005 年	
		面积(公顷)	比例(%)	面积(公顷)	比例(%)
森林	阔叶林	5 850.0	49.4	5 900.0	49.8
	针叶林	3 470.0	29.3	3 470.0	29.3
	针阔混交林	150.0	1.3	150.0	1.3
	合计	9 470.0	79.9	9 520.0	80.3
灌丛	阔叶灌丛	240.0	2.0	240.0	2.0
	合计	240.0	2.0	240.0	2.0
草地	草地	1 210.0	10.2	1 110.0	9.5
	合计	1 210.0	10.2	1 110.0	9.5
湿地	湖泊	30.0	0.2	40.0	0.3
	合计	30.0	0.2	40.0	0.3
农田	耕地	670.0	5.7	650.0	5.4
	合计	670.0	5.7	650.0	5.4

续表

一级生态系统	二级生态系统	2000 年		2005 年	
		面积(公顷)	比例(%)	面积(公顷)	比例(%)
城镇	居住地	220.0	1.9	280.0	2.3
	合计	220.0	1.9	280.0	2.3

泰山省级自然保护区生态系统动态变化趋势总体稳定，森林、湿地和城镇面积呈现增加的趋势，草地、农田呈现减少趋势，灌丛面积保持稳定。2000 年至 2010 年遥感监测结果表明(见表 4-2-1)，森林面积由 2000 年的 9 470.0 公顷增加到 2010 年的 9 520.0 公顷，增加了 50.0 公顷，其面积占生态系统面积的比例由 2000 年的 79.9%提高到 2010 年的 80.3%。森林面积的增加主要是由阔叶林面积的增加引起的。阔叶林面积由 2000 年的 5 850.0 公顷增加到 2010 年的 5 900.0 公顷，其面积占生态系统面积的比例由 2000 年的 49.4%提高到2010 年的 49.8%。针叶林和针阔混交林的面积在 2000～2010 年始终保持在 3 470.0 公顷和 150.0 公顷。阔叶灌丛面积在 2000～2010 年始终保持在 240.0 公顷不变。草地面积由2000 年的 1 210.0 公顷下降到 2010 年的 1 110.0 公顷，减少了 100.0 公顷，其面积占生态系统面积的比例由 2000 年的 10.2%下降到 2010 年的 9.5%，呈现减少的趋势。湿地面积由 2000 年的 30.0 公顷增加到 2010 年的 40.0 公顷，其面积占生态系统面积的比例由 2000 年的 0.2%提高到 2010 年的 0.3%，呈现增加的趋势。农田面积由 2000 年的 670.0 公顷下降到 2010 年的 650.0 公顷，减少了 20.0 公顷，其面积占生态系统面积的比例由 2000 年的 5.7%下降到2010 年的 5.4%，城镇面积由 2000 年的 220.0 公顷增加到 2010 年的 280.0 公顷，其面积占生态系统面积的比例由 2000 年的 1.9%提高到 2010 年的 2.3%。

泰山省级自然保护区生态系统景观结构变化具有斑块数量降低，平均斑块面积增加的特点。遥感监测结果表明，泰山省级自然保护区斑块数量由 2000 年的 633 个下降到 2010 年的 583 个，减少了 50 个。平均斑块面积由 2000 年的 1 870.0 公顷增加到 2010 年的 2 030.0 公顷，增加了 160.0 公顷。斑块数量和平均规模的变化反映了人类活动对景观格局的影响。

泰山省级自然保护区生态系统景观类型变化特点是森林、草地、湿地、农田景观斑块面积增加，城镇斑块面积减少，灌丛斑块面积不变。表 4-2-2 统计结果表明，森林斑块面积由 2000 年的 3 520.0 公顷增加到 2010 年的 3 560.0 公顷，草地斑块面积由 2000 年的 610.0 公顷增加到 2010 年的 690.0 公顷，湿地斑块面积由 2000 年的 1 420.0 公顷增加到 2010 年的 1 800.0 公顷，农田斑块面积由 2000 年的 660 公顷增加到 2010 年的 860.0 公顷，城镇斑块面积由 2000 年的 420 公顷下降到 2010 年的 350 公顷，灌丛斑块面积始终保持在 1 140.0 公顷。显然，农田和城镇斑块平均面积变化较大。这种变化与人类活动息息相关，进一步反映了人类活动对景观格局的影响。

表 4-2-2　　泰山省级自然保护区生态系统类斑块平均面积统计表

年份	森林(公顷)	灌丛(公顷)	草地(公顷)	湿地(公顷)	农田(公顷)	城镇(公顷)
2000	3 520.0	1 140.0	610.0	1 420.0	660.0	420.0
2010	3 560.0	1 140.0	690.0	1 800.0	860.0	350.0

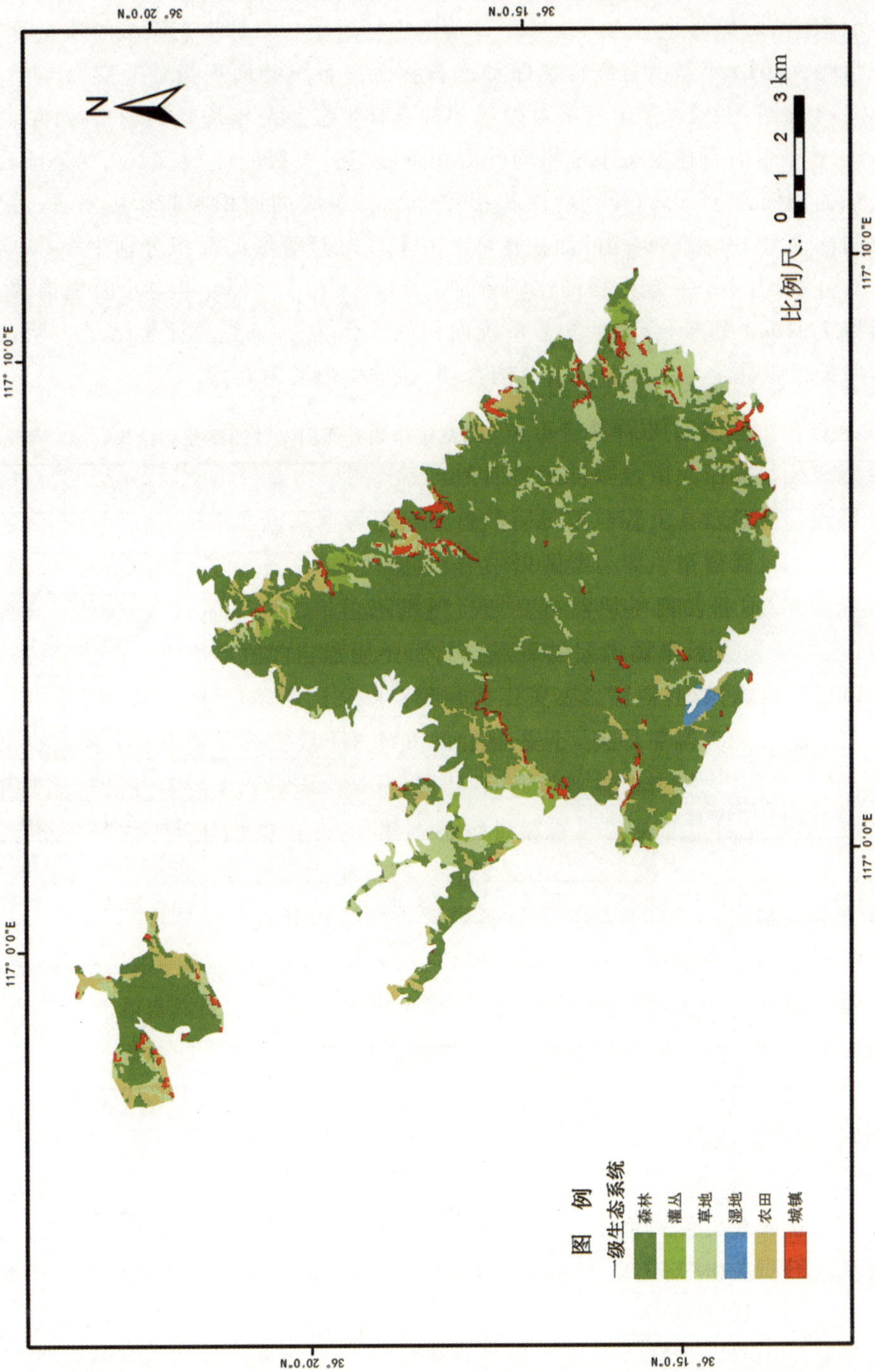

图4-2-1　2010年泰山省级自然保护区生态系统类型分布图

二、自然保护区生态系统质量及其变化

泰山省级自然保护区主要保护对象是森林生态系统，森林面积 9 470.0 公顷，占自然保护区面积的 79.6%，是生态系统质量评价的主要对象。森林生态系统的质量评价采用叶面积指数。2010 年泰山省级自然保护区森林生态系统叶面积指数遥感监测结果表明(见表 4-2-3 和图 4-2-2)，泰山省级自然保护区森林生态系统年均叶面积指数以“高”等级为主。2010 年泰山森林生态系统年均叶面积指数“高”等级的面积 5 170.0 公顷，占生态系统面积的比例为 54.6%；年均叶面积指数“较高”等级的面积 1 170.0 公顷，占生态系统面积的比例为 12.4%；年均叶面积指数“中”和“较低”等级的面积分别为 1 060.0 公顷和 125.0 公顷，占生态系统面积的比例分别为 11.2%和 1.32%；年均叶面积指数“低”等级的面积 1 940.0 平方千米，占生态系统面积的比例为 20.5%。评价结果表明，泰山省级自然保护区森林生态系统的冠层结构合理，植被生命活力旺盛。

表 4-2-3 泰山省级自然保护区森林生态系统年均叶面积指数遥感监测结果

年份	统计参数	低	较低	中	较高	高
2000	面积(公顷)	2 510.0	163.0	1 160.0	940.0	4 690.0
	比例(%)	26.5	1.72	12.2	10.0	49.6
2001	面积(公顷)	2 560.0	350.0	1 380.0	850.0	4 320.0
	比例(%)	27.1	3.70	14.5	9.0	45.7
2002	面积(公顷)	2 540.0	325.0	1 340.0	930.0	4 320.0
	比例(%)	26.9	3.43	14.2	9.8	45.6
2003	面积(公顷)	2 510.0	1 380.0	930.0	1 200.0	4 690.0
	比例(%)	26.5	1.45	9.8	12.7	49.5
2004	面积(公顷)	2 510.0	144.0	490.0	1 160.0	5 160.0
	比例(%)	26.6	1.52	5.2	12.2	54.5
2005	面积(公顷)	2 550.0	150.0	630.0	1 150.0	4 980.0
	比例(%)	27.0	1.59	6.67	12.2	52.6
2006	面积(公顷)	1 930.0	163.0	450.0	1 160.0	5 760.0
	比例(%)	20.4	1.72	4.8	12.3	60.8
2007	面积(公顷)	1 980.0	1 190.0	640.0	1 240.0	5 480.0
	比例(%)	20.9	1.25	6.7	13.1	57.9
2008	面积(公顷)	1 970.0	144.0	730.0	1 220.0	5 400.0
	比例(%)	20.8	1.52	7.7	12.9	57.1
2009	面积(公顷)	1 920.0	163.0	690.0	1 250.0	5 440.0
	比例(%)	20.3	1.72	7.3	13.2	57.5
2010	面积(公顷)	1 940.0	125.0	1 060.0	1 170.0	5 170.0
	比例(%)	20.5	1.32	11.2	12.4	54.6

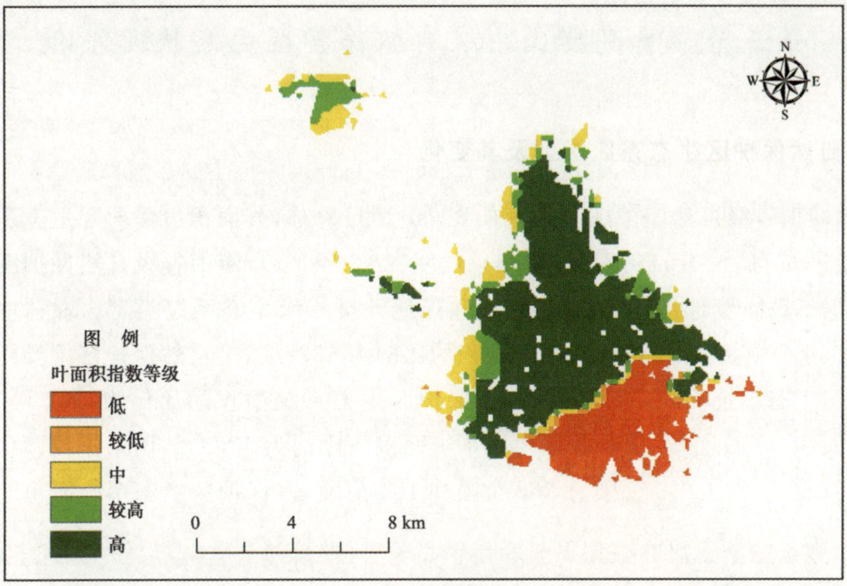

图 4-2-2　2010 年泰山省级自然保护区叶面积指数等级分布图

泰山省级自然保护区森林生态系统年均叶面积指数等级水平总体呈上升趋势。2000～2010 年泰山森林生态系统年均叶面积指数遥感监测结果表明(见表 4-2-3 和图 4-2-3),年均叶面积指数"高"等级的比例由 2000 年的 49.6%增加到 2010 年的 54.6%;年均叶面积指数"较高"等级的比例由 2000 年的 10.0%增加到 2010 年的 12.4%;年均叶面积指数"中"等级的比例由 2000 年的 12.2%减少到 2010 年的 11.2%;年均叶面积指数"较低"等级的比例由 2000 年的 1.72%减少到 2010 年的 1.32%;年均叶面积指数"低"等级的比例由 2000 年的 26.5%减少到 2010 年的 20.5%。由此可见,泰山省级自然保护区森林生态系统年均叶面积指数的等级水平呈上升的趋势。

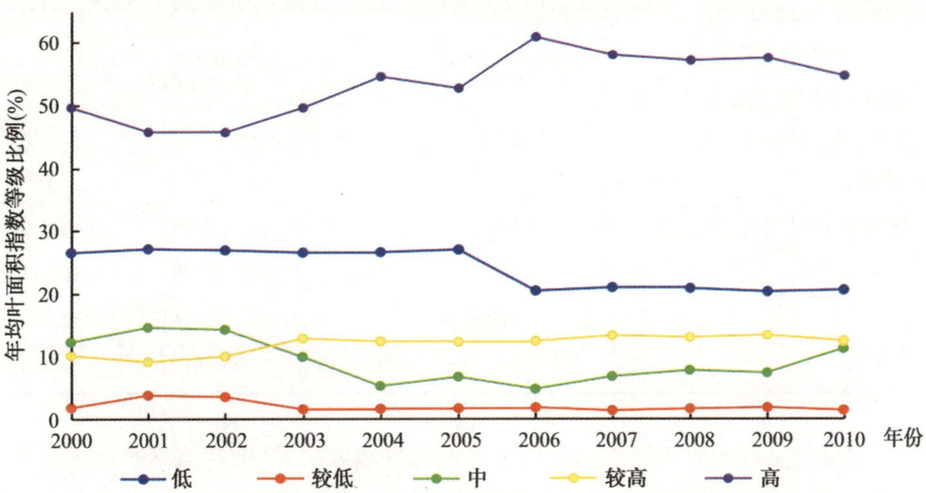

图 4-2-3　泰山省级自然保护区森林生态系统年均叶面积指数年际变化

第三节 青岛崂山省级自然保护区生态状况评价

一、自然保护区生态系统类型及其变化

青岛崂山省级自然保护区主要生态系统类型是森林，其面积占保护区生态系统面积的比例超过 60%。2010 年遥感监测结果表明(见表 4-3-1)，崂山省级自然保护区生态系统类型包括森林、草地、湿地、农田、城镇和裸地 6 类一级生态系统类型。森林生态系统面积 28 626 公顷，占保护区生态系统面积的比例为 63.8%，是自然保护区主要生态系统类型；农田生态系统面积 7 259 公顷，占保护区生态系统面积的比例为 16.2%，居第二位；城镇面积 5 779 公顷，占保护区生态系统面积的比例为 12.9%，居第三位；草地、湿地和裸地面积分别为 1 665 公顷、1 362 公顷和 164 公顷，占保护区生态系统面积的比例分别为 3.7%、3.0%和 0.4%。

表 4-3-1 青岛崂山省级自然保护区生态系统类型遥感监测结果

一级生态系统	二级生态系统	2000 年		2010 年	
		面积(公顷)	比例(%)	面积(公顷)	比例(%)
森林	针阔混交林	28 767	64.1	28 626	63.8
	合计	28 767	64.1	28 626	63.8
草地	草地	1 668	3.7	1 665	3.7
	合计	1 668	3.7	1 665	3.7
湿地	湖库	1 066	2.4	1 075	2.4
	河流	288	0.6	288	0.6
	合计	1 353	3.2	1 362	3.4
农田	农田	8 636	19.2	7 259	16.2
	合计	8 636	19.2	7 259	16.2
城镇	居住地	2 650	5.9	2 916	6.5
	工矿交通	1 633	3.6	2 863	6.4
	合计	4 283	9.6	5 779	12.9
裸地	裸地	148	0.3	164	0.4
	合计	148	0.3	164	0.4

针阔混交林是崂山省级自然保护区主要森林生态类型，其面积占保护区生态系统面积的比例为 63.8%。2010 年遥感监测结果表明(见表 4-3-1)，崂山省级自然保护区生态系统类型包括针阔混交林、草地、湖库、河流、农田、居住地、工矿交通用地和裸地 8 种二

级生态系统类型。针阔混交林面积 28 626 公顷，占保护区生态系统面积的比例为 63.8%；湖库、河流面积分别为 1 075 公顷和 288 公顷，占保护区生态系统面积的比例分别为 2.4%和 0.6%；居住地和工矿交通用地面积分别为 2 916 公顷和 2 863 公顷，占保护区生态系统面积的比例分别为 6.5%和 6.4%。

青岛崂山省级自然保护区生态系统类型动态变化的主要特征是森林、农田面积减少，城镇用地面积增加，草地、湿地与裸地面积基本稳定。2000～2010 年遥感监测结果表明(见表 4-3-1)，针阔混交林的面积由 2000 年的 28 767 公顷减少到 2010 年的 28 626 公顷，减少了 141 公顷，占生态系统面积的比例由 2000 年的 64.1%下降到 2010 年的 63.8%；农田面积由 2000 年的 8 636 公顷减少到 2010 年的 7 259 公顷，减少了 1 377 公顷，占生态系统面积的比例由 2000 年的 19.3%下降到 2010 年的 16.2%；居住地面积由 2000 年的2 650 公顷增加到 2010 年的 2 916 公顷，增加了 266 公顷，占生态系统面积的比例由 2000 年的 5.9%增加到 2010 年的 6.5%，工矿交通用地面积由 2000 年的 1 633 公顷增加到 2010 年的 2 863 公顷，增加了 1 230 公顷，占生态系统面积的比例由 2000 年的 3.6%增加到 2010 年的 6.4%。

青岛崂山省级自然保护区生态系统景观结构变化具有斑块数量增加、平均斑块面积减少的特点。遥感监测结果表明(见表 4-3-2)，崂山省级自然保护区斑块数量由 2000 年的 759 个增加到 2010 年的 814 个，增加了 55 个，平均斑块面积由 2000 年的 6 000 公顷减少到 2010 年的 5 600 公顷，减少了 400 公顷。核心区斑块数量和面积保持稳定。缓冲区斑块数量由 2000 年的 179 个增加到 2010 年的 181 个，平均斑块面积保持 5 100 公顷不变。实验区斑块数量由 2000 年的 629 个增加到 2010 年的 687 个，增加了 58 个，平均斑块面积由 2000 年的 4 500 公顷减少到 2010 年的 4 100 公顷，减少了 400 公顷。保护区及其功能分区斑块数量增加，斑块平均面积下降，表明其景观结构斑块破碎化程度加重，趋向小块离散分布。

表 4-3-2　　青岛崂山省级自然保护区生态系统景观斑块变化状况

年份	统计项目	保护区	核心区	缓冲区	实验区
2000	斑块数量	759	83	179	629
	平均面积(公顷)	6 000	9 400	5 100	4 500
2010	斑块数量	814	83	181	687
	平均面积(公顷)	5 600	9 400	5 100	4 100

二、自然保护区人类活动状况及其变化

基于二级生态系统类型遥感监测信息提取结果(见表 4-3-3)，青岛崂山省级自然保护区人类活动包括工矿交通用地、居住地和农业用地。2010 年青岛崂山省级自然保护区工矿交通用地、居住地和农业用地总面积为 13 038 公顷，占自然保护区总面积的 29.1%；

核心区工矿交通用地、居住地和农业用地总面积69公顷，占核心区总面积的0.92%；缓冲区工矿交通用地、居住地和农业用地总面积1 295公顷，占缓冲区总面积的14.6%；实验区工矿交通用地、居住地和农业用地总面积11 674公顷，占缓冲区总面积的41.0%；工矿交通用地、居住地和农业用地面积分别占自然保护区人类活动总面积的22.0%、22.4%和55.6%。核心区工矿交通用地、居住地和农业用地面积分别占核心区人类活动总面积的27.5%、34.8%和37.7%；缓冲区工矿交通用地、居住地和农业用地面积分别占缓冲区人类活动总面积的13.0%、23.2%和63.8%；实验区工矿交通用地、居住地和农业用地面积分别占实验区人类活动总面积的22.9%、22.2%和54.9%。

青岛崂山省级自然保护区人类活动用地面积总体呈现增加趋势。遥感监测结果表明(见表4-3-3)，2000～2010年青岛崂山省级自然保护区人类活动用地面积增加了119公顷，年均增加率0.09%；核心区人类活动用地面积没有变化，缓冲区人类活动面积增加了8公顷，实验区人类活动面积增加了111公顷。2000～2010年青岛崂山省级自然保护区农业用地面积减少了1 377公顷，其中缓冲区和实验区农业用地面积分别减少了38公顷和1 339公顷；居住地面积增加了266公顷，其中缓冲区和实验区居住地面积分别增加了15公顷和251公顷；工矿交通用地面积增加了1 230公顷，其中缓冲区和实验区工矿交通用地面积分别增加了31公顷和1 199公顷。

在二级生态系统类型遥感监测信息提取的基础上，应用Rapid Eye高分辨率遥感影，结合Google Earth，进一步提取了自然保护区的旅游设施、养殖设施和道路信息(见表4-3-4和图4-3-1)。表4-3-4遥感监测结果表明，青岛崂山省级自然保护区人类活动主要是工矿用地、农田和居民用地，旅游区、养殖区和道路等人类活动用地面积较小。

表4-3-3　青岛崂山省级自然保护区人类活动遥感监测结果　单位:公顷

功能分区	二级生态系统类型	2000年	2010年
核心区	针阔混交林	6 554	6 554
	草地	822	822
	湖库	9	9
	河流	0	0
	农田	26	26
	居住地	24	24
	工矿交通	19	19
	裸地	15	15

续表

功能分区	二级生态系统类型	2000 年	2010 年
缓冲区	针阔混交林	6 545	6 529
	草地	504	504
	湖库	449	450
	河流	59	59
	农田	864	826
	居住地	286	301
	工矿交通	137	168
	裸地	44	51
实验区	针阔混交林	15 668	15 543
	草地	342	339
	湖库	608	616
	河流	229	229
	农田	7 746	6 407
	居住地	2 340	2 591
	工矿交通	1 477	2 676
	裸地	89	98

表 4-3-4 青岛崂山省级自然保护区人类活动遥感监测结果

编码	人类活动干扰类型	2000 年	2010 年
1	工矿用地(公顷)	1 296.4	2 509.9
2	旅游区(公顷)	41.5	41.6
3	农田(公顷)	8 636.3	7 258.8
4	养殖区(公顷)	366.9	411.4
5	居民区(公顷)	2 649.7	2 916.4
6	道路(千米)	411.8	442.1

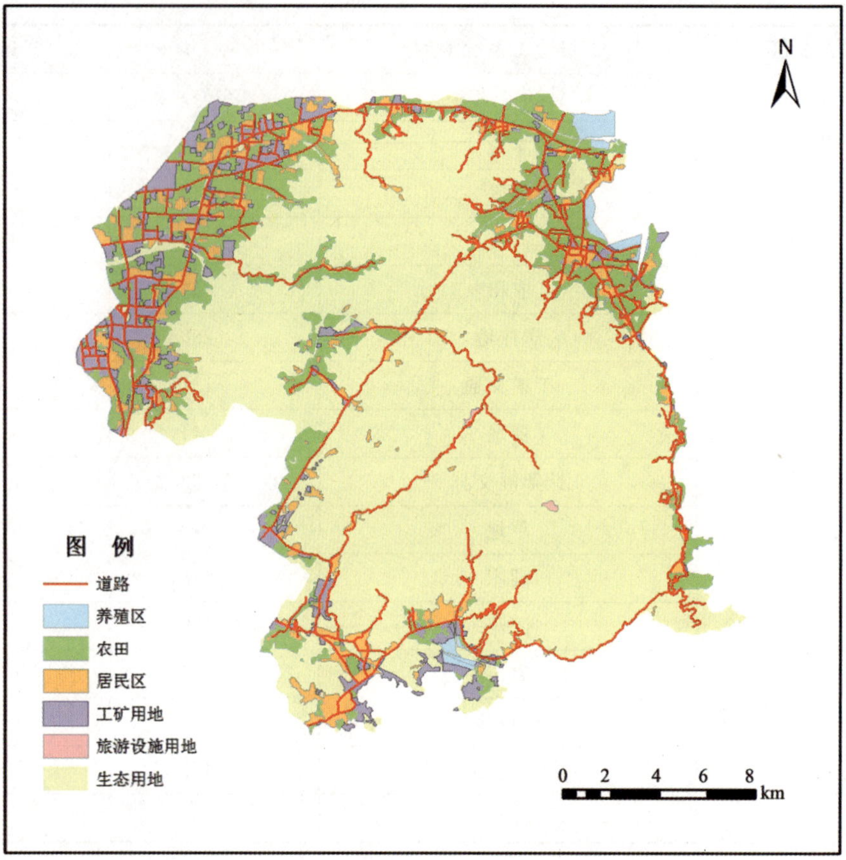

图 4-3-1 2010 年青岛崂山省级自然保护区人类活动分布图

第四节 山东南四湖省级自然保护区生态状况评价

一、自然保护区生态系统类型及其变化

湿地是山东南四湖省级自然保护区主要生态系统类型，其面积占保护区面积的比例超过 85%。2010 年遥感监测结果表明(见表 4-4-1 和图 4-4-1)，山东南四湖省级自然保护区生态系统类型包括森林、灌丛、草地、湿地、农田、城镇和裸地 7 类一级生态系统类型。湿地生态系统面积为 104 823.1 公顷，占保护区生态系统面积的比例为 84.8%，是自然保护区主要生态系统类型；农田生态系统面积为 13 495.1 公顷，占保护区生态系统面积的比例为 10.9%，居第二位；城镇生态系统面积为 2 769.8 公顷，占保护区生态系统面积的比例为 2.2%；森林和草地生态系统面积分别为 1 384.3 公顷和 882.4 公顷，占保护区生态系统面积的比例分别为 1.1%和 0.7%；裸地面积为 184.4 公顷，占保护区生态系统面积的比例为 0.1%；灌丛面积最小，仅为 0.6 公顷。

表 4-4-1　山东南四湖省级自然保护区生态系统类型遥感监测结果

一级生态系统	二级生态系统	2000 年		2010 年	
		面积(公顷)	比例(%)	面积(公顷)	比例(%)
森林	阔叶林	483.1	0.4	793.3	0.6
	针叶林	591.1	0.5	591.0	0.5
	合计	1 074.2	0.9	1 384.3	1.1
灌丛	阔叶灌丛	0.6	0.0	0.6	0.0
	合计	0.6	0.0	0.6	0.0
草地	草地	916.1	0.7	882.4	0.7
	合计	916.1	0.7	882.4	0.7
湿地	沼泽	20 044	16.2	14 979.9	12.1
	湖泊	83 678.9	67.7	89 157	72.2
	河流	605.5	0.5	686.1	0.6
	合计	104 328.4	84.4	104 823.1	84.8
农田	耕地	14 641.2	11.9	13 495.1	10.9
	合计	14 641.2	11.9	13 495.1	10.9
城镇	居住地	1 964.5	1.6	2 284.1	1.8
	城市绿地	16.4	0.1	16.4	0.0
	工矿	418.2	0.3	469.4	0.4
	合计	2 399.1	1.9	2 769.8	2.2
裸地	裸地	180.4	0.1	184.4	0.1
	合计	180.4	0.1	184.4	0.1

湖泊是山东南四湖省级自然保护区主要二级生态系统类型，其面积占自然保护区生态系统面积的比例超过 70%。2010 年遥感监测结果表明(见表 4-4-1)，山东南四湖省级自然保护区生态系统类型包括阔叶林、针叶林、阔叶灌丛、草地、沼泽、湖泊、河流、耕地、居住地、城市绿地、工矿用地和裸地等 12 种二级生态系统类型。湖泊面积为 89 157.01 公顷，占保护区生态系统面积的比例为 72.2%；沼泽面积为 14 979.9 公顷，占保护区生态系统面积的比例为 12.7%；河流面积为 686.1 公顷，占保护区生态系统面积的比例为 0.6%；阔叶林和针叶林面积分别为 793.3 公顷和 591.0 公顷，占保护区生态系统面积的比例分别为 0.6%和 0.5%；居住地面积为 2 284.1 公顷，占保护区生态系统面积的比例为 1.8%；城市湿地面积较小，仅有 16.4 公顷。

山东南四湖省级自然保护区生态系统类型动态变化呈现湿地、森林与城镇生态系统面积增加，草地、农田面积减少的趋势。遥感监测结果表明(见表 4-4-1)，湿地生态系统面积由 2000 年的 104 328.4 公顷增加到 2010 年的为 104 823.1 公顷，增加了 494.7 公顷，占生态系统面积的比例由 2000 年的 84.4%提高到 2010 年的 84.8%；森林生态系统面积由 2000 年的 1 074.2 公顷增加到 2010 年的为 1 384.3 公顷，增加了 310.1 公顷，占生态系统面积的比例由 2000 年的 0.9%提高到 2010 年的 1.1%；城镇生态系统面积由 2000 年的为2 399.1 公顷增加到 2010 年的 2 769.8 公顷，增加了 310.7 公顷，占生态系统面积的比例由 2000 年的 1.9%提高到 2010 年的 2.2%；草地生态系统面积由 2000 年的 916.1 公顷减少到 2010 年的 882.4 公顷，减少了 33.7 公顷，占生态系统面积的比例无太大变化；农田生态系统面积由 2000 年的 14 641.1 公顷减少到 2010 年的 13 495.1 公顷，减少了 1 146 公顷，占生态系统面积的比例由 2000 年的 11.9%下降到 2010 年的 10.9%。

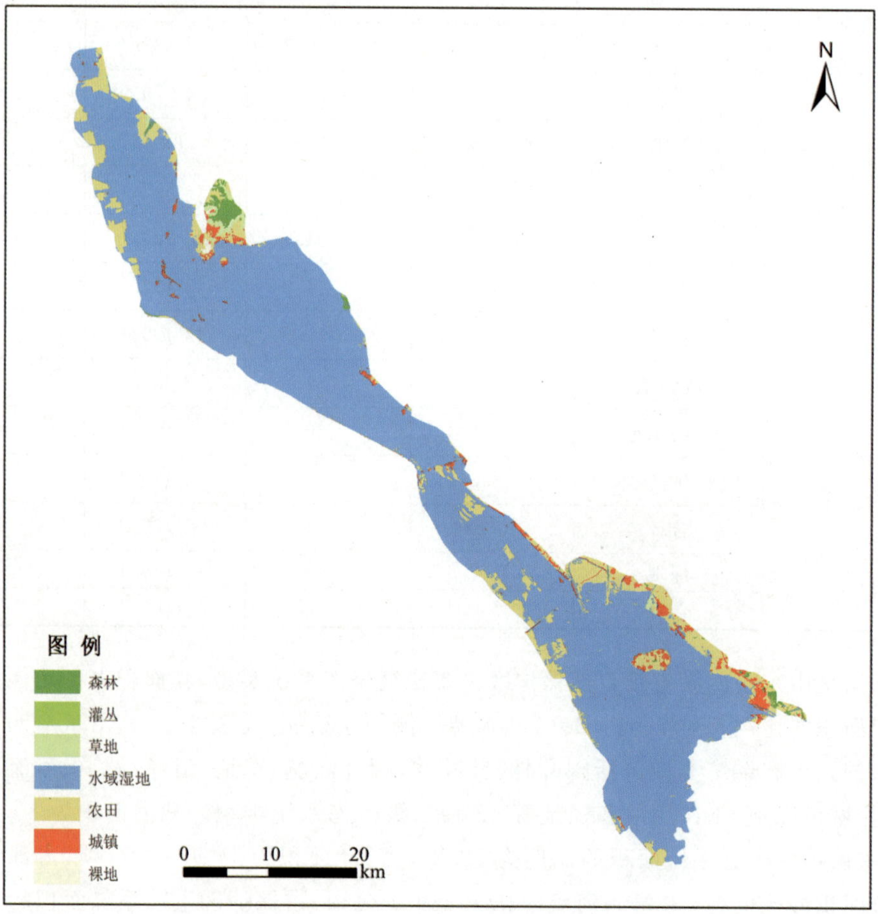

图 4-4-1　2010 年山东南四湖省级自然保护区生态系统类型空间分布图

山东南四湖省级自然保护区生态系统类型变化特征主要表现为农田和湿地之间的转换，其中农田转为湿地面积为 1 193.4 公顷，湿地转为农田面积为 878.6 公顷。同时部分农田转为森林和城镇，其变化面积分别为 327.8 公顷和 515.3 公顷。2000～2010 年山东南四湖省级自然保护区生态系统类型变化状况如表 4-4-2 所示。

表 4-4-2 2000～2010 年山东南四湖省级自然保护区生态系统变化矩阵 单位:公顷

行标签	森林	灌丛	草地	湿地	农田	城镇	裸地	总计
森林	1 056.5	0.0	0.0	17.6	0.0	0.1	0.0	1074.2
灌丛	0.0	0.6	0.0	0.0	0.0	0.0	0.0	0.6
草地	0.0	0.0	872.3	42.5	1.3	0.0	0.0	916.1
湿地	0.0	0.0	9.1	103 409.4	878.6	26.0	5.2	104 328.4
农田	327.8	0.0	1.0	1 193.4	12 603.7	515.3	0.1	14 641.2
城镇	0.1	0.0	0.0	160.3	10.3	2 228.4	0.0	2 399.0
裸地	0.0	0.0	0.0	0.0	1.3	0.0	179.1	180.4
总计	1 384.3	0.6	882.4	104 823.1	13 495.1	2 769.8	184.4	123 539.9

二、自然保护区生态系统质量及其变化

山东南四湖省级自然保护区主要保护对象是湿地生态系统。湿地生态系统面积有104 823.1 公顷,占自然保护区面积的 85.5%,是生态系统质量评价的主要对象。湿地生态系统的质量评价采用净初级生产力。2010 年山东南四湖自然保护区净初级生产力遥感监测结果表明(见表 4-4-3 和图 4-4-2),山东南四湖省级自然保护区湿地生态系统净初级生产力以“高”等级为主。2010 年山东南四湖自然保护区湿地年均净初级生产力“高”等级的面积 50 120.0 公顷,占保护区生态系统面积的比例为 48.0%;净初级生产力“低”、“较低”、“中”和“较高”等 4 个等级的面积分别为 20 810.0 公顷、11 160.0 公顷、10 640.0 公顷、11 640.0公顷,占保护区生态系统面积的比例分别为 19.9%、10.7%、10.2%、11.2%。

表 4-4-3 山东南四湖湿地生态系统质量年均净初级生产力遥感监测结果

年份	统计参数	低	较低	中	较高	高
2000	面积(公顷)	1 430.0	3 710.0	6 570.0	7 480.0	85 180.0
	比例(%)	1.4	3.6	6.3	7.2	81.6
2001	面积(公顷)	1 840.0	2 720.0	4 960.0	5 840.0	89 010.0
	比例(%)	1.8	2.6	4.8	5.6	85.3
2002	面积(公顷)	538.0	2 430.0	5 190.0	5 790.0	90 420.0
	比例(%)	0.5	2.3	5.0	5.6	86.6
2003	面积(公顷)	1 110.0	4 000.0	8 140.0	14 130.0	76 980.0
	比例(%)	1.1	3.8	7.8	13.5	73.8
2004	面积(公顷)	23 030.0	16 690.0	14 320.0	13 980.0	36 340.0
	比例(%)	22.1	16.0	13.7	13.4	34.8

续表

年份	统计参数	低	较低	中	较高	高
2005	面积(公顷)	28 340.0	13 310.0	9 980.0	10 180.0	42 560.0
	比例(%)	27.2	12.8	9.6	9.8	40.8
2006	面积(公顷)	32 600.0	13 860.0	10 480.0	11 510.0	35 920.0
	比例(%)	31.2	13.3	10.0	11.0	34.4
2007	面积(公顷)	20 708.0	8 480.0	10 010.0	11 620.0	53 480.0
	比例(%)	19.9	8.1	9.6	11.1	51.2
2008	面积(公顷)	15 090.0	14 140.0	10 560.0	11 220.0	53 360.0
	比例(%)	14.5	13.6	10.1	10.8	51.1
2009	面积(公顷)	24 810.0	13 150.0	11 910.0	11 010.0	43 500.0
	比例(%)	23.8	12.6	11.4	10.6	41.7
2010	面积(公顷)	20 810.0	11 160.0	10 640.0	11 640.0	50 120.0
	比例(%)	19.9	10.7	10.2	11.2	48.0

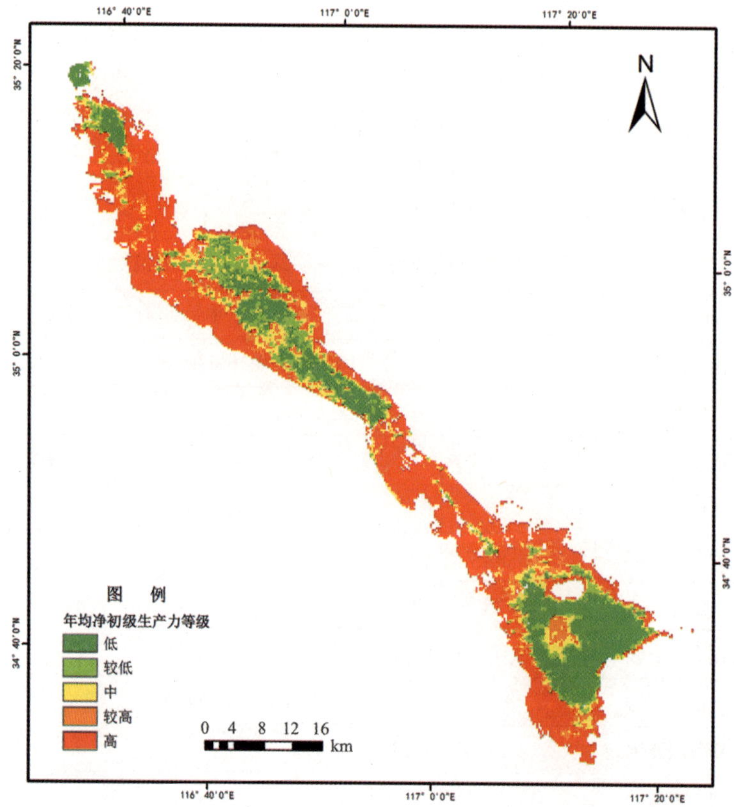

图 4-4-2 2010 年南四湖湿地生态系统净初级生产力分布状况

山东南四湖省级自然保护区净初级生产力呈下降趋势。2000～2010 年南四湖湿地净初级生产力遥感监测结果表明(见表 4-4-3)，年均净初级生产力“高”等级的比例由 2000 年的 81.6%下降到 2010 年的 48.0%；年均净初级生产力“低”等级的比例由 2000 年的 1.4%增加到 2010 年的 19.9%；年均净初级生产力“较低”等级的比例由 2000 年的 3.6%增加到 2010 年的 10.7%；年均净初级生产力“中”等级的比例由 2000 年的 6.3%增加到 2010 年的 10.2%；年均净初级生产力“较高”等级的比例由 2000 年的 7.2%增加到 2010 年的 11.2%。

三、自然保护区人类活动状况及其变化

山东南四湖省级自然保护区人类活动包括工业用地、交通用地、采矿场、居住地和农业用地。2010 年山东南四湖省级自然保护区人类活动遥感监测结果表明(见表 4-4-4)。山东南四湖省级自然保护区工业用地、交通用地、采矿场、居住地和农业用地总面积 16 263 公顷，占自然保护区总面积的 13.2%；核心区交通用地、居住地和农业用地总面积为 1 151.4 公顷，占核心区总面积的 2.0%；缓冲区工业用地、交通用地、居住地和农业用地面积为 6 675.1 公顷，占缓冲区总面积的 17.4%；实验区工业用地、交通用地、采矿场、居住地和农业用地面积为 8 436.5 公顷，占实验区总面积的 29.1%。农业用地是自然保护区人类活动主要方式。2010 年山东南四湖省级自然保护区农业用地总面积为 13 495.2 公顷，占自然保护区人类活动总面积的 83.0%；核心区农业用地面积为 1 051.3 公顷，占核心区人类活动总面积的 91.3%；缓冲区农业用地面积为 5 717.9 公顷，占缓冲区人类活动总面积的 85.7%；实验区农业用地面积为 6 726 公顷，占实验区人类活动总面积的 79.7%。

表 4-4-4　山东南四湖省级自然保护区人类活动遥感监测结果　单位:公顷

功能分区	类型	2000 年	2010 年
核心区	草本沼泽	6 717.9	4 792.5
	湖泊	36 570.9	38 328.9
	水库/坑塘	11 559.9	11 952.7
	旱地	216.6	264.1
	水田	1 047.8	787.2
	交通用地	0.8	8.9
	居住地	111.6	91.2

续表

功能分区	类型	2000 年	2010 年
缓冲区	常绿针叶林	9.3	9.2
	落叶阔叶林	60.7	60.7
	草丛	78.3	76.9
	草本沼泽	7 641.6	5 709.5
	河流	64.2	78.4
	湖泊	11 712.1	12 673.3
	水库/坑塘	11 980.7	12 956.1
	运河/水渠	42.3	47.2
	旱地	2 874.1	2 970.0
	水田	3 081.9	2 747.9
	采矿场	0.7	0.0
	草本绿地	0.2	0.2
	工业用地	28.5	32.0
	交通用地	68.6	77.7
	居住地	643.2	847.3
实验区	常绿针叶林	581.8	581.8
	落叶阔叶林	422.4	732.7
	落叶阔叶灌木林	0.6	0.6
	草丛	837.8	805.5
	草本沼泽	5 684.5	4 478.0
	河流	467.4	471.8
	湖泊	4 959.2	5 192.8
	水库/坑塘	6 896.1	8 053.2
	运河/水渠	31.7	88.8
	旱地	5 983.6	5 492.4
	水田	1 437.3	1 233.6
	采矿场	116.2	120.9
	草本绿地	14.1	14.1
	工业用地	136.3	161.2
	交通用地	67.0	68.7
	居住地	1 209.6	1 345.6
	乔木绿地	2.1	2.1
	裸土	3.4	7.5
	裸岩	177.0	177.0

山东南四湖省级自然保护区人类活动用地面积总体呈现减少趋势。遥感监测结果表明(见表 4-4-4),2000～2010 年,山东南四湖省级自然保护区人类活动用地面积减少了 775.1 公顷,年均减少率 0.45%;核心区人类活动用地面积减少了 225.4 公顷,年均减少率 1.64%;缓冲区人类活动面积减少了 22.1 公顷,年均减少率 0.03%;实验区人类活动面积减少了 527.6 公顷,年均减少率 0.59%。农业用地面积减少是引起南四湖省级自

然保护区人类活动用地面积减少的主要原因。2000～2010 年，山东南四湖省级自然保护区农业用地面积减少了 1 045.3 公顷，其中核心区、缓冲区和实验区农业用地面积分别减少了 112.9 公顷、238.1 公顷和 694.9 公顷；工业用地面积增加了 28.4 公顷，其中缓冲区和实验区工业用地面积分别增加了 3.5 公顷和 24.9 公顷；交通用地面积增加了 18.9 公顷，核心区、缓冲区和实验区交通用地面积分别增加了 8.1 公顷、9.1 公顷和 1.7 公顷；居住地面积增加了 319.7 公顷，其中核心区居住地面积减少了 20.4 公顷，缓冲区和实验区居住地面积分别增加了 204.1 公顷和 136.0 公顷；采矿场面积增加了 4.0 公顷，其中缓冲区采矿场面积减少了 0.7 公顷，实验区采矿场面积增加了 4.7 公顷。

主要参考文献

一、学术专著

王仁卿，周光裕. 山东植被[M]. 济南：山东科学技术出版社，2000.

王献溥，刘玉凯. 生物多样性的理论与实践 [M]. 北京：中国环境出版社，1994.

中国植被编辑委员会. 中国植被[M]. 北京：科学出版社，1980.

田贵全，刘强，宗雪梅，等. 山东省生物多样性保护战略与行动计划(2011～2030 年)[M]，济南：山东大学出版社，2016.

田贵全，宗雪梅，孟祥亮，等. 山东省淡水鱼类组成与分布//宋沿东，商博. 环境监测技术研究与应用[M]. 济南：山东省地图出版社，2012.

李法曾，陈锡典. 泰山植物检索表 [M]. 济南：山东科学技术出版社，1987.

李法曾主编. 山东植物精要 [M]. 北京：科学出版社，2004.

汪松，解焱. 中国物种红色名录 [M]. 北京：高等教育出版社，2004.

陈汉斌，郑亦津，李法曾. 山东植物志(下卷) [M]. 青岛：青岛出版社，1997.

陈汉斌，郑亦津，李法曾. 山东植物志(上卷) [M]. 青岛：青岛出版社，1992.

张华玲，王兆军，田贵全，等. 山东省森林生态系统服务功能价值评估/陈斌. 第十二次环境监测学术交流会论文集[M]. 中国环境出版社，2015.

林育真. 生态学[M]. 北京：科学出版社，2004.

房用，孟振农，朱宪珍. 山东森林植物资源及应用 [M]. 北京：中国国际广播出版社，2006.

赵英时，等. 遥感应用分析原理与方法[M]. 北京：科学出版社，2003.

济宁市科学技术委员会. 南四湖自然资源调查及开发利用研究[M]. 济南：山东科学技术出版社，1987.

钱迎倩，马克平，等. 生物多样性研究的原理与方法[M]. 北京：中国科学技术出版社，1994.

樊守金，胡泽绪. 崂山植物志[M]. 北京：科学出版社，2003.

二、学术论文

于泉洲，孙京姐，吕建树，等. 山东省南四湖湿地植被及其生物量初步研究[J]. 山东国土资源,2011,27(4):21-25.

万本太，吴军，徐海根. 国家生态安全综合评价研究 [J]. 环境科学研究,2008,21(4):56-62.

万本太,徐海根,丁晖,等. 生物多样性综合评价方法研究[J] . 生物多样性,2007,(1):97-106.

马克平,钱迎倩. 生物多样性保护及其研究进展 [J]. 应用与环境生物学报,1998,4(1): 95-99.

王士泉,贾泽峰,李法曾. 山东崂山植物区系研究[J]. 武汉植物学研究,2001,19(6):467-474.

王玉涛,郭卫华,刘建,等. 昆嵛山自然保护区生态系统服务功能价值评估[J]. 生态学报,200,29(1):523-531.

王森林,刘幸红,阎理钦,等. 山东野生高等植物各区分布研究[J]. 山东林业科技,2006,165(4):41-44.

王森林,陈景和,王家福,等. 山东昆嵛山自然保护区植被及赤松保护价值分析[J]. 防护林科技, 2006,71(2):44-46.

孔祥安,李广海,郑锋先,等. 青岛崂山主要植被类型及物种丰富度研究[J]. 中国农学通报,2009,25(10):241-245.

邓立斌,付福乔,刘德晶,等. 山东南四湖自然保护区综合评价[J]. 西部林业科学,2006,35(4):123-126.

石磊. 山东省南四湖水生维管植物研究[J]. 国土与自然资源研究,2002,(3):69-70.

田贵全，张明才. 山东省生态环境遥感监测 [J]. 国土资源遥感，2006,(4)：63-67.

田贵全,刘强,孔梅,等. 山东省自然保护区建设状况调查[J]. 环境科学与技术,2014,37(6N):431-434.

田贵全,宋沿东,刘强,等. 山东省生物多样性试点评价[J]. 中国环境监测,2013,29(3):84-90.

田贵全,宋沿东,刘强,等. 山东省濒危物种多样性调查与评价[J]. 生态环境学报,2012,21(1):27-32.

田贵全,宗雪梅,孟祥亮,等. 山东省生物多样性县域分布[J],生态科学,2014,33(5):1012-1016.

田贵全,宗雪梅,孟祥亮,等. 山东省自然保护区国家重点保护物种组成与分布[J]. 绿色发展与环境研究,2016,9(3):27-31.

田贵全,曹惠明,孟祥亮,等. 山东省自然保护区建设 30 年发展变化研究[J]. 环境与可持续发展,2012,(5):82-86.

田贵全.《山东省生物多样性保护战略与行动计划》的编制背景与核心内容[J]. 绿色发展与环境研究,2015,8(3):23-25.

田贵全. 日照港附近海域海洋生物监测与评价[J]. 山东环境,2006,(2):17-19.

田贵全.环境质量评价的生物方法研究[J].中国环境监测,2008,24(2):59-61.

史作民,程瑞梅,陈力,等.区域生态系统多样性评价方法[J].农村生态环境,1996,(2):1-5.

邢尚军,郗金标,张建锋,等.黄河三角洲植被基本特征及其主要类型[J].东北林业大学学报,2003,(6):86-87.

戎可,马建章,赵丹,等.中国自然保护区区域评价模型的建立与应用[J].生态学报,2008,28(6):2738-2744.

成克武,臧润国.物种濒危状态等级评价概述[J].生物多样性,2004,12(5):534-540.

吕宝平,贾德旺,田文新,等.山东省湿地类型及湿地环境地质问题分析[J].山东国土资源,2008,24(4):44-47.

朱京海,刘伟玲,胡远满,等.辽宁沿海湿地生物多样性评价研究[J].气象与环境学报,2008,24(1):27-31.

许崇梅,张颖颖,樊守金,等.山东艾山植物区系研究[J].西北植物学报,2004,24(10):2083-2088.

杜宁,王琦,郭卫华,等.昆嵛山典型植物群落生态学特性[J].生态学杂志,2007,26(2):151-158.

李传印,李殿香.南四湖鱼类物种多样性衰减原因初步分析[J].水利渔业,2003,23(2):49-50.

李延梅,牛栋,张志强,等.国际生物多样性研究科学计划与热点述评[J].生态学报,2009,29(4):2115-2123.

李宝华.青岛崂山植被调查报告[J].防护林科技,2004,(S1):141-143.

李振基,陈圣宾,巫渭欢.自然保护区的生物多样性测度[J].厦门大学学报(自然科学版),2011,50(2):471-475.

李磊,刘全兰,张宁宁.青岛崂山植物区系分区及分布特点研究[J].科学技术与工程.2009,9(7):1685-1701.

杨月伟.山东省湿地水鸟资源现状与保护[J].国土与自然资源研究,2007,(3):86-87.

杨青,周才武,王金星.山东省鲤科鱼类的组成特点和地理分布[J].动物学研究,1994,15(增刊):68-73.

宋葆华,李法曾.山东昆嵛山植物区系研究[J].武汉植物学研究,1999,17(3):220-226.

张广明.丹东鸭绿江口湿地自然保护区动物与生物多样性评价体系研究[D].吉林大学,2007.

张伟,赵善伦.山东植物区系分区研究[J].广西植物,2002,22(1):29-34.

张峥,张建文,李寅年,等.湿地生态评价指标体系[J].农业环境保护,1999,(6):

283-286.

张宪强,张治国,张淑萍等.山东昆嵛山植物区系初步研究[J].植物研究，2003,(4):109-116.

张高生,王立成,刘大胜.黄河三角洲自然保护区生物多样性及其保护 [J].农村生态环境,1998,14(4):16-18.

张萍,王长科,马爱芳.泰山野生植物资源研究[J].资源开发与市场,1999,15(2):77-78.

陈圣宾,蒋高明,高吉喜,等.生物多样性监测指标体系构建研究进展[J].生态学报,2008,(10):5123-5132.

陈冲,思培峰.昆嵛山珍稀濒危植物资源及保护[J].陕西师范大学学报(自然科学版),2004,(S2):166-170.

邵秋玲,解小丁,李法曾．黄河三角洲国家级自然保护区植物区系研究[J]．西北植物学报,2002,22(4):947-951.

林育真,滕兆乾,辛金先.山东省鸟类资源评价及保护建议[J].山东林业科技,2000,131(6):33-37.

周才武,蔡德霖,李镇钦,等.山东南四湖鱼类研究[J].山东大学学报,1959,(4):12-40.

郑允文,薛达元,张更生.我国自然保护区生态评价指标和评价标准[J].农村生态环境,1994,(3):22-25.

郑纪庆,陈彤彤,刘颖,等.山东徂徕山植物区系的研究[J].武汉植物学研究,2006,(1):29-32.

赵遵田,李可峰,王宏.山东地衣的初步研究[J].山东科学,2002,15(3):4-8.

赵遵田,张恩然,任强.山东苔藓植物区系[J].山东科学,2004,17(1):17-20.

郝云庆,王新,刘少英,等. 若尔盖湿地保护区生物多样性评价[J].中国水土保持科学,2008,(S1):35-40.

贾久满,郝晓辉.湿地生物多样性指标评价体系研究[J].湖北农业科学,2010,49(8):1877-1879.

崔保山,刘兴土.黄河三角洲湿地生态特征及可持续性管理对策[J].地理科学,2001,21(3):250-256.

葛秀丽,王仁卿,刘建,等.山东湿地高等植物研究[J].山东林业科技,2002,142(5):3-6.

蒋志刚,樊恩源.关于物种濒危等级标准之探讨——对 IUCN 物种濒危等级的思考[J].生物多样性,2003,11(5):383-392.

蒋明康,王智,秦卫华,等.我国自然保护区内国家重点保护物种保护成效评价[J].生态与农村环境学报,2006,22(4):35-38.

韩笑然,孙从姗,张海云,等.崂山高等植物多样性调查研究[J].医学动物防制,

2009,25(4):279-280.

曾志新,罗军,颜立红,等.生物多样性的评价指标和评价标准[J].湖南林业科技,1999,(2):27-30.

解焱,汪松.国际濒危物种等级评价标准 [J].生物多样性,1995,3(4):214-239.

谭琨.辽宁仙人洞国家级自然保护区生物多样性调查及评价[D].大连:辽宁师范大学,2012.

樊宝敏,马玉增,张军.泰山植被的保护、改造、利用建议[J].环境保护,1996,(9):25-27.

穆从如,杨林生,王景华,等. 黄河三角洲湿地生态系统的形成及其保护[J].应用生态学报,2000,11(1):123-126.

郑世群.福建戴云山国家级自然保护区植物多样性及评价研究[D].福州:福建农林大学,2013.

Reid W V, McNeely J A, Tunstall D B, et al. Biodiversity indicators for policy-makers[R]. Washington: World resources Institute, 1993.

Bosch P, Söderbäck E. European environmental state indicators[R]. Stockholm: European Environment Agency. Copenhagen and Swedish Environmental Protection Agency. 1997.